葉形・花色でひける 木の名前がわかる事典

もくじ

ウメ
カエデ
ヒョウタンボクの実
エノキ
ナンテンの実

本書の使い方 ………………… 3

葉形もくじ ………………… 4
　花色もくじ ………………… 24
　　実形もくじ ………………… 31

樹木解説 ………………… 37
　ア〜オ ………………… 38
　カ〜コ ………………… 83
　サ〜ソ ………………… 145
　タ〜ト ………………… 185
　ナ〜ノ ………………… 215
　ハ〜ホ ………………… 233
　マ〜モ ………………… 286
　ヤ〜ヨ ………………… 308
　ラ〜ロ ………………… 323

樹木の知識 ………………… 329

50音順さくいん ………………… 335

本書の使い方

本書では、主な樹木 433種について50音順に紹介しています。
（誌面の都合上、一部順番を入れ替えてある箇所があります）

特　徴
樹木の基本的な特徴

名　称

花　色
主な花色を色で表示

その他の特徴的な事柄や観賞のポイント、品種、近縁種、手入れのポイントなど

別　名
別名、和名、英名など

科／属名
植物学的な科名と属名

樹　高
成木の状態の高さ

花　期
開花期

ビュー・カレンダー
葉が見られる期間、開花期間、果実が熟す期間

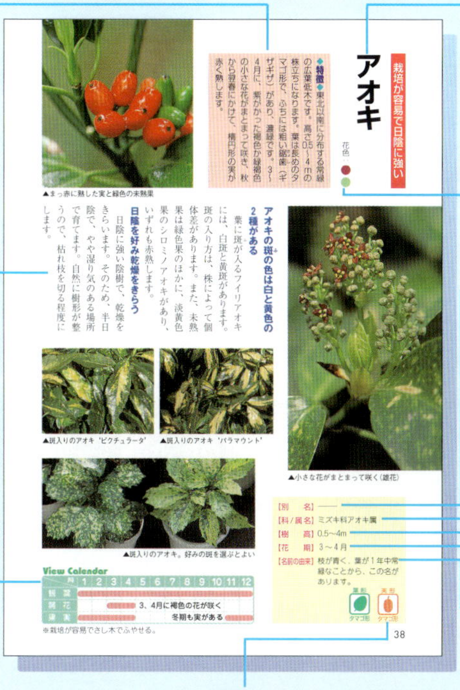

名前の由来
樹木を覚えるために役立つ名前の由来

マーク
葉の形、実の形をイメージしやすい名称とマークで表示（植物学的な分類とは一致しません）

※本文中の「径」の意味は、花の場合は開花した状態で花を真上から見たときの直径。果実の場合はマル形のものについて大きさを「径」で表わし、真上（真横）から見たときの直径。

■葉　形
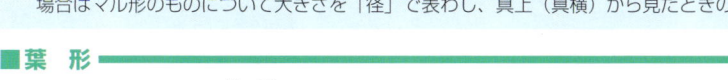

タマゴ形	羽形	針形（針葉樹の鱗片葉を含む）	舟形	手のひら形	ハート形	ヘラ形	その他の葉形
タマゴ形	羽形	針形	舟形	手のひら形	ハート形	ヘラ形	その他

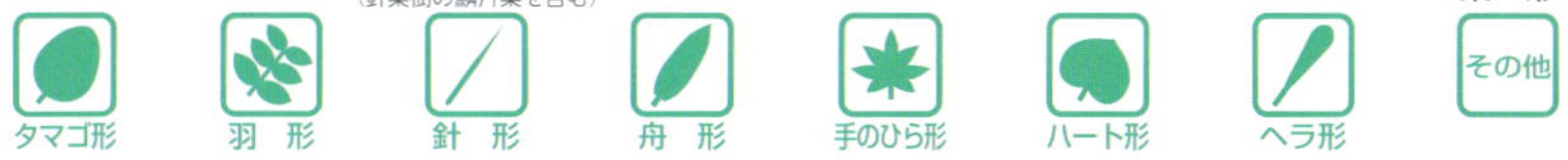

■実　形

マル形（袋状の実を含む）	タマゴ形	マメ形	マツカサ形（球果含む）	ドングリ形	ツバサ形	その他の実形
マル形	タマゴ形	マメ形	マツカサ形	ドングリ形	ツバサ形	その他

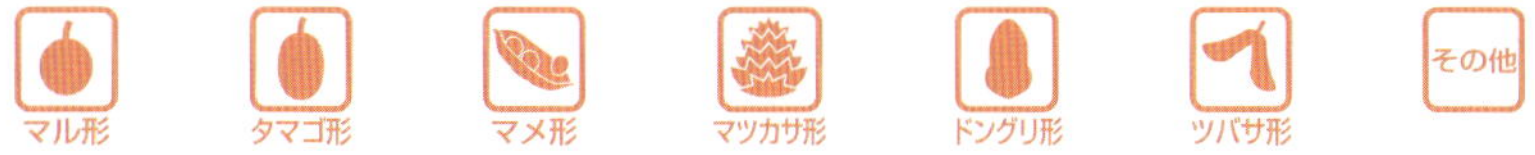

葉の形で見つける

葉形もくじ

■葉形もくじの見方

　本文中で紹介している 433 種の樹木をすべて葉の形で分けて紹介しています。分け方は、タマゴ形、羽形、針形、舟形、手のひら形、ヘラ形、ハート形、その他の 8 項目としています。名称の下にそれぞれ、観葉期と掲載ページ数を記載しています。樹木を調べる手がかりとしてご活用ください。

タマゴ形の葉の木

アキニレ
観葉期：4〜11月　p.42

アカメガシワ
観葉期：4〜11月　p.42

アカシデ
観葉期：4〜11月　p.40

アオモジ
観葉期：4〜11月　p.39

アオキ
観葉期：1〜12月　p.38

アブラチャン
観葉期：4〜11月　p.49

アセロラ
観葉期：1〜12月　p.48

アセビ
観葉期：1〜12月　p.47

アジサイ
観葉期：4〜11月　p.45

アコウ
観葉期：1〜12月　p.45

イイギリ
観葉期：4〜11月　p.54

アンズ
観葉期：4〜11月　p.53

アワブキ
観葉期：4〜11月　p.53

アロニアの仲間
観葉期：4〜11月　p.52

アメリカヒイラギ
観葉期：1〜12月　p.51

イヌビワ
観葉期：4〜11月　p.61

イヌツゲ
観葉期：1〜12月　p.60

イヌシデ
観葉期：4〜11月　p.61

イチゴノキ
観葉期：1〜12月　p.57

イスノキ
観葉期：1〜12月　p.54

ウスノキ
観葉期：4〜11月　p.66

ウコンラッパバナ
観葉期：1〜12月　p.66

ウグイスカグラ
観葉期：4〜11月　p.65

イワガラミ
観葉期：4〜11月　p.64

イボタノキ
観葉期：4〜11月　p.63

ウメモドキ
観葉期：4〜11月　p.69

ウメ
観葉期：3〜10月　p.70

ウバメガシ
観葉期：1〜12月　p.68

ウツギ
観葉期：4〜9月　p.67

ウチワノキ
観葉期：4〜11月　p.68

エノキ
観葉期：4〜11月　p.76

エニシダ
観葉期：1〜12月　p.74

エゾアジサイ
観葉期：4〜11月　p.73

エゴノキ
観葉期：4〜11月　p.73

ウンシュウミカン
観葉期：1〜12月　p.72

オヒョウ
観葉期：4〜11月　p.81

オニシバリ
観葉期：4〜11月　p.80

オトコヨウゾメ
観葉期：4〜11月　p.79

オオヤマレンゲ
観葉期：4〜11月　p.78

オオデマリ
観葉期：4〜11月　p.78

ガジュマル
観葉期：1〜12月 p.89

カクレミノ
観葉期：1〜12月 p.88

カキノキ
観葉期：4〜11月 p.83

オレンジ
観葉期：1〜12月 p.82

オヒルギ
観葉期：1〜12月 p.81

ガマズミ
観葉期：3〜10月 p.94

カナメモチ
観葉期：1〜12月 p.93

カナウツギ
観葉期：4〜11月 p.91

カシワ
観葉期：4〜11月 p.90

カワラハンノキ
観葉期：4〜11月 p.102

カルミアの仲間
観葉期：1〜12月 p.101

カリン
観葉期：4〜11月 p.102

カラタネオガタマ
観葉期：1〜12月 p.99

カマツカ
観葉期：4〜11月 p.96

キミノバンジロウ
観葉期：1〜12月 p.110

キブシ
観葉期：4〜11月 p.108

キヅタ
観葉期：1〜12月 p.108

キササゲ
観葉期：4〜11月 p.105

キウイフルーツ
観葉期：4〜11月 p.104

キンモクセイ
観葉期：1〜12月 p.115

キンシバイ
観葉期：1〜12月 p.114

キング・プロテア
観葉期：1〜12月 p.114

キンカン
観葉期：1〜12月 p.113

キリ
観葉期：4〜11月 p.111

クチナシ
観葉期：1〜12月 p.119

クスノキ
観葉期：1〜12月 p.118

クサギ
観葉期：4〜11月 p.118

クコ
観葉期：4〜11月 p.117

ギンモクセイ
観葉期：1〜12月 p.116

クロガネモチ
観葉期：1〜12月 p.125

グレープフルーツ
観葉期：1〜12月 p.124

グミの仲間
観葉期：1〜12・4〜10月 p.122

クマヤナギ
観葉期：4〜11月 p.120

クマシデ
観葉期：4〜11月 p.120

ゲッカビジン（葉状茎） 初期の段階ではタマゴ形に見える。
観葉期：1〜12月 p.129

クワの仲間
観葉期：3〜11月 p.128

クロモジ
観葉期：4〜11月 p.126

クロバナロウバイ
観葉期：4〜11月 p.125

コウゾ
観葉期：4〜11月 p.134

コアジサイ
観葉期：4〜11月 p.133

ケンポナシ
観葉期：4〜11月 p.133

ゲンペイクサギ
観葉期：1〜12月 p.131

ゲッケイジュ
観葉期：1〜12月 p.130

コナラ
観葉期：4〜11月 p.138

コトネアスターの仲間
観葉期：4〜11月 p.138

コケモモ
観葉期：1〜12月 p.136

コクサギ
観葉期：4〜11月 p.135

コウヤボウキ
観葉期：4〜11月 p.134

コメツツジ
観葉期：4〜11月 p.142

コムラサキ
観葉期：4〜11月 p.141

ゴマギ
観葉期：4〜11月 p.140

コブシ
観葉期：4〜11月 p.140

コーヒーノキ
観葉期：1〜12月 p.139

サカキ
観葉期：1〜12月 p.150

ザイフリボク
観葉期：4〜11月 p.145

コンロンカ
観葉期：1〜12月 p.144

ゴモジュ
観葉期：1〜12月 p.142

サザンカ
観葉期：1〜12月 p.152

ザクロ
観葉期：4〜11月 p.151

サクララン
観葉期：1〜12月 p.151

サクラツツジ
観葉期：1〜12月 p.150

サクラの仲間
観葉期：4〜10月 p.146

サルナシ
観葉期：4〜11月 p.156

サルトリイバラ
観葉期：4〜11月 p.155

サルスベリ
観葉期：3〜11月 p.154

サルココッカ・ルスキフォリア
観葉期：1〜12月 p.155

サネカズラ
観葉期：1〜12月 p.153

サンシュユ
観葉期：1〜12月 p.160

サンザシ
観葉期：4〜11月 p.159

サンゴジュ
観葉期：1〜12月 p.159

サワフタギ
観葉期：4〜11月 p.157

サワシバ
観葉期：4〜11月 p.157

シナノキ
観葉期：4～11月 p.164

シデコブシ
観葉期：4～10月 p.163

シジミバナ
観葉期：4～11月 p.162

シコンノボタン
観葉期：1～12月 p.162

シキミ
観葉期：1～12月 p.161

シラカバ
観葉期：4～10月 p.169

シラカシ
観葉期：1～12月 p.170

シャリンバイ
観葉期：1～12月 p.168

ジャノメエリカ
観葉期：1～12月 p.165

シモツケ
観葉期：4～11月 p.165

ズイナ
観葉期：4～11月 p.174

スイカズラ
観葉期：1～12月 p.173

ジンチョウゲ
観葉期：1～12月 p.172

シロヤマブキ
観葉期：4～11月 p.171

シロダモ
観葉期：1～12月 p.170

セイヨウヒイラギ
観葉期：1～12月 p.180

セイヨウバクチノキ
観葉期：1～12月 p.180

スモモ
観葉期：4～11月 p.177

ズミ
観葉期：3～11月 p.178

スダジイ
観葉期：1～12月 p.176

タイサンボク
観葉期：1～12月 p.185

ソヨゴ
観葉期：1～12月 p.184

センリョウ
観葉期：1～12月 p.183

セイヨウリンゴ
観葉期：3～11月 p.182

セイヨウミザクラ
観葉期：4～10月 p.181

タブノキ
観葉期：1〜12月 p.190

タニウツギ
観葉期：3〜11月 p.191

タチバナ
観葉期：1〜12月 p.190

ダケカンバ
観葉期：4〜11月 p.188

ダイダイ
観葉期：1〜12月 p.186

チョウセンゴミシ
観葉期：4〜11月 p.195

チャノキ
観葉期：1〜12月 p.195

ダンコウバイ
観葉期：4〜10月 p.194

タラヨウ
観葉期：1〜12月 p.193

タマアジサイ
観葉期：4〜11月 p.192

ツツジの仲間
観葉期：1〜12・4〜10月 p.198

ツゲ
観葉期：1〜12月 p.197

ツクバネウツギ
観葉期：4〜11月 p.196

ツキヌキニンドウ
観葉期：1〜12月 p.196

ツルコケモモ
観葉期：1〜12月 p.206

ツルウメモドキ
観葉期：4〜11月 p.205

ツルアジサイ
観葉期：4〜11月 p.205

ツリバナ
観葉期：4〜11月 p.204

ツバキの仲間
観葉期：1〜12月 p.202

ドクウツギ
観葉期：4〜11月 p.210

ドウダンツツジ
観葉期：4〜10月 p.209

テンダイウヤク
観葉期：1〜12月 p.208

テマリカンボク
観葉期：4〜11月 p.207

テイカカズラ
観葉期：1〜12月 p.206

10

ナギイカダ
観葉期：4〜11月 p.215

ナギ
観葉期：1〜12月 p.215

トベラ
観葉期：1〜12月 p.214

トチュウ
観葉期：4〜11月 p.212

トサミズキ
観葉期：4〜11月 p.210

ナツメ
観葉期：4〜11月 p.218

ナツミカン
観葉期：1〜12月 p.217

ナツハゼ
観葉期：4〜11月 p.217

ナツツバキ
観葉期：4〜11月 p.216

ナシ
観葉期：4〜11月 p.216

ニッケイ
観葉期：1〜12月 p.224

ニシキギ
観葉期：4〜11月 p.223

ナンキンハゼ
観葉期：4〜11月 p.222

ナニワズ
観葉期：9〜6月 p.220

ナナミノキ
観葉期：1〜12月 p.218

ネズミモチ
観葉期：1〜12月 p.230

ネジキ
観葉期：3〜10月 p.229

ネーブルオレンジ
観葉期：1〜12月 p.228

ニワザクラ
観葉期：4〜11月 p.225

ニワウメ
観葉期：4〜11月 p.224

ハクサンボク
観葉期：1〜12月 p.237

ハクウンボク
観葉期：4〜11月 p.236

バイカウツギ
観葉期：4〜11月 p.233

ノリウツギ
観葉期：4〜11月 p.233

ハスノハギリ
観葉期：1〜12月 p.242

ハシバミ
観葉期：4〜10月 p.240

ハシドイ
観葉期：4〜11月 p.239

ハシカンボク
観葉期：1〜12月 p.239

ハグマノキ
観葉期：4〜11月 p.238

ハナミズキ
観葉期：3〜10月 p.245

ハナズオウ
観葉期：4〜11月 p.243

ハナカイドウ
観葉期：4〜10月 p.244

ハナイカダ
観葉期：4〜11月 p.243

ハッサク
観葉期：1〜12月 p.242

ハルサザンカ
観葉期：1〜12月 p.255

ハマヒサカキ
観葉期：1〜12月 p.251

ハマニンドウ
観葉期：1〜12月 p.250

ハマゴウ
観葉期：4〜11月 p.250

ハナユ
観葉期：1〜12月 p.247

ヒサカキ
観葉期：1〜12月 p.261

ヒイラギ
観葉期：1〜12月 p.258

ハンノキの仲間
観葉期：4〜10月 p.257

ハンカチノキ
観葉期：4〜10月 p.256

ブーゲンビレアの仲間
観葉期：1〜12月 p.268

ヒロハヘビノボラズ
観葉期：4〜11月 p.267

ヒョウタンボク
観葉期：4〜10月 p.265

ヒュウガミズキ
観葉期：4〜11月 p.266

ヒトツバタゴ
観葉期：4〜11月 p.260

ブナ 観葉期：4〜11月 p.272	フジモドキ 観葉期：4〜11月 p.272	フクシア 観葉期：3〜10月 p.271	フェイジョア 観葉期：1〜12月 p.270	フウトウカズラ 観葉期：1〜12月 p.270

ボケ 観葉期：4〜10月 p.280	ホオノキ 観葉期：4〜11月 p.279	ブンタン 観葉期：1〜12月 p.278	ブルーベリー 観葉期：4〜11月 p.277	フユサンゴ 観葉期：1〜12月 p.275

ポポー 観葉期：4〜10月 p.285	ポプラ 観葉期：4〜11月 p.284		ホツツジ 観葉期：4〜11月 p.284	ボダイジュ 観葉期：4〜11月 p.279

マンサクの仲間 観葉期：4〜11月 p.290	マルメロ 観葉期：4〜11月 p.288	マユミ 観葉期：4〜11月 p.288	マタタビ 観葉期：4〜11月 p.287	マサキ 観葉期：1〜12月 p.286

ムラサキシキブ 観葉期：4〜10月 p.296	ムシカリ 観葉期：4〜11月 p.295	ムクゲ 観葉期：3〜10月 p.294	ミズナラ 観葉期：4〜11月 p.292	ミズキ 観葉期：4〜11月 p.292

モチノキ
観葉期：1〜12月 p.303

メヒルギ
観葉期：1〜12月 p.303

メギ
観葉期：4〜10月 p.300

ムラサキハシドイ
観葉期：4〜11月 p.298

ヤブコウジ
観葉期：1〜12月 p.311

ヤナギの仲間
観葉期：4〜10月 p.310

モモ
観葉期：4〜11月 p.306

モッコク
観葉期：1〜12月 p.305

モクレン
観葉期：4〜10月 p.304

ヤマブキ
観葉期：4〜10月 p.314

ヤマコウバシ
観葉期：4〜11月 p.316

ヤマグルマ
観葉期：1〜12月 p.313

ヤマアジサイ
観葉期：4〜11月 p.312

ヤブデマリ
観葉期：4〜11月 p.312

リョウブ
観葉期：4〜11月 p.324

ユズリハ
観葉期：1〜12月 p.321

ユスラウメ
観葉期：4〜11月 p.320

ユズ
観葉期：1〜12月 p.320

ヤマボウシ
観葉期：4〜10月 p.317

ロウバイ
観葉期：4〜10月 p.328

レンギョウ
観葉期：4〜11月 p.325

レモン
観葉期：1〜12月 p.326

リンボク
観葉期：1〜12月 p.325

羽形の葉の木

ウルシ
観葉期：4～11月 p.72

イヌザンショウ
観葉期：4～11月 p.59

イヌエンジュ
観葉期：4～11月 p.58

アメリカデイコ
観葉期：4～11月 p.50

アカシアの仲間
観葉期：4～10月 p.41

カナリーヤシ
観葉期：1～12月 p.96

カザグルマ
観葉期：1～12月 p.89

オニグルミ
観葉期：4～11月 p.80

オウバイ
観葉期：4～11月 p.77

エンジュ
観葉期：4～11月 p.76

キンロバイ
観葉期：1～12月 p.116

キングサリ
観葉期：4～11月 p.112

キハダ
観葉期：3～11月 p.109

キソケイ
観葉期：1～12月 p.105

カラタチ
観葉期：4～11月 p.98

ゴンズイ
観葉期：4～11月 p.144

コマツナギ
観葉期：4～11月 p.141

ゲッキツ
観葉期：1～12月 p.131

ギンロバイ
観葉期：4～11月 p.117

センダン
観葉期：4〜11月 p.183

ジャケツイバラ
観葉期：3〜11月 p.167

サンショウバラ
観葉期：4〜11月 p.161

サンショウ
観葉期：4〜11月 p.160

サイカチ
観葉期：4〜11月 p.145

テリハノイバラ
観葉期：4〜11月 p.208

ツタウルシ
観葉期：4〜11月 p.204

タラノキ
観葉期：4〜11月 p.193

タカネバラ
観葉期：4〜11月 p.187

ソテツ
観葉期：1〜12月 p.184

ナンテン
観葉期：1〜12月 p.221

ナワシロイチゴ
観葉期：4〜11月 p.220

ナナカマド
観葉期：3〜10月 p.219

トネリコ
観葉期：3〜10月 p.213

ヌルデ
観葉期：4〜11月 p.227

ニワフジ
観葉期：4〜11月 p.227

ニワトコ
観葉期：3〜10月 p.226

ニワウルシ
観葉期：4〜11月 p.225

ニガキ
観葉期：4〜11月 p.223

ハギの仲間
観葉期：4〜11月 p.236

ノダフジ
観葉期：4〜10月 p.232

ノウゼンカズラ
観葉期：4〜11月 p.231

ノイバラ
観葉期：4〜11月 p.231

ネムノキ
観葉期：4〜11月 p.230

バラの仲間
観葉期：4〜11月 p.252

ハマナス
観葉期：4〜10月 p.249

ハゼノキ
観葉期：4〜11月 p.241

ハゴロモジャスミン
観葉期：1〜12月 p.238

ムクロジ
観葉期：4〜11月 p.295

ボタン
観葉期：4〜10月 p.282

ベニゴウカン
観葉期：1〜12月 p.278

ヒイラギナンテン
観葉期：1〜12月 p.259

ハリエンジュ
観葉期：4〜11月 p.251

ヤマウルシ
観葉期：4〜11月 p.313

モッコウバラ
観葉期：1〜12月 p.305

メグスリノキ
観葉期：4〜11月 p.299

ムレスズメ
観葉期：4〜11月 p.299

針形の葉の木

イチイ
観葉期：1〜12月 p.56

アリゾナイトスギ
観葉期：1〜12月 p.52

アスナロ
観葉期：1〜12月 p.46

アカマツ
観葉期：1〜12月 p.43

アカエゾマツ
観葉期：1〜12月 p.40

カヤ
観葉期：1〜12月 p.97

カナダトウヒ
観葉期：1〜12月 p.92

カイヅカイブキ
観葉期：1〜12月 p.83

イブキ
観葉期：1〜12月 p.62

イヌガヤ
観葉期：1〜12月 p.59

クロマツ
観葉期：1〜12月 p.127

クロベ
観葉期：1〜12月 p.126

グレヴィレアの仲間
観葉期：1〜12月 p.124

ギョリュウ
観葉期：4〜11月 p.112

カラマツ
観葉期：4〜11月 p.100

サワラ
観葉期：1〜12月 p.158

コロラドトウヒ
観葉期：4〜11月 p.143

ゴヨウマツ
観葉期：1〜12月 p.143

コノテガシワ
観葉期：1〜12月 p.139

コウヨウザン
観葉期：1〜12月 p.135

ダイオウショウ
観葉期：1〜12月 p.185

セイヨウネズ
観葉期：1〜12月 p.179

スギの仲間
観葉期：1〜12月 p.175

スイショウ
観葉期：4〜11月 p.173

シマナンヨウスギ
観葉期：1〜12月 p.164

ネズ
観葉期：1〜12月 p.228

ニオイヒバ
観葉期：1〜12月 p.222

トドマツ
観葉期：1〜12月 p.212

テーダマツ
観葉期：1〜12月 p.207

タギョウショウ
観葉期：1〜12月 p.188

ヒノキ
観葉期：1〜12月 p.262

ハイマツ
観葉期：1〜12月 p.235

ハイビャクシン
観葉期：1〜12月 p.234

ハイネズ
観葉期：1〜12月 p.234

ラクウショウ
観葉期：4〜10月 p.323

ユサン
観葉期：1〜12月 p.319

モミ
観葉期：1〜12月 p.306

メタセコイア
観葉期：3〜10月 p.302

ヒマラヤスギ
観葉期：1〜12月 p.264

舟形の葉の木

イソノキ
観葉期：4〜11月 p.55

アラカシ
観葉期：1〜12月 p.51

アメリカイワナンテン
観葉期：1〜12月 p.50

アマチャ
観葉期：4〜11月 p.49

アツバキミガヨラン
観葉期：1〜12月 p.48

カナクギノキ
観葉期：4〜11月 p.92

オリーブ
観葉期：1〜12月 p.82

オガタマノキ
観葉期：1〜12月 p.79

イワナンテン
観葉期：1〜12月 p.64

イヌマキ
観葉期：1〜12月 p.62

クリ 観葉期：3〜11月 p.121	クヌギ 観葉期：4〜11月 p.119	ギンバイカ 観葉期：1〜12月 p.115	キョウチクトウ 観葉期：1〜12月 p.110	カラタチバナ 観葉期：1〜12月 p.98	

タコノキ 観葉期：1〜12月 p.189	スダチ 観葉期：1〜12月 p.177	シャクナゲの仲間 観葉期：1〜12月 p.166	コデマリ 観葉期：3〜10月 p.137	ケヤキ 観葉期：4〜11月 p.132	

ビワ 観葉期：1〜12月 p.267	ピラカンサ 観葉期：1〜12月 p.266	ハナモモ 観葉期：4〜11月 p.246	ハクチョウゲ 観葉期：1〜12月 p.237	タムシバ 観葉期：4〜11月 p.192	

マンリョウ 観葉期：1〜12月 p.291	マンゴー 観葉期：1〜12月 p.290	マテバシイ 観葉期：1〜12月 p.287	ブラシノキの仲間 観葉期：1〜12月 p.276	ブッドレア 観葉期：4〜10月 p.273	

ラカンマキ 観葉期：1〜12月 p.324	ユキヤナギ 観葉期：4〜11月 p.319	ユーカリノキ 観葉期：1〜12月 p.318	ヤマモモ 観葉期：1〜12月 p.318	ミツマタ 観葉期：4〜11月 p.293	

手のひら形の葉の木

カエデの仲間
観葉期：3～12月　p.84

ウリノキ
観葉期：4～11月　p.69

イチジク
観葉期：4～11月　p.57

アケビ
観葉期：4～10月　p.44

アオギリ
観葉期：4～11月　p.39

カンボク
観葉期：3～11月　p.103

カンノンチク
観葉期：1～12月　p.104

カミヤツデ
観葉期：1～12月　p.97

カシワバアジサイ
観葉期：4～11月　p.90

セイヨウニンジンボク
観葉期：4～11月　p.179

スズカケノキ
観葉期：4～11月　p.176

シロモジ
観葉期：4～11月　p.171

シュロ
観葉期：1～12月　p.168

ザリコミ
観葉期：4～11月　p.153

パパイア
観葉期：1～12月　p.248

ハナノキ
観葉期：4～11月　p.246

トチノキ
観葉期：4～11月　p.211

ツタ
観葉期：4～11月　p.197

タイワンフウ
観葉期：4～11月　p.187

ムベ
観葉期：1〜12月 p.298

ミツバアケビ
観葉期：4〜11月 p.293

フヨウ
観葉期：4〜11月 p.275

ハリブキ
観葉期：3〜10月 p.254

ハリギリ
観葉期：4〜11月 p.255

ユリノキ
観葉期：4〜10月 p.322

ヤブサンザシ
観葉期：4〜11月 p.311

ヤツデ
観葉期：1〜12月 p.309

モミジバフウ
観葉期：4〜11月 p.307

ハート形の葉の木

コゴメウツギ
観葉期：4〜11月 p.136

キイチゴ類
観葉期：3〜11月 p.106

カツラ
観葉期：4〜11月 p.91

オオイタビ
観葉期：1〜12月 p.77

ヤマブドウ
観葉期：4〜11月 p.316

マルバノキ
観葉期：3〜10月 p.289

ブドウ
観葉期：3〜10月 p.274

スグリ
観葉期：4〜10月 p.174

22

ヘラ形の葉の木

カゲツ
観葉期：1〜12月 p.88

イブキジャコウソウ
観葉期：1〜12月 p.63

イソツツジ
観葉期：1〜12月 p.55

アズマシャクナゲ
観葉期：1〜12月 p.46

ヤドリギ
観葉期：1〜12月 p.308

モンパノキ
観葉期：1〜12月 p.308

ヒメシャクナゲ
観葉期：1〜12月 p.264

ハマギク
観葉期：4〜11月 p.247

その他の葉形の木 その他

ヒイラギモドキ
観葉期：1〜12月 p.260

ヒイラギモクセイ
観葉期：1〜12月 p.258

イチョウ
観葉期：4〜11月 p.58

花の色で見つける
花色もくじ

■ 花色もくじの見方

咲く花の色で樹木が探せるもくじです。本文中に紹介している433種のうち、おもな樹木182種についてとりあげました。内容は、開花期と掲載ページ数、および品種等によって異なる花色がある場合には、その他の色として記載しています。

桃色の花の木

カリン
花期:4〜5月　p.102

ウメ
花期:1〜3月　p.70
その他の花色:

イブキジャコウソウ
花期:6〜7月　p.63

アンズ
花期:3〜4月　p.53

アセロラ
花期:5〜10月　p.48

アズマシャクナゲ
花期:4〜6月　p.46

サクラツツジ
花期:2〜4月　p.150

キング・プロテア
花期:生育環境で変化 p.114

キョウチクトウ
花期:6〜9月　p.110
その他の花色:

カルミアの仲間
花期:5〜6月　p.101
その他の花色:

ジャノメエリカ
花期:11〜3月　p.165

シモツケ
花期:5〜8月　p.165
その他の花色:

シデコブシ
花期:3〜4月　p.163

サルスベリ
花期:7〜10月　p.154
その他の花色:

サクラの仲間
花期:10〜5月　p.146
その他の花色:

ブーゲンビレアの仲間
花期:10〜5月　p.268
その他の花色:

ヒメシャクナゲ
花期:4〜5月　p.264

ハナモモ
花期:4月　p.246
その他の花色:

ハナカイドウ
花期:4月ごろ　p.244

ハシカンボク
花期:7〜9月　p.239

タカネバラ
花期:6〜7月 p.187

24

ユスラウメ
花期：3～4月　p.320
その他の花色：○

モモ
花期：3～4月　p.306
その他の花色：●

モクレン
花期：3～4月　p.304
その他の花色：○

ムクゲ
花期：7～10月　p.294
その他の花色：●

ホツツジ
花期：8～9月　p.284

フヨウ
花期：7～10月　p.275
その他の花色：●

赤色の花の木

ツバキの仲間
花期：10～6月　p.202
その他の花色：●○

ツツジの仲間
花期：4～6月　p.198
その他の花色：●●○

タニウツギ
花期：5～6月　p.191

ジンチョウゲ
花期：2～4月　p.172
その他の花色：○

グレヴィレアの仲間
花期：11～6月　p.124
その他の花色：●●

アメリカデイコ
花期：6～9月　p.50

ボタン
花期：4～5月　p.282
その他の花色：○●●●

ボケ
花期：3～4月　p.280
その他の花色：●○

ブラシノキの仲間
花期：3～7月　p.276
その他の花色：●

フクシア
花期：4～7月　p.271
その他の花色：●○

ハルサザンカ
花期：12～4月　p.255
その他の花色：●○

バラの仲間
花期：5～11月　p.252
その他の花色：●●○

紫・青色の花の木

クコ
花期：7～8月　p.117

キリ
花期：5月　p.111

カザグルマ
花期：5～6月　p.89

エゾアジサイ
花期：6～8月　p.73
その他の花色：●●

アジサイ
花期：6～7月　p.45
その他の花色：●●●

アケビ
花期：4月上旬　p.44

タマアジサイ
花期：7〜9月　p.192
その他の花色：○

シャクナゲの仲間
花期：4〜6月　p.166
その他の花色：●●●

シコンノボタン
花期：8〜11月　p.162

コムラサキ
花期：7月　　p.141

コマツナギ
花期：7〜8月　p.141
その他の花色：○

コウゾ
花期：5〜6月　p.134

ハマナス
花期：5〜8月　p.249
その他の花色：●○

ハナズオウ
花期：4月ごろ　p.243

ハギの仲間
花期：6〜10月　p.236
その他の花色：●

ニワフジ
花期：5〜6月　p.227
その他の花色：○

ノダフジ
花期：5月ごろ　p.232
その他の花色：○

ムラサキハシドイ
花期：4〜5月　p.298
その他の花色：○

ムラサキシキブ
花期：6〜8月　p.296

ブッドレア
花期：5〜10月　p.273
その他の花色：●●

フジモドキ
花期：3〜4月　p.272

緑色の花の木

サンショウ
花期：4〜5月　p.160

ザリコミ
花期：5月　　p.153

クワの仲間
花期：4月　　p.128

カシワ
花期：5〜6月　p.90

カクレミノ
花期：7〜8月　p.88

マサキ
花期：6〜7月　p.286

ハリブキ
花期：6〜7月　p.254

ハマヒサカキ
花期：10〜2月　p.251

ハナイカダ
花期：4〜6月　p.243

トネリコ
花期：4〜5月　p.213
その他の花色：●

タブノキ
花期：4〜6月　p.190

26

ヤマグルマ
花期：5〜6月 p.313

ヤマウルシ
花期：5〜6月 p.313

ヤブサンザシ
花期：3〜5月 p.311
その他の花色：●

ヤナギの仲間
花期：3〜4月 p.310
その他の花色：●●

マユミ
花期：5〜6月 p.288

黄・橙色の花の木

エニシダ
花期：5〜6月 p.74
その他の花色：●●●○

オウバイ
花期：2〜3月 p.77
その他の花色：●

ウコンラッパバナ
花期：3〜5月 p.66
その他の花色：●

アカシア
花期：2〜5月 p.41

アオモジ
花期：3月 p.39

キンモクセイ
花期：9〜10月 p.115

キングサリ
花期：5〜6月 p.112

キソケイ
花期：5〜7月 p.105
その他の花色：○

オニシバリ
花期：3〜4月 p.80

コンロンカ
花期：15℃以上で周年 p.144

ゲッケイジュ
花期：4月 p.130

クロモジ
花期：4月 p.126

クリ
花期：6月 p.121

グミの仲間
花期：4〜5・10〜11月 p.122
その他の花色：○

キンロバイ
花期：5〜8月 p.116

トサミズキ
花期：3〜4月 p.210

ダンコウバイ
花期：3〜4月 p.194

シロモジ
花期：4月 p.171

シラカバ
花期：4〜5月 p.169

ジャケツイバラ
花期：4〜6月 p.167

サンシュユ
花期：3〜4月 p.160

ヒョウタンボク
花期：4〜6月　p.265
その他の花色：

ヒュウガミズキ
花期：3〜4月　p.266

ノウゼンカズラ
花期：7〜8月　p.231

ニッケイ
花期：5〜6月　p.224

ナニワズ
花期：3〜4月　p.220

ツキヌキニンドウ
花期：6〜10月　p.196

ミツマタ
花期：3〜4月　p.293
その他の花色：

マテバシイ
花期：6月ごろ　p.287

ボダイジュ
花期：6月ごろ　p.279

ヒロハヘビノボラズ
花期：6月　p.267

ヤマブキ
花期：4〜5月　p.314

ロウバイ
花期：1〜2月　p.328

レンギョウ
花期：3〜4月　p.325

ユリノキ
花期：5〜6月　p.322
その他の花色：

白色の花の木

イワナンテン
花期：7〜8月　p.64

イヌエンジュ
花期：7〜8月　p.58

イソツツジ
花期：6〜8月　p.55

アワブキ
花期：6〜7月　p.53

アツバキミガヨラン
花期：6月　p.48

アセビ
花期：3〜4月　p.47
その他の花色：

カラタチ
花期：4〜5月　p.98

ガマズミ
花期：5〜6月　p.94

カシワバアジサイ
花期：6〜7月　p.90

オオヤマレンゲ
花期：5〜6月　p.78

オオデマリ
花期：5〜6月　p.78
その他の花色：

ウツギ
花期：5〜6月　p.67
その他の花色：

 クチナシ 花期：6〜7月 p.119	 ギンロバイ 花期：5〜8月 p.117	 ギンモクセイ 花期：9〜10月 p.116	 キイチゴ類 花期：4〜5月 p.106	 カンボク 花期：5〜7月 p.103 その他の花色：🔴	 カラタネオガタマ 花期：4〜6月 p.99 その他の花色：🟡🔴
 コブシ 花期：3月 p.140	 コトネアスターの仲間 花期：5月 p.138	 コデマリ 花期：4〜5月 p.137	 コケモモ 花期：6〜7月 p.136 その他の花色：🔴	 コアジサイ 花期：6〜7月 p.133 その他の花色：🔵	 ゲッカビジン 花期：7〜11月 p.129
 サザンカ 花期：10〜12月 p.152 その他の花色：🟡🔴🔴	 シジミバナ 花期：4〜5月 p.162	 サルナシ 花期：5〜7月 p.156	 サクララン 花期：4〜5月 p.151 その他の花色：🔴	 ザイフリボク 花期：4〜5月 p.145	
	 セイヨウミザクラ 花期：4月 p.181	 ズミ 花期：4〜5月 p.178	 スイカズラ 花期：5〜6月 p.173 その他の花色：🟡	 シロヤマブキ 花期：4〜5月 p.171	
 テイカカズラ 花期：5〜6月 p.206 その他の花色：🟡	 ツルアジサイ 花期：6〜7月 p.205	 ツクバネウツギ 花期：5〜6月 p.196 その他の花色：🟡🟢	 タムシバ 花期：4〜5月 p.192	 タイサンボク 花期：6〜7月 p.185	 セイヨウリンゴ 花期：4〜5月 p.182 その他の花色：🔴
 ニワトコ 花期：3〜5月 p.226	 ニワザクラ 花期：4月ごろ p.225 その他の花色：🔴	 ナナカマド 花期：5〜7月 p.219	 ナツツバキ 花期：6〜7月 p.216	 ドウダンツツジ 花期：4〜5月 p.209 その他の花色：🔴	 テマリカンボク 花期：5〜7月 p.207

ハシドイ
花期：6〜7月 p.239

ハクサンボク
花期：3〜5月 p.237

ノリウツギ
花期：7〜9月 p.233

ノイバラ
花期：5〜6月 p.231

ハナミズキ
花期：4〜5月　p.245
その他の花色：●

ハンカチノキ
花期：4〜6月 p.256

ハリエンジュ
花期：5〜6月 p.251

ハマニンドウ
花期：5〜7月 p.250
その他の花色：●

ハマギク
花期：9〜11月 p.247

ヤツデ
花期：11〜12月 p.309

ミズキ
花期：5〜6月 p.292

マンリョウ
花期：7〜8月　p.291

マルメロ
花期：4〜5月 p.288
その他の花色：●

ピラカンサ
花期：5〜6月 p.266

ヒイラギ
花期：11〜12月 p.258

ユズ
花期：5〜6月　p.320

ユキヤナギ
花期：4月ごろ　p.319

ヤマボウシ
花期：5〜7月　p.317
その他の花色：●

ヤマアジサイ
花期：6〜8月 p.312
その他の花色：●●

ヤブデマリ
花期：5〜6月 p.312
その他の花色：●

その他の花色の木

ハンノキの仲間
花期：4〜5・11〜2月 p.257
その他の花色：●

ハシバミ
花期：3〜4月 p.240
その他の花色：●

コウヨウザン
花期：4月　　p.135

クロバナロウバイ
花期：5〜6月 p.125

アカマツ
花期：4月下旬 p.43
その他の花色：●

アオキ
花期：3〜4月　p.38
その他の花色：●

30

実の形で見つける
実形もくじ

■ 実形もくじの見方

本文中に紹介している433種のうち、おもな樹木126種について、果実の形と色から引けるもくじです。内容は、果期（果実が熟す時期）、大きさ（大：径3cm以上、中：径1〜3cm、小：径1cm以下）、掲載ページ数を記載しています。

マル形の実の木

赤色の実

ウグイスカグラ
果期：6月　p.65
実の大きさ：中

イチゴノキ
果期：9〜10月　p.57
実の大きさ：中

イイギリ
果期：9〜10月　p.54
実の大きさ：中

アロニアの仲間
果期：9〜10月　p.52
実の大きさ：小

アメリカヒイラギ
果期：9〜10月　p.51
実の大きさ：中

キイチゴ類
果期：6〜7月　p.106
実の大きさ：中

カンボク
果期：8〜12月　p.103
実の大きさ：小

ガマズミ
果期：9〜12月　p.94
実の大きさ：小

カキノキ
果期：9〜10月　p.83
実の大きさ：大

ウメモドキ
果期：9〜10月　p.69
実の大きさ：小

サザンカ
果期：10〜12月　p.152
実の大きさ：中

ザクロ
果期：7〜8月　p.151
実の大きさ：大

コケモモ
果期：9〜11月　p.136
実の大きさ：小

ゲッキツ
果期：10〜11月　p.131
実の大きさ：中

センリョウ
果期：8〜9月　p.183
実の大きさ：小

セイヨウリンゴ
果期：9〜10月　p.182
実の大きさ：大

セイヨウミザクラ
果期：6月　p.181
実の大きさ：中

ズミ
果期：9〜10月　p.178
実の大きさ：小

スグリ
果期：9〜10月　p.174
実の大きさ：小

サネカズラ
果期：10〜11月　p.153
実の大きさ：小

ハマナス
果期：8〜9月 p.249
実の大きさ：中

ハナミズキ
果期：9〜10月 p.245
実の大きさ：中

ナンテン
果期：11〜12月 p.221
実の大きさ：小

ナナカマド
果期：9〜11月 p.219
実の大きさ：小

フユサンゴ
果期：11〜2月 p.275
実の大きさ：中

ヒョウタンボク
果期：7〜9月 p.265
実の大きさ：小

ヒイラギモドキ
果期：10〜1月 p.260
実の大きさ：中

ユスラウメ
果期：6〜8月 p.320
実の大きさ：中

ヤマボウシ
果期：9〜10月 p.317
実の大きさ：中

モモ
果期：7〜8月 p.306
実の大きさ：大

モチノキ
果期：10〜12月 p.303
実の大きさ：中

マンリョウ
果期：11〜3月 p.291
実の大きさ：小

マユミ
果期：10〜11月 p.288
実の大きさ：中

カラタチ
果期：9〜10月 p.98
実の大きさ：中

オレンジ
果期：11〜12月 p.82
実の大きさ：大

ウンシュウミカン
果期：11〜12月 p.72
実の大きさ：大

イチョウ
果期：9〜10月 p.58
実の大きさ：中

アブラチャン
果期：9〜10月 p.49
実の大きさ：中

黄色の実

ダイダイ
果期：12〜4月 p.186
実の大きさ：大

スダチ
果期：10月 p.177
実の大きさ：大

グレープフルーツ
果期：10〜2月 p.124
実の大きさ：大

キンカン
果期：12〜2月 p.113
実の大きさ：大

キミノバンジロウ
果期：9〜10月 p.110
実の大きさ：中

ハッサク
果期：2〜4月 p.242
実の大きさ：大

ナツミカン
果期：6〜8月 p.217
実の大きさ：大

ナシ
果期：7〜11月 p.216
実の大きさ：大

タチバナ
果期：10〜12月 p.190
実の大きさ：中

タコノキ
果期：10〜12月 p.189
実の大きさ：大

ユズ
果期：10〜12月 p.320
実の大きさ：大

マルメロ
果期：9〜10月 p.288
実の大きさ：大

マサキ
果期：11〜1月 p.286
実の大きさ：小

ハナユ
果期：10〜11月 p.247
実の大きさ：大

イヌザンショウ
果期：9〜10月 p.59
実の大きさ：小

紫・青色の実

トベラ
果期：11〜12月 p.214
実の大きさ：中

スズカケノキ
果期：11〜2月 p.176
実の大きさ：大

緑色の実

サワフタギ
果期：9〜10月 p.157
実の大きさ：小

コムラサキ
果期：9〜10月 p.141
実の大きさ：小

ゲッケイジュ
果期：9〜10月 p.130
実の大きさ：中

クワの仲間
果期：7〜8月 p.128
実の大きさ：中

ムラサキシキブ
果期：9〜10月 p.296
実の大きさ：小

ミズキ
果期：10〜11月 p.292
実の大きさ：小

ブルーベリー
果期：7〜8月 p.277
実の大きさ：中

ヒサカキ
果期：10〜11月 p.261
実の大きさ：小

ブドウ
果期：9〜10月 p.274
実の大きさ：大

チャノキ
果期：9〜10月 p.195
実の大きさ：中

サンショウバラ
果期：10〜11月 p.161
実の大きさ：中

サルスベリ
果期：9〜11月 p.154
実の大きさ：小

クリ
果期：9〜10月 p.121
実の大きさ：大

茶色の実

ヤマコウバシ
果期：10〜11月 p.316
実の大きさ：小

クマヤナギ
果期：7〜8月 p.120
実の大きさ：小

黒色の実

モミジバフウ
果期：10〜11月 p.307
実の大きさ：大

トチノキ
果期：9月 p.211
実の大きさ：大

ツバキの仲間
果期：11〜2月 p.202
実の大きさ：小

タマゴ形の実の木

クチナシ
果期：11〜2月 p.119
実の大きさ：中

クコ
果期：9〜12月 p.117
実の大きさ：中

オトコヨウゾメ
果期：9〜10月 p.79
実の大きさ：小

アオキ
果期：11〜4月 p.38
実の大きさ：中

赤色の実

メギ
果期：10〜11月 p.300
実の大きさ：小

ホオノキ
果期：9〜11月 p.279
実の大きさ：大

ハリブキ
果期：9〜10月 p.254
実の大きさ：小

ニワトコ
果期：6〜8月 p.226
実の大きさ：小

ナツメ
果期：9〜10月 p.218
実の大きさ：中

グミの仲間
果期：3〜7・10〜11月 p.122
実の大きさ：大

マタタビ
果期：10月ごろ p.287
実の大きさ：中

ボケ
果期：8〜9月 p.280
実の大きさ：大

ビワ
果期：5〜6月 p.267
実の大きさ：大

パパイア
果期：10月ごろ p.248
実の大きさ：大

センダン
果期：10〜12月 p.183
実の大きさ：中

黄色の実

フェイジョア
果期：7〜9月 p.270
実の大きさ：大

サルナシ
果期：9〜11月 p.156
実の大きさ：中

オニグルミ
果期：9〜10月 p.80
実の大きさ：大

緑色の実

レモン
果期：10〜12月 p.326
実の大きさ：大

マンゴー
果期：6〜8月 p.290
実の大きさ：大

ムベ
果期：10〜11月 p.298
実の大きさ：大

ミツバアケビ
果期：10月ごろ p.293
実の大きさ：大

ギンモクセイ
果期：9〜10月 p.116
実の大きさ：小

イチジク
果期：5〜9月 p.57
実の大きさ：中

アケビ
果期：9〜10月 p.44
実の大きさ：大

紫色の実

シロヤマブキ
果期：9〜10月 p.171
実の大きさ：小

コクサギ
果期：7〜10月 p.135
実の大きさ：中

オリーブ
果期：9〜11月 p.82
実の大きさ：大

黒色の実

キウイフルーツ
果期：11月ごろ p.104
実の大きさ：大

茶色の実

マメ形の実の木

エンジュ
果期：9〜10月 p.76
実の大きさ：大

緑色の実

キササゲ
果期：7〜10月 p.105
実の大きさ：大

黄色の実

エニシダ
果期：10〜11月 p.74
実の大きさ：大

ハナズオウ
果期：9〜10月 p.243
実の大きさ：大

ノダフジ
果期：10〜12月 p.232
実の大きさ：大

ジャケツイバラ
果期：10〜11月 p.167
実の大きさ：大

茶色の実

マツカサ形の実の木

ハイマツ
果期：9〜10月 p.235
実の大きさ：大

テーダマツ
果期：9〜10月 p.207
実の大きさ：大

ゴヨウマツ
果期：9〜10月 p.143
実の大きさ：中

クロマツ
果期：9〜10月 p.127
実の大きさ：大

カラマツ
果期：10〜11月 p.100
実の大きさ：大

茶色の実

ドングリ形の実の木

ミズナラ
果期：10月ごろ p.292
実の大きさ：中

コナラ
果期：9～10月 p.138
実の大きさ：中

キリ
果期：9～10月 p.111
実の大きさ：中

アラカシ
果期：10月ごろ p.51
実の大きさ：中

茶色の実

ツバサ形の実の木

アキニレ
果期：10月　p.42
実の大きさ：中

茶色の実

ニワウルシ
果期：9～10月 p.225
実の大きさ：大

カエデの仲間
果期：5～10月 p.84
実の大きさ：大

緑色の実

その他の実形の木

モクレン
果期：9～10月 p.304
実の大きさ：大

メヒルギ
果期：9～10月 p.303
実の大きさ：中

ブラシノキの仲間
果期：1～12月 p.276
実の大きさ：大

シデコブシ
果期：10月　p.163
実の大きさ：大

シキミ
果期：9月ごろ p.161
実の大きさ：大

コブシ
果期：9～10月 p.140
実の大きさ：中

樹木解説

▲サクラ・エドヒガンの品種'ヤエベニシダレ'

▲カナリーヤシ

▲ブドウ'甲州'

▼オオヤマレンゲ

▼モミジバフウ

アオキ

栽培が容易で日陰に強い

花色：●●

◆**特徴**◆ 東北以南に分布する常緑の広葉低木です。高さ0.5〜4mの株立ちになります。葉は長めのタマゴ形で、ふちには粗い鋸歯（ギザギザ）があり、濃緑です。3〜4月に、紫がかった褐色か緑褐色の小さな花がまとまって咲き、秋から翌春にかけて、楕円形の実が赤く熟します。

▲まっ赤に熟した実と緑色の未熟果

アオキの斑の色は白と黄色の2種がある

葉に斑が入るフイリアオキには、白斑と黄斑があります。斑の入り方は、株によって個体差があります。また、未熟果は緑色果のほかに、淡黄色果のシロミノアオキがあり、いずれも赤熟します。

日陰を好み乾燥をきらう

日陰に強い陰樹で、乾燥をきらいます。そのため、半日陰で、やや湿り気のある場所で育てます。自然に樹形が整うので、枯れ枝を切る程度にします。

▲斑入りのアオキ'ピクチュラータ'

▲斑入りのアオキ'パラマウント'

▲斑入りのアオキ。好みの斑を選ぶとよい

▲小さな花がまとまって咲く（雄花）

【別　　名】	——
【科/属名】	ミズキ科アオキ属
【樹　　高】	0.5〜4m
【花　　期】	3〜4月
【名前の由来】	枝が青く、葉が1年中常緑なことから、この名があります。

葉形：タマゴ形
実形：タマゴ形

View Calendar

月	1	2	3	4	5	6	7	8	9	10	11	12
観葉	●	●	●	●	●	●	●	●	●	●	●	●
開花			●	●								
果実	●	●									●	●

3、4月に褐色の花が咲く
冬期も実がある

※栽培が容易でさし木でふやせる。

ア アオキ・アオギリ・アオモジ

> メモ 分果（ぶんか）…1つの果実がいくつか分かれているとき、その各々をさす。

アオギリ

夏に涼しい木陰（こかげ）をつくる

花色：●

◆特徴◆ 高さ約20m。直立する幹は、直径80cmにも育つ落葉高木です。葉は手のひら形に3〜5裂します。6〜7月になると、枝先に黄色がかった花が、密生するように咲きます。10月ごろには、果実がなります。果実は5つに分かれ、舟形の分果のさや周縁に少数の種子がつきます。丈夫な木で、街路樹などに利用されます。

庭の主木として観賞
樹高20mにもなる雄大な樹形は、十分に庭の主木の価値があります。同時に、夏は木陰を作り、緑陰樹の役割も果たしてくれます。

実生（みしょう）でふえ、材質はやわらかい樹木
生長のはやい陽樹（日あたりを好む木）です。種子から育てやすい植物で、葉の茂る力が強く、せん定にも耐えます。材質は軽くやわらかです。

▲葉を茂らせたアオギリ
◀花が終わると秋には枝先に実がなる

【別　　名】	アオノキ
【科／属名】	アオギリ科アオギリ属
【樹　　高】	約20m
【花　　期】	6〜7月
【名前の由来】	アオギリの名は樹幹が緑色で葉がキリに似ていることからつけられました。

葉形：手のひら形　実形：その他

アオモジ

香りのよい小高木

花色：●

◆特徴◆ 九州南部から沖縄にかけて自生している、雌雄異株の暖地性の樹木です。小枝は黒っぽい緑色をしており、葉とともに芳香があります。葉が展開する前の3月に黄色い花が咲き、花の基部の白い部分との対比が目立ちます。秋には径5mmの多肉多汁の実が熟します。

関東以西で庭植えができる
暖地性で日あたりのよい肥沃地を好みますが、少しぐらい日陰でも育ちます。植えつけは、落葉期に3年生の苗木を入手して、深めに植えつけます。

手作りのヨウジが楽しめる
香りがよい植物なので、小枝をけずって手製のヨウジをつくると、便利に利用できます。長さや太さ、針形や小刀形など、好みのものがつくれます。

▲3月に黄色い花が咲く
▼生育期のアオモジは生長が著しい

【別　　名】	ショウガノキ
【科／属名】	クスノキ科ハマビワ属
【樹　　高】	3〜5m
【花　　期】	3月
【名前の由来】	枝の色が青っぽいのでアオモジ。他にシロモジ、クロモジ、アカモジもあります。

葉形：タマゴ形　実形：マル形

> メモ 実生（みしょう）…種子が発芽してできる幼植物のこと。また、種子から増殖すること。

アカエゾマツ

エゾ（北海道）に多い

花色：■■

◆特徴◆ 北海道～岩手県地方に分布する寒地性の常緑高木です。高さは40mにまでなります。樹皮や若枝は赤褐色で、枝には毛が密生しています。葉は明るい緑で、断面は四角ばったひし形です。果実は円柱形で、長さ5～6cm。色は赤褐色で、最後はマツカサになります。

【別　　名】	シコタンマツ
【科/属名】	マツ科トウヒ属
【樹　　高】	30～40m
【花　　期】	5～6月
【名前の由来】	北海道に多いのでエゾ、幹や若枝が赤いのでアカマツです。

葉形：針形　実形：マツカサ形

白芽系と赤芽系がある

白芽系と赤芽系があり、笹野性、佐藤性、太閤、千歳丸などの園芸品種のほか、葉に白斑が入るヴァリエガータもあります。

空気の汚染には弱い

寒地性で低温を好み、平地の夏の強光にあたると葉焼けを起こします。鉢植えは夏半日陰で管理します。

▲迫力のある成木は40mにもなる

アカシデ

自然に樹形が整う樹木

花色：■

新芽や花は赤みをおびる

春先に出る新芽や開花期に長く伸びてたれ下がる花は、赤みをおびます。たれ下がるのは雄花で、雌花は雄花の根元につきます。

ふやすときは実生

10月に種子をとり、採りまきするか、乾燥しすぎないようにビニール袋などに入れ冷蔵庫内で管理し、翌年の2～3月にまいて発芽させます。

アカシデは、生長期にも樹形が自然に整うので管理も楽です。

◆特徴◆ 日本全国の山地や平地に分布する落葉高木で、高さ10～15mになります。葉は10cmで7～15対の葉脈が目立ち、外側に、ギザギザがあります。ほとんど毛がありません。長さ5～10cm。果実をつつむ外皮は、長さ18cmです。

【別　　名】	シデノキ、ソロ、ソネ
【科/属名】	カバノキ科クマシデ属
【樹　　高】	10～15m
【花　　期】	4～5月
【名前の由来】	新芽や花が赤みをおび、たれ下がるシデという意味から。

葉形：タマゴ形　実形：その他

▶赤みをおびてたれ下がる花
◀たれ下がる果房

【メモ】採りまき…種子や果実を採取後すぐにまくこと。

ア

アカエゾマツ・アカシデ・アカシアの仲間

切り花としても利用される
アカシアの仲間

花色：🟡

◆**特徴**◆ アカシアの仲間は種類が多く、樹高もさまざまです。日本に多いギンヨウアカシアは、高さ5〜10mで、葉は羽形です。2月下旬〜5月上旬に、黄金色で球形をした花が、枝先にまとまってつきます。

▲若葉に毛があるフサアカシア

▲ギンヨウアカシアの開花

▲葉が銀白色のギンヨウアカシア

種類は約600種

熱帯、亜熱帯原産の植物で、種類は約600〜1200種あります。日本で見られる主なものは、ギンヨウアカシア（ハナアカシア）、ソウシジュ、サンカクバアカシア、フサアカシア、ミモザアカシア、ナガバアカシア、スギバアカシアなどです。

【別　　名】	──
【科/属名】	マメ科アカシア属
【樹　　高】	5〜20m
【花　　期】	2月下旬〜5月上旬

葉形：羽形　実形：マメ形

【名前の由来】属名のアカシア（Acacia）はギリシャ語の「刺がある」または「鋭い」という意味の言葉に由来します。

View Calendar

月	1	2	3	4	5	6	7	8	9	10	11	12
観葉			━	━	━	━	━	━	━	━	━	
開花		━	━	━	黄金色の花が咲く							
果実										10月にマメ形の小さな実がなる		

アカメガシワ

赤い新芽が観賞の対象

花色：●

◆**特徴**◆ 秋田県以西から沖縄まで自生する落葉高木です。葉はひし形に近いタマゴ形で、長さは10cm以上あります。花は淡い黄色で小さく、あまり観賞価値はありません。紅色になる新芽に高い観賞価値があります。果実にはトゲ状の突起があります。

苗木を入手して育てる

じょうぶで、葉をよく茂らせる木です。簡単に育てられます。
日あたりと水はけがよい肥沃地を選び、園芸店などで苗木を入手して植えつけます。

盆栽風の鉢植えを楽しむ

花後にできる小さなマル形の実を鉢に取りまきしておくと、春に発芽します。そのまま盆栽風の鉢植えが楽しめます。

▲アカメガシワの花は梅雨時に開花する

【別　　名】	ゴサイバ、サイモリバ
【科/属名】	トウダイグサ科アカメガシワ属
【樹　　高】	5～10m
【花　　期】	6～7月
【名前の由来】	葉の形がカシワの葉に似て、新芽が赤いところから、この名があります。

葉形：タマゴ形　実形：その他

アキニレ

古代から生活に直結

花色：●

◆**特徴**◆ 本州中部以西～沖縄に分布する、どちらかといえば暖地性の樹木です。高さ15m、幹の径70cmになる落葉高木で、葉は細長いタマゴ形です。花は9月ごろ枝先にまとまってつき、10月にはツバサ形の果実がつきます。

▶植栽用途としては街路樹、公園樹

▶ツバサ形の果実は長さ約1cm

ハルニレとアキニレ

同じニレ科の植物にハルニレがあります。ハルニレは温帯、アキニレは暖帯の樹木です。また、ハルニレは6月に種子が熟し、アキニレは10月に種子が熟す、という違いがあります。

シンボルになる大木

空気の汚れに強いので、街路樹や公園樹、生垣などに利用されます。平地では大木になるので、シンボルツリーの役割も果たします。

【別　　名】	カワラゲヤキ、イシゲヤキ
【科/属名】	ニレ科ニレ属
【樹　　高】	10～15m
【花　　期】	9月
【名前の由来】	春に開花するハルニレに対して秋に開花するのでアキニレといいます。

葉形：タマゴ形　実形：ツバサ形

メモ 矮性（わいせい）…基本種に比べて樹高が低い性質のこと。

ア

アカメガシワ・アキニレ・アカマツ

盆栽にも用いられる

アカマツ

花色：●●

用いられ、100年以上も経過しているという名盆もあります。

近縁種が多い

近縁種のヨーロッパアカマツには、アルバ（葉先が白）、オーレア（黄金葉）、グロボーサ（樹形が円形）、ナナ（矮性）、レペンス（ほふく性）などの有名品種があります。

コウキンショウなど園芸品種は多数

コウキンショウ（紅金松）、ギンイロアカマツ（銀色赤松）、オオゴンショウ（黄金松）、ジャノメアカマツ（蛇の目赤松）、ミツバアカマツ（三葉赤松）、シダレマツ（枝垂松）など多数の園芸品種があります。

盆栽にして利用

赤褐色の樹肌や葉の変化を楽しむ盆栽として古くから利

◆特徴◆ 北海道南部以南の全国に分布する、常緑高木です。高さは25～30m。樹皮は赤褐色で、部分的に深く裂けて、はげ落ちます。葉は明るい緑色ですが、冬期にできる芽は赤褐色です。雄花は小さい長タマゴ形の黄褐色で、枝先にまとまって咲きます。

【別　名】	メマツ、メンマツ
【科/属名】	マツ科マツ属
【樹　高】	25～30m
【花　期】	4月下旬
【名前の由来】	樹皮の色からクロマツに対比してつきました。

葉形：針形
実形：マツカサ形

View Calendar

月	1	2	3	4	5	6	7	8	9	10	11	12
観葉	●	●	●	●	●	●	●	●	●	●	●	●
開花				雄花は黄褐色								
果実				マツボックリがなる								

▶黄褐色の雄花

▼生長すると樹形のよい高木になる

メモ　ほふく性…茎や枝が地面をはうように横に伸びる性質のこと。

アケビ

若芽は山菜、熟果は生食

花色：●

▲葉のわきに数個まとまってついた果実

◆**特徴**◆ つるを長く伸ばし、樹木などにからみついて生育します。葉は手のひら形で、小葉は5枚です。春先に淡い紫色の花が、葉のわきに数個まとまってつきます。長楕円形の果実がなり、秋に熟すとぶら下がるように自然に果皮が裂けて、甘い果肉が見えます。

◀淡い紫色の花は香りがよい

◀白花の品種をシロバナアケビという

近縁種のミツバアケビ

ふつうのアケビのほかに、小葉が3枚あるミツバアケビがあります。果実はふつうのアケビより大きくなります。また、アケビとの自然雑種のゴヨウアケビがあります。

鉢植えでも育てられる

7～8号の深鉢を使い、つるをあんどん形に誘引してやります。用土は赤玉土7、腐葉土3の混合土で、植えつけ後は表面が乾いたら水やりします。

▶小葉が3枚あるミツバアケビ

【別　　名】	アケビカズラ
【科/属名】	アケビ科アケビ属
【樹　　高】	2～10m以上
【花　　期】	4月上旬
【名前の由来】	熟果が自然に開くさまが「開く実」で、これが転訛してアケビ。

葉形：手のひら形
実形：タマゴ形

View Calendar

月	1	2	3	4	5	6	7	8	9	10	11	12
観葉				●	●	●	●	●	●	●		
開花				● アケビの開花時期は短い								
果実								秋には甘い果実が楽しめる				

ア

アケビ・アコウ・アジサイ

仲間の多くは観葉植物

アコウ

花色：●

▲葉や実のつき方に特徴がある

◆特徴◆ 紀州〜沖縄に分布する暖地性の常緑高木ですが、年に2回、短期落葉するという変わった性質があります。枝が多く、地上部からも根を出すので、樹形は変わっています。葉は、長さ10〜20cmの細長いタマゴ形で、枝先にまとまってつきます。

実が観賞の対象

花は葉のわきに数個ずつまとまってつき、果実と同じ球形です。果実は、熟すと淡い紅色から白色にかわります。そのため、花より実のほうが目立ちます。

ゴムノキなどの仲間

クワ科のアコウは、鉢植えの観賞植物として親しまれているゴムノキなどの仲間です。インドボダイジュ、ガジュマル、オオバアコウなども同じ仲間です。

【別　　名】——
【科/属名】クワ科イチジク属
【樹　　高】10〜20m
【花　　期】ほぼ周年
【名前の由来】学名のsuperbaは『気高い』『堂々とした』などの意味があり、樹形をそれになぞらえたものです。

葉形 タマゴ形　実形 マル形

日本から世界に広がる

アジサイ

花色：●●●●○

◆特徴◆ 本州と四国の一部に分布するガクアジサイの両性花（雄しべと雌しべの両方をそなえる花）が、全て装飾花（雄しべと雌しべが退化した花）に変化したものです。落葉低木で、高さ1〜2m。葉は先がとがったタマゴ形です。

▲ふっくらと盛り上がるように咲く花

雄しべと雌しべは退化

花期は6〜7月で、花は枝先に盛り上がって丸くつきます。雄しべと雌しべは退化し、実はつきません。花びらに見えるのは本来雄しべと雌しべを保護する役割の萼片（がくへん）です。

多彩な園芸種がある

1790年にヨーロッパに持ち込まれ、ハイドランジアまたはセイヨウアジサイと呼ばれる多彩な品種群がつくり出されてきました。

【別　　名】ガク、ハマアジサイ
【科/属名】ユキノシタ科アジサイ属
【樹　　高】1〜2m
【花　　期】6〜7月
【名前の由来】青い花が集まって咲くからアツ（集）、サイ（藍）で、この転訛（てんか）です。

葉形 タマゴ形

アスナロ

育つ場所で大きさが変わる

花色：●

▲葉はヒノキより大きく厚い

【別　　名】	アスヒ、ヒバ、アテ
【科/属名】	ヒノキ科アスナロ属
【樹　　高】	20〜30m
【花　　期】	3〜5月
【名前の由来】	「あしたヒノキになろう」という意味からという俗説があります。

葉形：針形　実形：マツカサ形

◆特徴◆ 針葉常緑高木です。小さな葉がたくさんつく鱗片葉で、ヒノキより大型です。3〜5月に目立たない花が咲き、その後、長さ、幅とも約1.5cmの丸いマツカサ形の実ができます。枝葉には、ヒノキのような香気があります。

半日陰でよく育つ

肥沃で、湿り気のある半日陰の場所を好みます。小さいうちは、生長の遅い木ですが、やがて20〜30mもの大木に育ちます。樹高が低い品種には、ヒメアスナロや斑入りヒメアスナロがあります。

人の手を加えると育ち方が変わる

本来は直立して大木になりますが、ヒメアスナロは株状に仕立てられます。関東以南では、刈り込んで玉のように仕立てることがあります。

アズマシャクナゲ

樹形と花が美しい一種

花色：●

▲樹形と花が美しいアズマシャクナゲ

【別　　名】	シャクナゲ
【科/属名】	ツツジ科ツツジ属
【樹　　高】	1〜6m
【花　　期】	4〜6月
【名前の由来】	学名はRhododendron degronianumで、デグロニアヌムは、明治初期に来日したフランス人デグロンの名です。

葉形：ヘラ形　実形：その他

◆特徴◆ 本州中部地方〜東北地方まで分布する、寒さに強いシャクナゲの一種です。葉は先太のヘラ形で、長さ約12cm、幅約3cm。葉裏には、灰色がかった毛が密生します。花は桃色で、径約4〜6cm。下部が細く先が広がる漏斗状で、先が5つに分かれます。清楚な美しさがあります。

西日を避ける位置を選ぶ

暑さに弱く、夏の西日をさけらうので、涼しい場所に植えるなど育てる場所を選びます。関東以西の低地では、栽培が困難です。

鉢植えで育てるには

7〜8号の深めの鉢を使って植えつけます。用土は鹿沼土4、ピートモス4、腐葉土2の混合土です。水はけをよくするため、底にゴロ土を入れます。

46

ア

アスナロ・アズマシャクナゲ・アセビ

アセビ

有毒なので口に入れない

花色：○ ●

◆特徴◆ 高さ1〜5mの常緑低木です。春に、つぼ形の花がまとまって、下向きにたれ下がるように咲きます。花が咲き終わったら花穂を切りとると、翌年の花つきがよくなります。小さく仕立てて庭の下木に利用すると、花が映えます。

【別　　名】	アセボ、アシビ
【科/属名】	ツツジ科アセビ属
【樹　　高】	1〜5m
【花　　期】	3〜4月
【名前の由来】	馬が食べると酔ったようになるというので、「馬酔木（あせび）」の当て字があります。

葉形：タマゴ形　葉形：舟形　実形：マル形

▶つぼ形の花がまとまって下向きにつく

美しさを競うアセビの品種

アセビ、花が大きいリュウキュウアセビ、葉に斑が入るフクリンアセビなどがあります。花色の美しいアケボノアセビ、花穂が長く伸びるホナガアセビ、花穂が長く伸びるホナガアセビ。

完熟堆肥を多めにすき込む

半日陰でも育ちますが、日あたりのよい場所のほうが、花つきがよくなります。完熟堆肥を多めにすき込んで、やや高めに植えつけます。

▲秋に熟す果実

▲花が淡紅色のアケボノアセビ

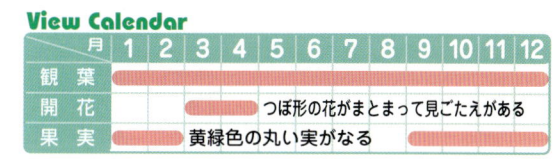

View Calendar

月	1	2	3	4	5	6	7	8	9	10	11	12
観葉	■	■	■	■	■	■	■	■	■	■	■	■
開花			■	■									つぼ形の花がまとまって見ごたえがある
果実	■	■	■						■	■	■	■	黄緑色の丸い実がなる

果実はジャムやジュースにする

アセロラ

花色…●

▲開花したアセロラ

▶常緑で1年中緑が楽しめる

◆特徴◆ 南アメリカや西インド諸島などに分布する常緑低木です。枝は細く、たれ下がり気味になります。葉はタマゴ形で光沢があります。花は淡い紅色で、径約1.5cm。花後、酸味のあるサクランボ大の赤い果実がつきます。

鉢植えは深鉢で

8号以上の深鉢を使って植えつけます。用土は赤玉土の中粒6、腐葉土2、川砂2の混合土を用い、水はけをよくするため、底にゴロ土を入れておきます。

春～秋は戸外で育てる

春～秋の生育期は戸外で育て、冬は室内で日あたりのよい場所に置いて管理します。冬は生育が止まりますが、葉は緑を保ちます。

【別　　名】──
【科/属名】キントラノオ科ヒイラギトラノオ属
【樹　　高】3～5m
【花　　期】5～10月（開花～結実をくり返す）
【名前の由来】アセロラは英名です。

葉形：タマゴ形　実形：マル形

花穂は1m以上になる

アツバキミガヨラン

花色…○

◆特徴◆ アメリカ南部原産で、ユッカ属の中では多く作られている種類です。葉は長さ60～70cm、幅約5cmでぶ厚くてかたく、先は釘状にとがっています。花は径約10cmあり、多数の花がまとまって直立します。

▲花は1m以上に大きく直立する

乾燥に強い植物

乾燥に強い植物で、関東平野部以南では、庭植えで楽しむことができます。斑入り品種が植えられることもあります。

観葉植物のユッカは別種

観葉植物として鉢植えで楽しまれているのは別種のユッカ・エレファンティペスで、通称『青年の木』という名前で流通しています。

【別　　名】──
【科/属名】リュウゼツラン科（ユリ科）ユッカ属
【樹　　高】50cm～2.5m
【花　　期】6月
【名前の由来】キミガヨランの仲間で葉が厚いところから。

葉形：舟形

48

ア

アセロラ・アツバキミガヨラン・アブラチャン・アマチャ

アブラチャン

しぼった油を灯用に使った

花色：●(黄)

▶春先、葉が出る前に咲いた花

◆特徴◆ 本州〜九州の山地で、普通に見られる落葉低木です。葉は長さ約4〜10cmのタマゴ形です。花は3〜4月。葉が出る前に、緑っぽい黄色の花が咲きます。果実はマル形で、9〜10月に熟します。

【別　　名】	イヌムラダチ、ジシャ、ズサ、ゴロハラ、ムラダチ
【科/属名】	クスノキ科クロモジ属
【樹　　高】	3〜5m
【花　　期】	3〜4月
【名前の由来】	果実からしぼった油を灯用としていて、その油を油瀝青（アブラチャン）といったところから。

葉形：タマゴ形　実形：マル形

半日陰で育てる

やや湿り気のある、半日陰の場所が適地です。採種後すぐに種まきすれば、春には発芽します。苗の生長は、早いほうです。

▲果実からは油がとれる

アマチャ

ヤマアジサイの変種

花色：○(白)●(桃)

◆特徴◆ 本州の関東と中部に、まれに自生するヤマアジサイの変種です。葉は長さ5〜10cmの舟形をしています。葉を乾燥させると甘味成分が生成され、甘茶の原料になります。

▼白花をつけたアマチャ
▲葉や茎に赤っぽい色が入る

アジサイよりも小づくり

アジサイの仲間ですが、よく見かけるアジサイに比べて全体に小づくりで、枝も細くなっています。葉はやや細長いタマゴ形で、先がとがっています。

【別　　名】	コアマチャ
【科/属名】	ユキノシタ科アジサイ属
【樹　　高】	1〜2m
【花　　期】	5〜8月
【名前の由来】	甘味成分を多く含んでおり、甘茶として利用されるのでこの名があります。

葉形：舟形　実形：その他

ガーデニング素材になる

アメリカイワナンテン

花色∶○

▲花は穂のように集まり、たれ下がる

◆特徴◆ 北アメリカのバージニア、ジョージア、テネシーにかけて広く自生する常緑低木です。高さ1～2m。葉は先がとがった舟形で、長さ15cm前後で厚く光沢があり、裏には微毛があります。縁は歯状になり、刺毛（しもう）がつきます。

白い鐘形の花が咲く

花期は4～5月です。花は白色で、小さな鐘形の花が多数集まり、長さ7～8cmの細長い花房をつくり、枝からたれ下がります。

ガーデニングや庭園樹に

丈の低い矮性（わいせい）のナナ、葉の細いロリッソニー、葉に白やピンク、黄などの斑（ふ）が入るレインボーなどがあり、ガーデニング素材や庭園樹として用いられています。

【別　　名】	———
【科／属名】	ツツジ科イワナンテン属
【樹　　高】	1～2m
【花　　期】	4～5月
【名前の由来】	アメリカ原産で、関東地方の岩場に自生するイワナンテンに葉が似ることによります。

葉形：舟形　実形：マル形

寒さに弱い暖地性

アメリカデイコ

花色∶●

▶アメリカデイコは大きな花房をつくる

◆特徴◆ ブラジル原産で、九州南部などの暖地では、街路樹にも使われている落葉小高木です。高さ5m。葉は、3枚の小葉が同じ基部から出る三出複葉（さんしゅつふくよう）です。枝などには刺が多くあります。

マメ形の実は長さ15cm以上

花期は6～9月で、枝先にあざやかな朱赤色で、長さ7～8cmの花をつけます。果実は長さ15cm以上になる豆果です。

庭木ではサンゴシトウが有名

サンゴシトウは、デイコとアメリカデイコの交配種で育てやすく、庭木によく利用されます。花期は6～9月で花は筒状になります。このほかブラジルデイコ、ハワイデイコなどがあります。

【別　　名】	カイコウズ
【科／属名】	マメ科デイコ属
【樹　　高】	5m
【花　　期】	6～9月
【名前の由来】	仏典に出てくる花のひとつがデイコの花で、それに由来します。

葉形：羽形　実形：マメ形

ア

アメリカイワナンテン・アメリカデイコ・アメリカヒイラギ・アラカシ

▲色づきはじめた果実

▲春につぼみをつけた状態

アメリカヒイラギ

芳香がある黄色い花

花色：

◆特徴◆ 北アメリカ東部に多く分布する、常緑高木です。高さ10〜15m。葉は先がとがったタマゴ形で、長さ6〜18cm。表面には光沢があり、ほかのヒイラギより厚く大形で、老木になるまで縁に刺状のギザギザがあります。

花は早春に開花
クリーム色か黄白色の花が、早春に開花します。芳香があり、短い円錐形にまとまって花房をつくります。

果実は赤く熟す
長さ2・5cmぐらいのマル形で、秋には赤く熟します。寒さに弱く暖地で栽培され、園芸品種がつくられています。

【別　　名】	──
【科/属名】	モチノキ科 モチノキ属
【樹　　高】	10〜15m
【花　　期】	3〜4月
【名前の由来】	アメリカにあるヒイラギです。

葉形：タマゴ形　実形：マル形

▼円筒形に仕立てられたアラカシ

▼秋に成熟する果実（ドングリ）

アラカシ

刈り込み仕立てができる

花色：

◆特徴◆ 本州以南に分布する、常緑高木です。葉は舟形で、上半面に鋭い大きなギザギザがあります。雄花序は、4月下旬ごろ数個ずつまとまってつき、下向きにたれ下がります。雌花は目立たず、10月ごろになると、楕円形の果実（ドングリ）が熟します。

品種によって葉もさまざま
ドングリの実がなる樹木で、品種によって葉に特徴があります。長葉のナガバアラカシ、葉の広いヒロハアラカシ、葉に切れ込みのあるヒリュウガシ、斑入りのヨコメガシ、葉が細いヤナギアラカシなどがあります。

生け垣や庭木に最適
やせ地でも育ち、生長のは

【別　　名】	──
【科/属名】	ブナ科コナラ属
【樹　　高】	10〜20m
【花　　期】	4月下旬
【名前の由来】	学名はQuercus glauca。quercusは「良質の木材」というケルト古語に由来。転じてラテン語で「ドングリ、カシワ」などの意。glaucaは「灰青色の、帯白色の、粉を吹いたような」の意。

葉形：舟形　実形：ドングリ形

やい樹木なので、刈り込みにも耐えるので、生垣や庭木に利用されます。

アリゾナイトスギ

人気が高いコニファーの一種

花色：●(黄)

▲樹形と葉の美しい'オーレア'

◆特徴◆ 北アメリカ原産で針葉の常緑高木です。観葉植物として鉢植えされたり、ガーデニング素材として用いられたりします。自然に円柱状になる樹形は美しく、葉は淡緑色の鱗片葉です。花は小さく目立ちませんが、雌花は受粉すると、径2cmぐらいの丸いマツカサ形になります。

園芸品種に、ブルー・アイス、ブルー・アイス、ピラミダリス、ゴールデン・ピラミッド、スルフレア、グラブラ、オーレアなどがあります。

夏の高温と乾燥をさける

樹形や葉の美しさを、いかに保つかがすべてです。葉の傷む原因は日照不足、夏の高温と乾燥などです。多くは鉢植えで管理します。

【別　名】	――
【科/属名】	ヒノキ科イトスギ属
【樹　高】	7～8m
【花　期】	――
【名前の由来】	北米アリゾナに多いイトスギであるから。

葉形：針形　実形：マツカサ形

アロニアの仲間

花、果実、紅葉を観賞

花色：○

▲9～10月にかけて赤く熟す果実

◆特徴◆ 北アメリカ原産の落葉低木で、3種あります。原産地では、花木として庭に植えられていますが、日本ではまだ一般化していない樹木です。高さは1～3mで、葉は先がとがったタマゴ形です。秋になると紅葉が楽しめます。

白またはピンクの花が咲く

開花期は5月ごろで、白またはピンクの花色です。5枚の花びらがあり、枝先に咲き、花木として楽しめます。

種類によって実の色が違う

アルブティフォリア種は、樹高がやや高く、3mになります。若枝には毛があり、果実はマル形で紅色です。メラノカルパ種は高さ1～3mで、若枝には毛がなく、実は黒い色をしています。プルニフォリア種は黒に近い紫色です。

【別　名】	チョークベリー
【科/属名】	バラ科アロニア属
【樹　高】	1～3m
【花　期】	5月
【名前の由来】	近縁の低木に使った名前がそのまま定着したものといわれています。

葉形：タマゴ形　実形：マル形

ア
アリゾナイトスギ・アロニアの仲間・アワブキ・アンズ

切り口から泡を吹く
アワブキ
花色：🟡

▲淡黄白色の小さな花が枝先に群れるようにつく

▼秋にはマル形果が赤熟する

◆特徴◆ 本州以南の山地などに自生する落葉高木です。高さ8～13m。葉は先がとがったタマゴ形で、長さ8～25cm、幅4～8cm。縁には小さなギザギザがあり、基部は広いくさび形で、裏面は全体に褐色の毛があります。

淡い黄白色の小さな花がつく
花期は6～7月です。花は径3mmで、淡黄白色の小さな花が今年枝の枝先に多数まとまって、長さ15～25cmの細長い花房をつくります。

マル形果が赤く熟す
果実は径4～5mmのマル形果で、9～10月に熟すと赤くなります。花房が密のわりには果実はまばらです。

【別　　名】——
【科/属名】アワブキ科アワブキ属
【樹　　高】8～13m
【花　　期】6～7月
【名前の由来】生木を燃やすと切り口から樹液や水分が泡になって吹き出すので泡吹です。

葉形：タマゴ形　実形：マル形

花が美しく果実は食用に
アンズ
花色：🌸

◆特徴◆ 中国東北地方が原産です。日本でつくられているのは東亜系ですが、地中海沿岸地方で改良された、欧州系もあります。落葉高木で、葉はタマゴ形で先がとがっています。花は春先、葉が出る前に咲き、深い紅色の美しい花で、花びらが5枚あります。ウメとの雑種もあります。

鉢植えでも10果収穫
通常は地植えにしますが、鉢植えもできます。7～8号鉢に植えつけ、枝を5本ぐらいバランスよく残して間引きます。実がなったら10果残して太らせます。

果実の食味を楽しむ
果期は6～7月で、干しアンズ、ジャム、果実酒などが楽しめます。干しアンズは完熟前に収穫、陰干しにします。

▲熟しかかった果実

◀葉がでる前に花が多く咲く

【別　　名】カラモモ
【科/属名】バラ科サクラ属
【樹　　高】5～10m
【花　　期】3月下旬～4月上旬
【名前の由来】「大和本草」（1709）に「俗に杏子唐音をよんであんずという」とあるので、古くからアンズと呼ばれていたようです。

葉形：タマゴ形　実形：マル形

紅い実を観賞する

イイギリ

花色：●

▲赤い実は落葉後も残り美しい

◆特徴◆ 日本の中南部以南に分布する暖地性の樹木で、幹は直立して20mぐらいになります。葉は三角に近いタマゴ形で、長さ約20cmです。5月ごろ、緑がかった黄色の花が、枝先にまとまってたれ下がるようにつきます。果実は径1cmぐらいのマル形で、秋には赤く熟します。

庭植えは風を避ける
水はけのよい砂質土で、風あたりの少ない場所が適地です。枝は放射状に張り出し、葉が大きいので、広い庭に適します。

花後にせん定する
庭木として枝を切りつめたいときは、5月ごろの開花後にせん定しますが、強く切りすぎると枯れ込むことがあります。できれば放任したいものです。

【別　　名】	ナンテンギリ、ケラノキ
【科/属名】	イイギリ科イイギリ属
【樹　　高】	8～20m
【花　　期】	5～6月
【名前の由来】	飯をこの葉で包んだところから古人が飯桐(いいぎり)の名をつけたとされています。

葉形：タマゴ形　実形：マル形

庭木は小柄に仕立てる

イスノキ

花色：●

▼葉のわきに紅色の花がまとまってつく

◆特徴◆ 温帯に広く分布している常緑高木です。日本には、中部以南の暖地に自生しています。葉は長さ5～8cmの細長いタマゴ形で、葉のわきに紅色の花を数個まとまってつけます。果実はタマゴ形で、黄褐色の毛が密生しています。

変種や園芸品種がある
イスノキの変種には、枝がたれ下がるシダレイスノキがあり、園芸品種には葉に斑が入るヴァリエガーツムがあります。

アブラムシがよくつく
アブラムシがつくと、葉などに虫えい（昆虫が寄生したために異常発育した部分）ができ、独特の形状となります。

【別　　名】	ヒョンノキ、ユシノキ、ユスノキ
【科/属名】	マンサク科イスノキ属
【樹　　高】	10～20m
【花　　期】	4～5月
【名前の由来】	不明

葉形：タマゴ形　実形：タマゴ形

▲タマゴ形をした虫えいがつく

イ

イイギリ・イスノキ・イソツツジ・イソノキ

イソツツジ

全草に芳香があるツツジ

花色：○

▲寒地の湿地で咲く白色の花

◆特徴◆ 北海道～本州北部の湿地に自生する寒地性の常緑小低木です。高さは30cm～1mぐらいです。葉は長さ2～6cmのヘラ形で、縁が裏側に折れ曲がります。花期は6～8月ですが、低地では高地より1カ月ぐらいはやくなります。

白色の花が咲き果実はさく果
枝先に、白色の花が咲きます。花びらは5枚で、花後にできる果実はマル形蒴果（さくか）（熟すと裂ける実）で、多数の細かい種子（しゅし）ができます。

生長期に湿度を保つ
夏の暑さに弱いため、関東以西の低地では栽培が困難です。栽培適地では、春から夏の生長期には十分な湿度を保ち、花後枝を刈り込みます。刈り込むと全体が低く、こんもりとした樹形になります。

【別　　名】	エゾイソツツジ
【科/属名】	ツツジ科イソツツジ属
【樹　　高】	30cm～1m
【花　　期】	6～8月
【名前の由来】	エゾツツジが誤って伝えられたものとの見解があります。

葉形：ヘラ形　実形：マル形

イソノキ

黒熟する実を観賞

花色：○

▼葉のわきにかたまってつく果実

◆特徴◆ 日本にも自生し、温帯に広く分布する落葉低木で、高さは1～3mです。葉は先近くが幅広になる舟形で、左右交互につきます。夏、葉のわきに緑がかった黄色の小さな花が、10数個まとまって咲きます。秋には小粒でマル形の果実がつき、熟すと黒くなります。

欧米では生け垣に使われる
近縁種のクロウメモドキ、クロカンバ、クロツバラ、シーボルトノキなどは、生垣用の樹木として多用されます。

いろいろなふやし方ができる
種子から育てる実生（みしょう）、とり木、さし木ができますが、園芸品種はさし木でふやします。

【別　　名】	―
【科/属名】	クロウメモドキ科クロウメモドキ属
【樹　　高】	1～3m
【花　　期】	6～7月
【名前の由来】	不明

葉形：舟形　実形：マル形

イチイ

樹形と葉が美しい樹木

花色：◯

◆**特徴**◆ 山地から亜高山帯に分布する常緑高木です。直立して20mにもなります。葉は長さ1.5〜2.5cmの針形で、2列に水平に並んでつきます。3〜4月に開花し、9〜10月には赤く美しい外皮に包まれた種子がつきます。

▲園芸品種のオオゴンキャラ

▼庭木によく利用される

変種のキャラボク

葉は厚みがあります。その園芸品種には、葉が黄金色で美しいオオゴンキャラがあります。また、近縁種にセイヨウイチイがあり、葉の美しい園芸品種が多くあります。

夏期の乾燥に注意

イチイは耐寒性、耐陰性のある植物です。キャラボクは、イチイより暖地性なので、育つ範囲が広くなります。肥沃な湿り気のある場所が適地です。夏の乾燥は苦手です。

▼秋を彩る赤い果実。緑の葉とのコントラストが美しい

【別　　名】	アララギ、オンコ
【科/属名】	イチイ科イチイ属
【樹　　高】	10〜20m
【花　　期】	3〜4月
【名前の由来】	1位の音読みで、正1位の官位があるとされていることにちなみます。

葉形：針形
実形：マル形

View Calendar

月	1	2	3	4	5	6	7	8	9	10	11	12
観葉	■	■	■	■	■	■	■	■	■	■	■	■
開花			目立たない花が咲く									
果実			小さな赤い実がたくさんなる									

※種子の周囲の赤い部分は甘く、食べられます。

イチイ・イチゴノキ・イチジク

イチゴノキ

果実はジャムになる

花色：🟣⚪🟠

▲表面に突起があるヤマモモやイチゴに似た赤い実

◆特徴◆ 南ヨーロッパ、アイルランド原産の常緑高木です。高さ7〜10m。葉は長めのタマゴ形で、長さ約10cmで光沢があり、縁にはギザギザがあります。

花は白かピンク色
花期は3月頃です。花色は白またはピンクをおびる白色で、枝先に数個がまとまってたれ下がります。果実は秋に赤くなります。

果実は食べられる
丈の低いヒメイチゴノキ（コンパクタ）、小葉性のミクロフィラ、紅色の花のルブラなどがあり、果実はジャムや果実酒になります。

【別　　名】	ストロベリーツリー
【科/属名】	ツツジ科アルブッス属
【樹　　高】	7〜10m
【花　　期】	3月頃
【名前の由来】	果実に酸味があるというケルト語や果実の形がイチゴに似ていることなどに由来します。

葉形：タマゴ形　実形：マル形

イチジク

果実は生食が楽しめる

花色：🟢

◆特徴◆ アラビア半島南部が原産の落葉小高木です。日本には3000年以上前に、中国を経て渡来したといわれます。葉は大きい手のひら形で、3〜5裂します。5月下旬〜9月まで開花が続き、次々とタマゴ形の果実が熟していきます。小形の果実の熟している花はいつのまにか結実し、果実は秋には暗い紫色になります。

風があたらない場所で
日あたりがよく、土層の深い場所が適地です。葉が大きく風で折れることがあるので、風あたりの強い場所は避けたほうが安全です。

果実は甘くておいしい
生食、ジャム、丸煮、果実酒などが楽しめます。甘味のある果実酒は、中身を2カ月後にとり出して熟成させます。

【別　　名】	トウガキ、ナンバンガキ
【科/属名】	クワ科イチジク属
【樹　　高】	3〜6m
【花(果)期】	5月下旬〜9月
【名前の由来】	トウガキは中国から渡来したから。イチジクは不明。

葉形：手のひら形　実形：タマゴ形

▼暗い紫色をした熟した果実　▼熟す前の果実

イチョウ

ギンナンで親しまれる

花色：●

古代からの歴史的樹木

ギンナンと秋の黄葉で親しまれている樹木で、その起源の古生代といわれます。は、化石から約4億8000万年前～3億6000万年前の古生代といわれます。

実生でふやす

種子を採取したら、よく水洗いし、半乾きのうちにすぐまきます。翌春発芽したら掘り上げ、根を6～7cmに切って定植します。

◆**特徴**◆ 中国原産の落葉高木で、雄木と雌木があります。葉は特徴のある扇形で中央が切れ込み、東京都のシンボル・マークになっています。4月ごろ、灰白色で目立たない花が咲き、9～10月に果実が熟し、外側の皮は多肉で悪臭があります。食用にするギンナンは、この外側の皮をとり除いたものです。

【別　　名】	ギンナン
【科/属名】	イチョウ科 イチョウ属
【樹　　高】	10～30m
【花　　期】	4月
【名前の由来】	中国名「鴨脚」の発声音「ヤーチャオ」説、「銀杏」の唐音説などがあります。

葉形：その他　実形：マル形

▲黄葉と樹形が美しいイチョウ

▼料理にも利用されるギンナン

イヌエンジュ

さやが開いて種子が落ちる

花色：●

平べったいさやがつく

秋に枝からたれ下がる実は、平べったい『さや』になります。中の種子は楕円形で5個くらいあり、熟すと褐色になります。

カライヌエンジュが母種

母種のカライヌエンジュは寒地性で、中国東北部～オホーツク沿岸まで広く分布しています。

◆**特徴**◆ 北海道～本州中部以北に分布する落葉高木です。高さ10～15mで、幹は胸高で径60cmにもなります。葉は長さ15～25cmの羽形です。花は黄白色で、7～8月に枝先にまとまってつきます。

【別　　名】	オオエンジュ
【科/属名】	マメ科イヌエンジュ属
【樹　　高】	10～15m
【花　　期】	7～8月
【名前の由来】	エンジュに似るが、エンジュとは異なるということからつけられました。

葉形：羽形　実形：マメ形

▼枝先に長く伸びる黄白色の花

イチョウ・イヌエンジュ・イヌガヤ・イヌザンショウ

イヌガヤ

カヤより葉はやわらかい

花色：

低木の仲間もある

葉の細いホソバイヌガヤ、変種のハイイヌガヤ（エゾイヌガヤ）は高さ1〜2mの低木です。ほかにタイワンイヌガヤなどがあります。

潮風や湿地にも強い

3〜4月が植えつけの適期です。日陰や潮風、湿地にも強いので、たいていの場所で育ちますが、生育の遅いのが欠点です。

◆**特徴**◆岩手県以南に分布し、山地の林下に自生する常緑小高木です。高さ3〜10mになります。葉は長さ1.5〜4cmの針形で、基部は丸く、先はとがります。開花は4月ごろで、雌花は葉のわきにつき赤みがかって小さく、10月ごろ楕円形の種子が熟します。雄花は黄白色で葉のわきにつきます。

▼葉は基部が丸く、先はとがっている

【別　　名】ヘダマ、ヘボガヤ
【科/属名】イヌガヤ科イヌガヤ属
【樹　　高】3〜10m
【花　　期】4〜5月
【名前の由来】葉の形がカヤに似ていることにちなみます。

葉形：針形　実形：タマゴ形

イヌザンショウ

黒い実に風情がある

花色：

◆**特徴**◆本州以南に分布する樹高2〜3mの落葉低木です。枝には刺があり、不用意にさわると痛い思いをします。葉は羽形です。花は緑がかった黄色で小さく、7〜8月に枝先にまとまって咲き、秋に小形でマル形の実が熟します。

日本では食用にしない

イヌザンショウは、サンショウによく似ていますが、食用にしません。中国では近縁種とともに薬用などとして用いるようです。

小さな実をつける変種もある

琉球列島には変種のシマイヌザンショウがあり、イヌザンショウより小さな果実がつきます。

▼枝には刺が一個ずつ離れてつく

▲秋に熟したマル形の実

【別　　名】──
【科/属名】ミカン科サンショウ属
【樹　　高】2〜3m
【花　　期】4〜5月
【名前の由来】サンショウに似るが、役に立たないという意味からつけられました。

葉形：羽形　実形：マル形

イヌツゲ

刈り込み樹形が楽しめる

花色：

◆特徴◆
本州以南の山地に分布する広葉の常緑低～小高木です。高さは6～8mになります。葉はタマゴ形で、長さ1～3cm。表面は濃緑色です。花は緑白色。径5mmで、あまり目立ちません。開花期は5～6月。秋にはマル形の果実が、黒紫色に熟します。

刈り込みに強いマメツゲ
造形用には、枝分かれする性質が強く、刈り込みに耐えるマメツゲがよく利用されます。黄色い斑が入るキフイヌツゲは、江戸時代から庭木や鉢植えに利用されています。他にキッコウイヌツゲ、キミイヌツゲなどがあります。

刈り込みは6～10月に
丸形に刈り込む玉仕立てなどでは、6～10月に枝先を回数多く、こまめに刈るのが美しさを保つコツです。

▲あまり目立たない花

▼枝先につくマル形の果実

▲小さな葉が密生する

▼イヌツゲ'スカイペンシル'

【別　　名】	ヤマツゲ
【科/属名】	モチノキ科モチノキ属
【樹　　高】	6～8m
【花　　期】	5～6月
【名前の由来】	ツゲに似ているが、異なるものの意味でつけられました。

葉形　タマゴ形
実形　マル形

▲刈り込まれた樹形は美しい（右奥はイヌマキ）

View Calendar

月	1	2	3	4	5	6	7	8	9	10	11	12
観葉	●	●	●	●	●	●	●	●	●	●	●	●
開花					●	●						
果実									●	●	●	

開花：径5mmの花が咲く
果実：実は黒紫色に熟す

イヌツゲ・イヌシデ・イヌビワ

イヌシデ

花が長くたれ下がる

花色：●

果実は長くたれ下がる

果実は、葉のような外皮につつまれたツバサ形です。片側だけにギザギザがある長さ20〜25cmの、マメのような形で多数連なり枝からたれ下がります。

半日陰でもよく育つ

日あたりを好みますが、半日陰でもよく育ちます。やや湿り気のある肥沃な場所に植えつけ、自然樹形で仕立てます。

◆特徴◆

本州以南に分布する落葉高木で、高さ10〜15mです。葉は先がとがったタマゴ形で、長さは5〜10cmで毛があります。花は黄色っぽい緑で、枝からたれ下がるようにつき、一見して花とは見えない、かわった形をしています。

【別　　名】シロシデ、ソネ
【科/属名】カバノキ科クマシデ属
【樹　　高】10〜15m
【花　　期】4〜5月
【名前の由来】垂（しで）は花のたれ下がる形をあらわします。

▲タマゴ形の葉をつけた枝

▲たれ下がるように咲く花

葉形：タマゴ形　実形：ツバサ形

イヌビワ

黒熟果と大きな葉を観賞

花色：●

◆特徴◆

関東以西に分布する暖地性の落葉低木です。高さ3〜5mになります。葉は先がとがったタマゴ形で、長さ10〜20cmあり、枝は灰白色です。葉のわきにできる果実はマル形で、径約0.5〜2cm、熟すと黒くなります。

ビワとはまったくの別種

ビワの名がついていますが、ビワはバラ科ビワ属の植物で、ゴムノキの仲間のひとつで葉が大きく、黒く熟す実や葉が観賞用になります。ただし、落葉樹なので、冬季は幹の姿を楽しみます。

冬季は葉が落ちる

あまり大きくはなりません。

【別　　名】イタビ
【科/属名】クワ科イチジク属
【樹　　高】3〜5m
【花　　期】4〜5月
【名前の由来】不明

▲タマゴ形の葉と葉のわきについた未熟果

葉形：タマゴ形　実形：マル形

メモ　斑（ふ）…花や葉に入る斑（まだら）状の着色や斑点のこと。

刈り込み仕立てで観賞

イヌマキ

花色：●

◆**特徴**◆ 関東〜沖縄に分布する暖地性で雄雌異株の常緑高木です。高さ25mになります。葉は舟形で長さ8〜15cm。花期は5〜6月で、雄花は葉のわきに黄緑色の小さな花がかたまって穂のようにつきます。10月にはタマゴ形の果実が熟し、赤紫色の部分は甘く、食用になります。

葉形の変わったものもある

ホソバマキ、ナガマキ、ユバノマキ、マルバマキなど、葉形の変わったものがあります。

6月と9〜10月に刈り込む

日あたりと水はけのよい肥沃地が適地で、生け垣にするときは、6月と9〜10月に刈り込んで新芽を吹かせます。

▶庭木によくみられる散らし玉仕立て

【別　　　名】	マキ、クサマキ
【科／属名】	マキ科マキ属
【樹　　　高】	20〜25m
【花　　　期】	5〜6月
【名前の由来】	不明

葉形：舟形　実形：その他

葉の美しい品種が多い

イブキ

花色：●

◆**特徴**◆ 宮城県以南に分布する常緑低木です。ふつうは高さ3〜5mですが、大きいものは10〜15mにまでなります。葉はふつう小さな葉が集まった鱗片葉（りんぺんよう）ですが、刈り込みによって針形葉が出ることもあります。開花期は4月ごろで、マル形の果実が黒く熟します。

▶庭園に用いられたイブキ

園芸品種にはフイリビャクシンなどがある

変種にはハイビャクシンやミヤマビャクシンがあります。園芸品種には矮性（わいせい）で鱗片葉が密生するフイリビャクシン、黄金葉のコガネビャクシン、自然に玉状になるタマイブキ、ほかにシダレイブキ、タチビャクシン、カイヅカイブキがあります。

【別　　　名】	イブキビャクシン、カマクライブキ
【科／属名】	ヒノキ科ビャクシン属
【樹　　　高】	3〜15m
【花　　　期】	4月
【名前の由来】	伊吹山に生えることからついた名です。

葉形：針形　実形：マル形

メモ 玉仕立（たまじた）て…樹木を刈り込んで（せん定）、丸い形に整えること。

イ

イヌマキ・イブキ・イブキジャコウソウ・イボタノキ

イブキジャコウソウ

葉や茎には芳香がある

花色：●

◆特徴◆ 日本、ヒマラヤに分布する常緑小低木です。高さは約5〜15cmしかありません。葉はヘラ形で、長さ5〜10mmです。花期は6〜7月で、紅色の小さな花が、いっぱいに開花します。葉に黄斑の入るものもあります。

山野草の小鉢作りに

岩場に咲く花で、中深の3〜4号鉢や石づきにして植えつけると、小鉢作りが楽しめます。用土は山砂を使い、毎年植え替えます。

さし木でふやせる

日あたりのよい場所に置き、乾き気味に水やりしたほうが、花つきがよくなります。根のまわりがはやく老化しやすいので、さし木で更新します。

【別　　　名】	—
【科/属名】	シソ科イブキジャコウソウ属
【樹　　　高】	5〜15cm
【花　　　期】	6〜7月
【名前の由来】	伊吹山で発見され、茎葉に麝香の芳香があるので。

葉形：ヘラ形　実形：その他

▶紅色の小花がいっぱいにまとまって咲く

イボタノキ

白い花と黒い実を観賞

花色：○

◆特徴◆ 日本全国に分布する落葉低木です。高さは2〜5m、幹径は約15cmです。葉は細長いタマゴ形で、長さ約2〜10cm。花期は6〜7月で、枝先に白色の小さな花をまとまってつけます。果実はタマゴ形で、秋に黒く熟します。

【別　　　名】	—
【科/属名】	モクセイ科イボタノキ属
【樹　　　高】	2〜5m
【花　　　期】	6〜7月
【名前の由来】	不明

葉形：タマゴ形　実形：タマゴ形

▶開花中のイボタノキ

オオバイボタなどの仲間がある

葉の大きいオオバイボタ、ヨーロッパに自生するヨウシュウイボタノキ、その園芸品種フクリンヨウシュウイボタノキ、ヒメヨウシュウイボタノキなどがあります。

生け垣などに利用

かつてはイボタにつくイボタロウムシから、ろうを採取して家具のつや出しなどに用いました。潮風や病虫害に強く、刈り込みにも耐えるので、生け垣やトピアリーなどにも広く利用されます。

変わった樹姿が楽しめる

イワガラミ

花色：○

グランドカバーに最適

日本での普及はまだ多くありませんが、グランドカバーなどの材料に適しており、緑化素材として、将来性のある種類です。

実生やさし木でふやせる

実生やさし木でふやします。一度活着して伸びはじめると生育は旺盛で、日陰にも強く、よく開花します。

◆特徴◆ 日本全国の山地に分布する、つる性の落葉樹で、岩や樹木に高くよじ登ります。葉は広いタマゴ形で、鋭いギザギザがあります。上面は緑ですが、裏面は緑白色です。花期は7月ごろで、美しい白色花です。

【別　名】ユキカズラ
【科/属名】ユキノシタ科イワガラミ属
【樹　高】つる性落葉樹
【花　期】7月
【名前の由来】岩などにからみついてよじ登る習性があるため。

葉形：タマゴ形
実形：タマゴ形

▲生育は旺盛で岩や樹木によじ登る

たれ下がる花房が特徴

イワナンテン

花色：○

山地の岩場に自生する

イワナンテンはその姿形が好まれて栽培されるのを見かけますが、関東以西の低地では栽培が困難です。よく見かけるのは近縁種のアメリカイワナンテンです。

◆特徴◆ 関東〜近畿の低山の岩場に多く自生する常緑低木です。高さ1〜5mぐらいです。葉は細い舟形で、夏には白色の花が数個ずつまとまり、前年枝の葉のわきから細長くたれ下がって咲きます。仲間にはアメリカイワナンテン（セイヨウイワナンテン）があります。

【別　名】イワツバキ
【科/属名】ツツジ科イワナンテン属
【樹　高】1.5〜2m
【花　期】7〜8月
【名前の由来】岩場に生えて、葉がナンテンに似ているため。

葉形：舟形
実形：タマゴ形

▼山地に多いイワナンテン

◀花穂が長くたれ下がるアメリカイワナンテン

64

ウグイスカグラ

果実は生食できる

花色：🔴🟡

◆特徴◆
本州以南に分布する落葉低木で、高さ1〜3mです。葉は長さ3〜6cmのタマゴ形で、4〜5月、枝先に細長いラッパ状のピンクの花が下向きにたれ下がります。6月にはマル形の果実が紅熟します。

変異が多い
葉などに毛があるヤマウグイスカグラ、若い枝に腺毛があるのがミヤマウグイスカグラです。

肥沃地を好み、自然樹形に仕立てる
日あたりと水はけのよい肥沃地を好み、自然樹形仕立てにします。小柄に仕立て直したいときは、落葉期に切りもどします。

花後にできる果実ははじめ緑色ですが、熟すと赤くなり、甘くて食べられます。

▼葉に毛があるのはヤマウグイスカグラ

▲ラッパ状のピンクの花がたれ下がる

▼母種のミヤマウグイスカグラ

◀紅く熟したウグイスカグラの果実

イ
イワガラミ・イワナンテン・ウグイスカグラ

【別　　名】	ウグイスノキ
【科/属名】	スイカズラ科 スイカズラ属
【樹　　高】	1〜3m
【花　　期】	4〜5月
【名前の由来】	ウグイスが鳴くころ花が咲くので、この名があるという説もあります。

葉形：タマゴ形　実形：マル形

View Calendar

月	1	2	3	4	5	6	7	8	9	10	11	12
観葉				■	■	■	■	■	■	■	■	
開花				■	■								鐘形の花が咲く
果実						■	■						果実は甘く美味

メモ 腺毛（せんもう）…毛の先端が球状にふくらんで、中に分泌物をふくんでいる。

巨大なラッパ状の花が咲く

ウコンラッパバナ

花色：🟡🟤

◆**特徴**◆ 熱帯アメリカ原産の常緑低木です。高さ1m程度。茎はやや多肉質で太く、葉はややかたく、光沢があり細長いタマゴ形で、先はとがります。寒さに弱く、温室で栽培します。

花色は黄色から茶色に変わる

花は3～5月に咲きます。伸長する茎の先に花芽がつき、巨大な電球状のつぼみを経て開花します。花の直径は10cm以上になり、開花当日は黄色ですが、しばらくすると茶色を帯び、ほんの数日で落花します。

さし木でふやす

冬季以外の暖かな時期に、さし木でふやせます。

▲巨大なカップ状の花が目をひく

【別　　　名】	ゴールデンカップ
【科/属名】	ナス科ラッパバナ属
【樹　　　高】	1m
【花　　　期】	3～5月
【名前の由来】	巨大な花をラッパに見立て、花の色をウコンの色に見立ててつけられた名前です。

葉形：タマゴ形　実形：タマゴ形

赤い花と赤い実を観賞

ウスノキ

花色：🔴🟠

◆**特徴**◆ 九州南部を除く、全国の山地などに分布する落葉低木です。高さ50cm～1.5m。葉は先がとがった細めのタマゴ形で、長さ2～5cm、幅1～2.5cm。縁には細かいギザギザがあり、裏面には短毛があります。

萼(がく)は緑で花は赤

花期は4～6月。花は鐘形の萼(がく)と、帯赤色で5裂する花びらがそり返り、前年枝の葉のわきに2～5個ずつ下向きにつきます。

果実はマルに近い楕円形

径7～8mmの丸状タマゴ形果がつき、7～9月には熟して赤くなり食べられます。5カ所の角ばりがあり、中には長さ1mmの種子ができます。

▲果実は熟すと赤くなり光沢がある

【別　　　名】	カクミスノキ、アカモジ
【科/属名】	ツツジ科スノキ属
【樹　　　高】	50cm～1.5m
【花　　　期】	4～6月
【名前の由来】	実の形がウスに似ていることからつけられました。

葉形：タマゴ形　実形：タマゴ形

ウツギ

白花と紅花がある

花色：○ ● ●

▶枝先にまとまってつける美しい花

◀花に紅が入る近縁種のサラサウツギ

◀関東以南に多い近縁種のヒメウツギ

◆特徴◆
北海道南部以南に分布する、落葉低木です。高さは2〜3mです。葉は先がとがったタマゴ形で、5〜6月には花びらが5枚ある白色花を、枝先にまとまってつけます。

八重咲きなど近縁種が多数
白色八重咲きのシロバナヤエウツギ、花びらの外側が紅色になるサラサウツギ、花びらが紫紅色のムラサキウツギ、生垣などに利用されるヒメウツギなどがあります。

古枝を少しずつ更新する
3、4年たつと枝が古くなるので、花が終わった直後に、根元から20〜30cmのところで切り戻し、新しい幹枝を発生させて更新します。さし木や実生でも簡単にふやせる初心者向きの樹木で、小鉢に植えて盆栽風に仕立てたり、石付きにしたりできます。

【別　　　名】	ウノハナ
【科/属名】	ユキノシタ科ウツギ属
【樹　　　高】	3m
【花　　　期】	5〜6月
【名前の由来】	幹の中が空になっているので空木とされました。

葉形：タマゴ形
実形：マル形

View Calendar

月	1	2	3	4	5	6	7	8	9	10	11	12
観葉				━━━━━━━━━━━━━━━━━━━━━								
開花					丸いつぼみが割れるように咲く							
更新		3、4年に1回古い幹を更新										

ウ　ウコンラッパバナ・ウスノキ・ウツギ

早春に白色の小花が咲く ウチワノキ

花色…○

【別　　名】	シロバナレンギョウ
【科/属名】	モクセイ科ウチワノキ属
【樹　　高】	1m前後
【花　　期】	2～4月
【名前の由来】	果実の周囲に大きなツバサがあり、その形がウチワに見えるため。

葉形：タマゴ形
実形：ツバサ形

朝鮮半島特産の樹木

朝鮮半島特産の、とてもめずらしい花木です。

花は小型ですが、美しさに定評があります。姿はレンギョウによく似ていて、枝は四角ばっています。

◆特徴◆ 朝鮮半島原産です。高さは1mぐらいで枝を横に広げ、葉はタマゴ形です。花はつぼみのときはピンクですが、開花するとほとんど白色になります。開花期は春先の2～4月です。花後、ウチワのように薄い果実がつきます。

▶白い花と葉

乾燥に強くて丈夫

乾燥に強い丈夫な花木で、日あたりと水はけのよい場所ならたいてい育ちます。増殖はさし木や実生ができます。

刈り込みできる常緑樹 ウバメガシ

花色…●●

【別　　名】	ウマメガシ、イマメガシ
【科/属名】	ブナ科コナラ属
【樹　　高】	10～15m
【花　　期】	4～5月
【名前の由来】	芽出しの色から連想して姥芽(うばめ)の名がついたとされています。

葉形：タマゴ形
実形：ドングリ形

▼美しく刈り込んだ樹形は庭園に向く

▲開花翌年秋に成熟する果実

◆特徴◆ 関東以西に分布する常緑の広葉小高木です。ふつうは高さ10mぐらいですが、まれには15mに達します。葉は先がややとがるタマゴ形で、一部に波状のギザギザがあります。4～5月が花期ですが、花は目立たず、翌年の秋にドングリ形の果実が熟し、炭焼の素材にされます。

庭の主木や生け垣に

生長はやや遅いのですが、丈夫で潮風や乾燥にも強く、強い刈り込みにも耐えられるので、庭の主木や生け垣などに利用できます。

年2回刈り込む

6月下旬～7月と10月中旬～12月と年2回刈り込んで、樹形をつくります。

ウ

ウチワノキ・ウバメガシ・ウメモドキ・ウリノキ

ウメモドキ

花より果実を観賞

花色：🟣

▶赤い実は光沢があって美しい

▶果実が白いシロウメモドキ

◆**特徴**◆ 山間の湿地に多い落葉低木です。高さは2〜3mです。葉は先がとがったタマゴ形で、まわりには細かいギザギザがあります。6月ごろ咲く花は、淡い紫色です。秋に熟す果実は径5mmのマル形で、赤く光沢があって目立ちます。

白い実や黄色い実がある
果実が白いシロウメモドキ、黄色果のキミノウメモドキ、果実が早熟の大納言などがあります。

雌株と雄株の両方を植えると実がなる
雌株と雄株があり、双方を植えないと実を楽しめません。

▼大納言（オオミノウメモドキ）の花

【別　　名】	オオバウメモドキ
【科/属名】	モチノキ科 モチノキ属
【樹　　高】	2〜3m
【花　　期】	6月
【名前の由来】	葉の形がウメに似ているため。

葉形：タマゴ形　実形：マル形

ウリノキ

花や葉に特徴がある

花色：○

◆**特徴**◆ 日本全国の山地に、ふつうに分布する落葉低木です。高さ2〜3mです。葉は手のひら形で、浅く2〜4カ所がへこみます。花は、葉のわきからまばらにつきます。花びらは細長く白色ですが、開くと外側に巻き上がります。

モミジウリノキの変種
ウリノキは、モミジウリノキの変種です。モミジウリノキはやや暖地性で、葉の切れ込みが深くなっています。

一般には栽培が少ない
花の形がおもしろい樹木ですが、一般にはほとんど栽培されておらず、植物園以外ではあまり見られません。

◀手のひら形の葉がウリに似ている

【別　　名】	──
【科/属名】	ウリノキ科ウリノキ属
【樹　　高】	2〜3m
【花　　期】	6月
【名前の由来】	葉がウリの葉形に似ているため。

葉形：手のひら形　実形：タマゴ形

ウメ

日本の早春を代表する花木

花色… ○ ● ● ●

◆特徴◆ 原産地は中国ですが、古くから日本各地で栽培され、早春の花として広く親しまれてきました。高さ5～10mになる落葉高木で、葉に先立って咲く花は、径2～3cmで花びらが5枚あり、香りがあります。花色も豊富です。

▲帯黄色の'黄金梅'

▼節間がつまり小型になる'金獅子'

ウメの品種は200以上

園芸上では野梅性、紅梅性、豊後性、杏性の四系統に分かれます。それぞれに多くの園芸品種があり、総数は200～300品種あるといわれています。

果実はウメ酒とウメ干しに

ウメ酒に使うウメは青いうちにとり、ウメ干し用は、もう少し待って、実が黄変しかかって、香りがよくなってからとります。ウメジュース用にも使えます。

▲桃色の'緋の司枝垂れ'

▶白色の'八重緑萼'

View Calendar

月	1	2	3	4	5	6	7	8	9	10	11	12
観葉			━━━━━━━━━━━━━━━━━━━━━━									
開花		━━━ 枝にそのまま花がつく										
果実					━━━ ウメ酒には青い実を採取							

ウ
ウメ

▲純白の '野梅(やばい)'

▲薄紅色の '未開紅(みかいこう)'

▲華やかな南国風の '鹿児島紅(かごしまべに)'

▲薄桃色の '難波紅(なにわこう)'

▲あでやかな '寒紅梅(かんこうばい)'

▲'冬至(とうじ)'

【別　　名】	──
【科/属名】	バラ科サクラ属
【樹　　高】	5〜10m
【花　　期】	1月下旬〜3月
【名前の由来】	漢名「梅(ムイ、メイ)」をそのまま和読みしたもの。

葉形 タマゴ形
実形 マル形

▲'道知辺(みちしるべ)'

ウルシ

秋の紅葉が見もの

花色：●

◀生育期は葉が美しく花は目立たない

◆特徴◆ 北海道から九州まで分布する落葉高木で、高さ7〜10mです。葉は羽形です。花期は5〜6月で、枝先の葉のわきから、小さな花がまとまって、長さ約30cmにたれ下がります。花びらは5枚で、秋には淡い黄色のマル形の実ができます。

秋の観賞期に紅葉を楽しむ

ハゼノキの仲間で、モミジなどとともに秋の紅葉を形成する樹木の一種です。とくにウルシの葉は赤が濃く、山の中でも目立ちます。

かぶれに注意

ウルシは、古くから塗りものに利用されてきましたが、人によってはかぶれることがあるので、とりあつかいに注意します。

【別　　名】	──
【科/属名】	ウルシ科ウルシ属
【樹　　高】	7〜10m
【花　　期】	5〜6月
【名前の由来】	うるし汁、塗汁（ぬるしる）からの転訛などの説があります。

葉形：羽形　実形：マル形

ウンシュウミカン

代表的な食用ミカン

花色：○

▲熟しかかったミカンの果実

◆特徴◆ 一般にミカンで通用している果物です。高さ3〜5mの常緑低木です。葉はタマゴ形で、表面に光沢があります。5〜6月に枝先に咲く花は白色で、多くは枝先につきます。花びらは5枚です。種子はほとんどありません。

日本のミカンは鹿児島生まれ

ミカンは、中国から渡来した果物ですが、現在日本で多く作られている品種のもとは、約500年前、鹿児島で発見されたものが最初といわれています。

暖地性の果樹

よい実がなる生産地は、ほとんど暖地に限られています。

▲花は白色で枝先に多くつく

【別　　名】	ウンシュウ
【科/属名】	ミカン科ミカン属
【樹　　高】	3〜5m
【花　　期】	5〜6月
【名前の由来】	中国の温州地区から渡来したので、その名にちなんだものです。

葉形：タマゴ形　実形：マル形

ウ

ウルシ・ウンシュウミカン・エゴノキ・エゾアジサイ

美しい白い花が群開する

エゴノキ

花色：○●

【別　　名】	チシャノキ、ロクロギ
【科/属名】	エゴノキ科エゴノキ属
【樹　　高】	6～7m
【花　　期】	5～6月
【名前の由来】	果皮にえぐい成分（苦味）が含まれていることからエゴノキです。

葉形 タマゴ形
実形 マル形 

▼白い花が枝先に咲く

▼マル形の果実が多数たれ下がる

◆**特徴**◆ 日本全国に分布する落葉高木で、高さ6～7mです。株立ちになった樹形が好まれ、庭木によく利用されます。5～6月ごろ、新緑の枝先に径約1・5cmの白い花が開花します。秋には、マル形の小さい果実が、多数たれ下がります。

◆**ベニバナエゴノキもある**◆ 花が淡い紅色のベニバナエゴノキや、枝先がたれ下がるシダレエゴノキなどがあります。

◆**せん定はしない**◆ 自然樹形が美しい花木です。本来高くなる木なので、庭の広さに合わせて植えつけ、せん定はなるべくしないようにします。

寒さに強い

エゾアジサイ

花色：●●●●○

【別　　名】	ムツアジサイ
【科/属名】	ユキノシタ科アジサイ属
【樹　　高】	1～2m
【花　　期】	6～8月
【名前の由来】	エゾ（北海道）まで分布するアジサイに由来します。

葉形 タマゴ形
実形 タマゴ形 

◀開花中は装飾花があざやかな色になる

◆**特徴**◆ 北海道、本州、九州に分布する落葉低木です。高さ1～2m。葉は、先がとがった広めのタマゴ形で、長さ10～17cm、幅6～10cm。縁にはやや大きいギザギザがあり、基部は広いくさび形です。

◆**花色は淡青～青色**◆ 花期は、6～8月です。径2・5～4cmで淡い青紫色で、まれに淡紅色や白色となる装飾花がつき、全体で径10～17cmの大きさになります。

◆**タマゴ形の小さい果実**◆ 果実は、長さ5mm～1cm弱の楕円形です。11～12月に熟し、中には長さ1mm以下の種子ができます。

エニシダ

花色の華やかな品種が多い

花色：🟡🟠🩷🟤⚪

◆**特徴**◆ 地中海沿岸とヨーロッパ中部に分布する、高さ1〜3mの常緑低木です。葉は、長さ1cmほどで、タマゴ形です。5〜6月に、細い枝先に開花する花は、鮮やかな黄色で観賞価値が高く、見応えがあります。

▲鮮やかな黄色で観賞価値が高い

◀紅色系の園芸品種もある

▶園芸品種ゼーランディア

白や紅など花色が豊富

シロバナエニシダは3mに伸びる高性種で、花は白色です。シロエニシダは1mにしかならない低木で、花は白色か淡いクリーム色です。ホホベニエニシダ（ホオベニエニシダ）は、花の一部が暗赤褐色になる珍しい品種です。園芸品種には、褐色系のゼーランディアなどの他に、黄色系と紅色系の花が数多くあり、庭木のほか、切り花にも使われます。

【別　　名】	エニスダ
【科／属名】	マメ科エニシダ属
【樹　　高】	1〜3m
【花　　期】	5〜6月
【名前の由来】	ラテン語名のゲニスタがエニスダ→エニシダと変化したとされています。

葉形：タマゴ形　葉形：羽状　実形：マメ形

View Calendar

月	1	2	3	4	5	6	7	8	9	10	11	12
観葉	●	●	●	●	●	●	●	●	●	●	●	●
開花					●	●							花色は多彩
果実							●	●		●	●		マメ形の実がなる

エ

エニシダ

▲花弁の一部が紅色になるホホベニエニシダ（ホオベニエニシダ）

▲さやの形をしたホホベニエニシダ（ホオベニエニシダ）の実

◀雪をかぶったように見えるシロバナエニシダの開花

エノキ

自然樹形が美しい庭の主木

花色：〇

▶樹形は、自然に整ってくる

◆特徴◆ 東北地方の日本海側、福島県以南に分布する落葉高木です。高さ20mになります。葉は、先がとがったタマゴ形で、長さ5〜10cmです。4〜5月に開花する花は淡い黄色で、葉のわきにつきます。果実はマル形で小さく、熟すと赤褐色になり、食べられます。

一里塚に植えられた

古くから一里塚などに植えられて、親しまれてきました。また、国蝶のオオムラサキの幼虫が葉を食べることで知られています。

庭の主木に利用される

枝が多く、樹形がよいので、広い庭の主木によく利用されます。特に枝がたれるシダレエノキは、庭木として珍重されています。

【別　　名】	エ
【科/属名】	ニレ科エノキ属
【樹　　高】	15〜20m
【花　　期】	4〜5月
【名前の由来】	「エ」は枝のことで、枝の多い木からという説があります。

葉形：タマゴ形　実形：マル形

エンジュ

樹形と豆果を観賞

花色：〇

◆特徴◆ 中国原産で、高さ20mになる落葉高木です。葉は、長さ15〜20cmで羽のような形です。7〜8月に淡い黄白色の花が咲き、秋には豆果が多くたれ下がります。

▼独特の樹形のシダレエンジュ

▲7〜8月に淡い黄白色の花が咲く

シダレエンジュが人気種

竜の爪を連想させる枝がたれ下がり、独特の樹形を作ります。高さ3〜5mで、たれ下がった枝が地につくこともあります。

湿気のある場所を好む

やや湿り気のある肥沃地を好みます。

【別　　名】	──
【科/属名】	マメ科クララ属（ソフォラ属）
【樹　　高】	15〜20m
【花　　期】	7〜8月
【名前の由来】	エンジュの名はエニスという古名から転訛したとされています。中国名は槐です。

葉形：羽形　実形：マメ形

▲秋にみられるエンジュの豆果

エノキ・エンジュ・オウバイ・オオイタビ

オウバイ

早春に咲く迎春花

花色：●●○

▲開花期にはあざやかな黄色で群生する
▲ウンナンオウバイは2mの高さに育つ

◆特徴◆ 東北以南で栽培される落葉小低木で、高さ1〜3mです。茎は緑色で四角ばっています。葉は羽形で、小葉が3枚ずつつきます。開花期は葉がでる前の2〜3月です。あざやかな黄色で、葉のわきに1花ずつ咲きます。

ウンナンオウバイは常緑

ウンナンオウバイは、高さ2mの常緑低木です。花色が赤いベニバナソケイ、花形が違うリュウキュウオウバイやキソケイ、白色花のポリアンサムなどがあります。

スタンダード仕立てや生け垣に

幹を一本立ちにして鉢などに植えるスタンダード仕立てや、生け垣などに利用できます。

【別　　　名】	—
【科/属名】	モクセイ科ソケイ属
【樹　　　高】	1〜3m
【花　　　期】	2〜3月
【名前の由来】	花の色が黄色で、花の形がウメに似ているので黄梅となりました。

葉形：羽形　実形：マル形

オオイタビ

プミラの名で知られている

花色：●

◆特徴◆ 房総半島以南に分布する暖地性のつる性常緑樹です。最近では観葉植物として、鉢植えで売られているプミラの名のほうがよく知られています。葉は、ハート形で長さ5〜10cmと大型ですが、幼葉は小型で、形も先のとがったタマゴ形です。

長さ5cmの黒い実がなる

果実はマル形〜タマゴ形で、長さ5cmぐらいあり、黒紫色に熟します。園芸品種には、葉に斑が入るサニーがあります。

鉢植えに向く

つる性なので、鉢植えやハンギングなどに適しています。6〜8月は戸外の半日陰に置き、他の時期は室内の明るい窓ぎわに置きます。壁面緑化にも利用できます。

【別　　　名】	—
【科/属名】	クワ科イチジク属
【樹　　　高】	つる性常緑樹
【花　　　期】	5〜7月
【名前の由来】	オオは大葉で、イタビはイヌビワの略です。プミラは小さいの意味です。

葉形：ハート形　葉形：タマゴ形　実形：マル形　実形：タマゴ形

▲斑入り
▲幼木の葉はいちじるしく小さい

1本植えでも庭が映える

オオデマリ

花色：○ ●

スノーボールなどが人気
ヤブデマリの花は丸くまとまらず、平たく開きます。園芸品種には白色花のスノーボール、桃色花のカームズ・ピンクなどがあります。

切り花には不向き
庭に単植すると、開花期には十分楽しめますが、水あげが悪いので、切り花には向きません。

◆特徴◆ 庭園に栽植される落葉低木で、高さは6mになります。葉はタマゴ形で、長さ7～10cmです。開花期は5～6月で、白い花がまとまって、アジサイのような形になります。ヤブデマリの選抜品種です。

▲花が丸くまとまるオオデマリ

【別　　名】	テマリバナ
【科/属名】	スイカズラ科ガマズミ属
【樹　　高】	2～6m
【花　　期】	5～6月
【名前の由来】	花が手まりのように丸くまとまるので、この名があります。

葉形：タマゴ形

雄しべの紅色が美しい

オオヤマレンゲ

花色：○

半日陰が生育適地
一般にオオヤマレンゲの名で売られているのは、オオバオオヤマレンゲで、雄しべの紅が濃く美しい花です。東北以南の半日陰が適地です。

類似種には芳香のあるものや八重咲きがある
芳香のあるウケザキオオヤマレンゲ、花が八重のミチコレンゲがあります。

◆特徴◆ 谷川連峰以南に分布する落葉低木で、高さ4～5mになります。葉は丸みを帯びたタマゴ形で、長さ7～10cm。雄しべは淡い紅色を帯びます。

▲雄しべの紅が濃く美しいオオバオオヤマレンゲ

【別　　名】	ミヤマレンゲ
【科/属名】	モクレン科モクレン属
【樹　　高】	4～5m
【花　　期】	5～6月
【名前の由来】	花が蓮華に似て、山中に自生することが多いので大山。

葉形：タマゴ形
実形：その他

78

オオデマリ・オオヤマレンゲ・オガタマノキ・オトコヨウゾメ

庭の主木になる常緑高木

オガタマノキ

花色：○

【別　　名】	トキワコブシ
【科/属名】	モクレン科 オガタマノキ属
【樹　　高】	15〜20m
【花　　期】	2〜4月
【名前の由来】	招魂（オキタマ）の転訛で、それに木がつきました。

葉形：舟形　実形：その他

暖地性で成育は旺盛

幹は直上し、生育は旺盛でよく葉が茂ります。若枝、若葉、芽には褐色の毛があり、目立ちません。

◆特徴◆ 日本では、関東以南に分布する暖地性の常緑高木です。高さ15m以上になります。葉は先がとがった舟形で、長さ8〜12cmあり、表面には光沢があります。花期は2〜4月。白い花ですが、葉の茂りが多く、あまり目立ちません。

▼葉のしげりが多く、花は意外に目立たない

神社に多く植えられる

花には芳香があります。神事に使われ、神社の境内によく植えられています。後に抜け落ちます。

甘そうな赤い実は苦い

オトコヨウゾメ

花色：○

◆特徴◆ 東北地方以西に分布する落葉低木です。高さは1〜2m。樹皮は灰色で枝は横に広がり、高さのわりには広い場所を占めます。葉は先がとがったタマゴ形で、長さは4〜7cm、幅は2〜4cmの明るい緑色です。葉の縁にはギザギザがあります。

▲白色の花が枝先を飾る

【別　　名】	コネソ
【科/属名】	スイカズラ科 ガマズミ属
【樹　　高】	1〜2m
【花　　期】	5〜6月
【名前の由来】	不明

葉形：タマゴ形　実形：タマゴ形

白色花と秋に赤い実がなる

開花期は5〜6月ごろで、径6〜9mmの白色の花が、枝先に数個まとまり、下向きに咲きます。果実は長さ約8mmのタマゴ形で、9〜10月に熟すと、赤くなります。

果実酒にすると美味

果実は、苦くて生食はできませんが、果実酒にすると渋みと酸味がバランスよく、赤い美味なものができます。

▼実は苦いため生食できない

厚くかたい皮が特徴
オニグルミ

花色：

◆**特徴**◆ 日本全国に分布する落葉高木です。高さは20～25m。河川の流域や山地の谷川に沿った場所などに、多く自生しています。葉は羽形で、小葉は先がとがった長めのタマゴ形です。葉の長さは5～15cm、縁には細かいギザギザがあります。

開花は4～6月

雄花は、前年枝の葉のわきから尾状になってたれ下がり、雌花は今年枝の枝先に直立します。果実はタマゴ形で長さ約3cm。最初は緑色ですが、9～10月には暗緑色になります。核は、かたくて厚い皮に覆われ、内部には脂肪分の多い種子があります。

オニグルミは野生種

一般にクルミと呼ばれているのは、からの薄い栽培種ですが、オニグルミは野生種です。

【別　名】	クルミ、オグルミ
【科/属名】	クルミ科クルミ属
【樹　高】	20～25m
【花　期】	4～6月
【名前の由来】	中国名の鬼胡桃を和音読みにしたものです。

葉形：羽形　実形：タマゴ形

▲熟すと自然に落下する果実。緑色の皮の中にクルミがある。

実は有毒といわれる
オニシバリ

花色：

◆**特徴**◆ 福島県以南の山林内に分布する落葉低木です。高さは80cmぐらいにしかなりません。開花は3～4月で、葉のわきに黄色の小さな花が多数つきます。果実は6月に赤く熟しますが、有毒といわれています。

夏に葉が落ちる

一般の落葉樹は、春から夏にかけて生育し、秋から冬にかけて落葉しますが、オニシバリは逆です。秋おそくから初夏まで葉があり、夏に葉がなくなります。

日陰を好む性質

本来が山林内の木陰に生育している低木なので、日あたりより日陰を好みます。

【別　名】	ナツボウズ
【科/属名】	ジンチョウゲ科ジンチョウゲ属
【樹　高】	約80cm
【花　期】	3～4月
【名前の由来】	樹皮が強く、鬼でもしばることができるというところから。

葉形：タマゴ形　実形：マル形

▶葉のわきに黄緑色の花がつく

オ

オニグルミ・オニシバリ・オヒョウ・オヒルギ

オヒョウ

樹皮は木皮繊維の織物

花色：●

【別　　名】オヒョウニレ、アツシ
【科/属名】ニレ科ニレ属
【樹　　高】25m
【花　　期】3〜4月
【名前の由来】アイヌ語でオピウといい、それが変化したものです。

葉形：タマゴ形　実形：ツバサ形

◆特徴◆日本全国に分布する温帯性の落葉高木です。高さは25mになります。葉はタマゴ形ですが、先が3〜5つに浅く裂けます。花は、黄色がかった緑色で小さく、前年枝にまとまってつきます。果実は6月に熟し、種子はツバサ形の果実の中央につきます。

公園樹や街路樹に利用

オヒョウは、近縁のハルニレなどとともに、温帯の公園や街路によく利用されます。ともに6月に種子を採取し、採りまきしてふやします。発芽したら1年後に移植し、苗を育てます。

樹皮は丈夫で織物になる

オヒョウは樹皮が強いのが特徴で、木皮繊維の織物にも使われます。園芸品種には、葉の細いヘルショルミエンシス、低木のベルジカ、葉が黄色のヴレデイなどがあります。

▶葉と赤色の虫えい

▼生育適地では樹高40mになる

オヒルギ

樹上で種子が発芽する

花色：●●

◆特徴◆奄美大島以南の海岸や河口周辺に分布してマングローブを形成する、熱帯性常緑高木です。高さ8〜40m。生育適地では、40mになることもあります。葉は先がとがった長めのタマゴ形で、長さ6〜12cm、幅3〜5cm。基部はくさび形です。

赤い萼筒が目立つ

花期は5〜6月。萼筒（花の基部を包んでいる器官）は長さ3cmで、赤くてよく目立ちます。細かく裂けます。花は径約3cmの黄白色の花で、花びらは8〜12枚つきます。

種子から棒状の胚軸がのびる

果実は、長さ約3cmの楕円形ですが、種子は樹上で発芽し、そこから長さ15〜20cmになる棒状の胚軸（子葉と根の間の茎）が伸びてたれ下がります。

【別　　名】アカバナヒルギ、ベニガクヒルギ
【科/属名】ヒルギ科ヒルギ属
【樹　　高】8〜40m
【花　　期】5〜6月
【名前の由来】ヒルギは漂木で親木から落ちた種子が漂流して分布を広げたことに由来します。オは雄でメヒルギより胚軸が太いことによります。

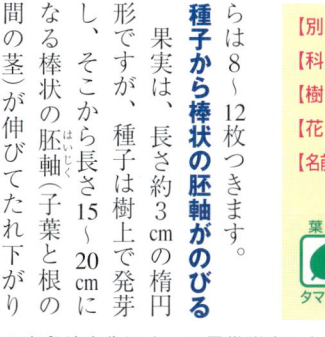

葉形：タマゴ形　実形：タマゴ形

メモ　虫えい…虫の産卵や寄生によって異常発育した部分のこと。

オリーブ

果実収穫に古くから栽培

花色：🟡

▼黄白色の小さな花が群がって咲く

◆特徴◆

乾燥地を好む暖地性の常緑小高木で、高さ3〜8mになります。葉は舟形で、表面には光沢があります。花は黄白色で花びらが4枚あり、芳香があります。果実は、品種によってマル形や長いタマゴ形で、熟すと黒くなります。

寒さに強い植物

以前は暖地性で寒さに弱いとされていましたが、実際は耐寒性があり、現在では東京周辺でも、庭植えができるようになりました。

果実は加工して利用

渋くて生食できませんが、オリーブオイルやピクルスにします。しかし、加工がめんどうなので、家庭では果実酒がよいでしょう。

▲熟すと黒くなる実は広く利用される

【別　　名】	オレイフ
【科/属名】	モクセイ科オリーブ属
【樹　　高】	3〜8m
【花　　期】	5〜6月
【名前の由来】	英名がそのまま発音して和名になっています。

葉形：舟形　実形：マル形　実形：タマゴ形

オレンジ

遅くまで樹上貯蔵ができる

花色：○

◆特徴◆

オレンジの名がつく品種は、いくつかありますが、もっとも生産量の多いのはバレンシアオレンジです。世界各地で、広く栽培されています。タマゴ形の葉をつける常緑低木で高さ3〜5mです。5月ごろ咲く花は白色。果実は黄色く熟し、マル形です。

寒さに弱く栽培適地は少ない

耐寒性が弱く、果実の発育には高温が求められるので、日本では栽培適地が太平洋沿岸の一部に限定されます。

香りのよい果実

ミカン類の中でも、香りがよいほうです。一果の重さは150〜200gです。生食やジュースに加工して利用されます。

▼5月ごろ咲く花は白色

【別　　名】	――
【科/属名】	ミカン科ミカン属
【樹　　高】	3〜5m
【花　　期】	5月
【名前の由来】	不明

葉形：タマゴ形　実形：マル形

▶マル形の果実は黄色く熟す

オ

オリーブ・オレンジ・カイヅカイブキ・カキノキ

庭園によく使われる
カイヅカイブキ

花色：○

◆**特徴**◆ 北海道南部以南に分布しているイブキの園芸品種です。高さ10mぐらいになります。葉は美しく、刈り込みに耐えます。潮風や大気汚染に強く、耐寒性もあるので、広く生垣などに利用されています。庭木としては、玉仕立てなどもできます。

植えつけは春か秋
春先の3〜4月か秋の9〜10月が植えつけの適期です。植え穴を大きめに掘り、堆肥か腐葉土をすき込んで、やや高植えにします。

刈り込んで樹形を作る
円錐形、円筒形、玉仕立てなど好みの形に刈り込みができます。生け垣は、列植して円筒形などにします。年2回、春先と夏に刈り込みます。

▲好みの形に刈り込めるが自然樹形も美しい

【別　　名】──
【科／属名】ヒノキ科ビャクシン属
【樹　　高】8〜10m
【花　　期】4月
【名前の由来】庭木や生け垣によく利用されているわりには、由来不明

葉形：針形
実形：マツカサ形

古くから親しまれた果樹
カキノキ

花色：○

【別　　名】カキ
【科／属名】カキノキ科カキノキ属
【樹　　高】5〜10m
【花　　期】5月下旬
【名前の由来】果実が赤く熟すところから、アカキ（赤木）の転訛などの説があります。

葉形：タマゴ形
実形：マル形／タマゴ形

◆**特徴**◆ 日本全国で栽培される落葉高木で、高さ10mになります。葉は、先がとがったタマゴ形で、表面は光沢がある緑です。花は淡い黄色で、多くは葉に隠れて、あまり目立ちません。秋に赤く熟す果実は、落葉した後まで残ります。

富有、次郎などが有名
カキには、それぞれの土地で改良された特有の品種があります。有名品種としては、富有、次郎、蜂屋、平核無などがあります。近縁種にはマメガキなどがあります。

甘ガキは暖地に適する
カキは、寒さに強い果樹ですが、甘ガキは暖地に適します。寒い地方ではうまくシブが抜けません。

◀渋ガキの蜂屋
◀あまり目立たない雌花

▲落葉後も残るカキの実

カエデの仲間

秋を彩る紅葉の樹木

花色：🔴🟢

▼街路樹、公園樹に多く植栽されるトウカエデ

◆**特徴**◆
秋の紅葉で有名なカエデ類の紅葉前線は、気温の低下とともに北から南へ下がってきます。モミジと呼ばれることもありますが、学問上はすべてカエデ科カエデ属です。カエデ属に共通する特徴は、長い柄をもつ葉がすべて対生であることと、果実に2枚の翼があることなどです。

▲イタヤカエデの花はあまり目立たない

▲ハウチワカエデの紅葉

▶生育期のイタヤカエデ

View Calendar

月	1	2	3	4	5	6	7	8	9	10	11	12
観葉			■■■■■■■■■■■■■■■■■■■■■■									
開花				花はたれ下がる								
果実		ツバサ形の実がなる										

モミジもカエデの仲間

紅葉の美しいイロハモミジ、オオモミジ、ヤマモミジなど「モミジ」の名がついているものから、ハウチワカエデ、トウカエデなど「カエデ」の名のついたもの、メグスリノキのようにカエデやモミジの名がつかないものもあります。

種類によって好む環境が違う

イロハモミジは水はけのよい場所を好み、ハウチワカエデはやや湿気のある場所を好むなど、日あたり具合も違います。

【別　　名】カエルデ、モミジ
【科/属名】カエデ科カエデ属
【樹　　高】種類により低木〜高木
【花　　期】4月
【名前の由来】葉が手のひら形で、カエルの手に似ているので、カエルテ→カエデとなりました。

葉形：手のひら形　葉形：羽形　葉形：タマゴ形　実形：ツバサ形

84

カ カエデの仲間

▲ハウチワカエデの花

▼カラコギカエデの翼果

▲ハウチワカエデの紅葉

▲枝先に花穂を出して淡黄緑色の花をつけるカラコギカエデ

▲ネグンドカエデの実

▲白い斑が入るネグンドカエデ'ヴァリエガーツム'

◀葉に黄色い斑の入るネグンドカエデ'オーレオ・ヴァリエガーツム'

▲葉がおおぶりなエンコウカエデ

▲トウカエデ'花散里'

▲ウリハダカエデのツバサ形の実

▲葉色が濃紫のノルウェーカエデ'クリムソンキング'

▲斑入りのノルウェーカエデ'ドラモンディー'

▲葉色に特徴があるノルウェーカエデ'プリンストンゴールド'

86

カエデの仲間

▲庭木や盆栽に向くイロハモミジ（イロハカエデ）'鴫立沢'

▲若葉は鮮やかな紅色のイロハモミジ'出猩々'

▲紅枝垂れ系の品種イロハモミジ'紅枝垂'

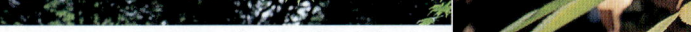

▲オオモミジ（ヒロハモミジ）は太平洋側の山地に多い

▼チドリノキ（ヤマシバカエデ）もカエデの仲間

▼メグスリノキもカエデの仲間

87

カクレミノ

寒地は鉢植えで楽しむ

花色：●

◆特徴◆ 関東以南に分布する暖地性の常緑小高木で、高さ5〜10mになります。葉は、幼木では3つに裂け、成木では先がとがったタマゴ形で、表面に光沢があります。7〜8月に、枝先に淡い黄色の小さいマル形の花をつけます。花後小さいマル形の果実がなり、熟すと黒くなります。

◆日陰に強い樹木
日陰でもよく育つので、庭木の下や家の陰でも育てられます。園芸品種には、葉に黄白色の斑が入るものがあります。

◆鉢植えでも楽しめる
寒さにやや弱い樹木ですが、寒冷地では鉢植えにして室内に置けば、周年緑を楽しめます。観葉植物として利用できます。

【別　　名】	──
【科/属名】	ウコギ科カクレミノ属
【樹　　高】	5〜10m
【花　　期】	7〜8月
【名前の由来】	隠蓑で、葉形を蓑にたとえたといわれています。

葉形：手のひら形／タマゴ形　実形：マル形

◀日陰でもよく育つので庭木の下でも育てられる

▼花と未熟果。熟すと黒くなる

カゲツ

開花させるには管理が大切

花色：●

◆特徴◆ 鉢植えにされた「カネノナルキ」の名前のほうが有名な、多肉植物です。葉は先が幅広のヘラ形で、長さ3〜4cm。緑色で光沢があり、赤くふちどられます。花は枝先につき、ピンクの星形です。

◆花は日光次第
花芽は、夏の強い直射日光にあたることでつくられます。葉が黄ばむので、夏の観賞価値は一時的にさがりますが、秋には回復します。

◆春から戸外に出してやる
室内に置いてある鉢を、春から少しずつ日光にあてて株をならしてから、直射日光にあてるようにします。こうすれば葉焼けしません。

▲枝先にピンクの星形の花がつく

【別　　名】	カネノナルキ、成金草
【科/属名】	ベンケイソウ科クラッスラ属
【樹　　高】	0.5〜3m
【花　　期】	10〜12月
【名前の由来】	花月は、日本でつけられた園芸品種名です。

葉形：ヘラ形　実形：その他

カ

カクレミノ・カゲツ・カザグルマ・ガジュマル

カザグルマ

花色：● ○

交配種の親になることが多い

◆特徴◆ クレマチスの仲間は、いろいろなグループに分かれていて、カザグルマもその一つです。つるは細く、初め軟毛がありますが、後には毛が落ち、茎が木質化します。葉は羽形で、小葉は先のとがったタマゴ形で、両面の脈に沿って、細い毛があります。

紫色花と白色花がある

開花期は5～6月。花径は10～15cmあり、枝先に一花ずつ咲きます。花びらは、先がとがった舟形で、基本は8枚です。

鉢植えでも楽しめる

6号鉢に定植し、つる性なので、つるをからませる支柱を立てます。花はほとんど上向きに咲くので、見やすいように、つるを誘引します。

▲花びらは8枚で枝先に1花ずつ咲く

【別　　名】──
【科/属名】キンポウゲ科センニンソウ属
【樹　　高】30～50cm
【花　　期】5～6月
【名前の由来】花の形が風車を連想させることからつきました。

葉形：羽形　実形：その他

ガジュマル

幼木は観葉植物

◆特徴◆ 屋久島以南に分布する亜熱帯の常緑高木です。高さ20mになります。大きくなると気根を多く出し、異様な樹形になります。葉は肉厚のタマゴ形で、長さ5～6cmです。観葉植物として利用されているのは、幼木の鉢植えです。

夏は半日陰で管理

本来、戸外で育つ樹木ですが、多くは室内の鉢植えとして利用されています。夏の強い日光にいきなり長時間あてると、葉焼けを起こすので、半日陰に置いてならします。

越冬は5℃以上必要

秋から水やりを少しずつ減らし、日あたりのよい室内に置いて越冬させます。

◀大きくなると長い気根をたらす

【別　　名】──
【科/属名】クワ科イチジク属
【樹　　高】20～25m
【花　　期】一定しません
【名前の由来】沖縄の方言で、この樹木を呼ぶ発音がそのまま名前になりました。

葉形：タマゴ形　実形：マル形

メモ　気根…地上に伸び出した根のこと。

カシワ

大葉は食物と関係が深い

花色：●

◆特徴◆ 日本と中国が原産地の落葉高木です。高さは10〜15mです。葉は大きなタマゴ形で、波状の大きいギザギザがあります。食物を包むのに使われ、5月のカシワ餅は、よく知られています。花は黄緑色で小さく、雄花がひも状となって枝からたれ下がります。実は丸いドングリです。

葉が細く裂ける種類もある
園芸品種には、葉が細かく裂けるハゴロモカシワや、クジャクガシワなどがあります。

【別　　名】カシワギ、モチガシワ
【科/属名】ブナ科コナラ属
【樹　　高】10〜15m
【花　　期】5〜6月
【名前の由来】炊葉（カシキハ）で、食物を盛りつけるのによく使われたためです。

葉形：タマゴ形
実形：ドングリ形

▶葉は大きな波状のギザギザが特徴
▶枝からたれ下がる雄花

せん定は冬の落葉期に
深い土層の肥沃地で、日あたりのよい場所を好みます。多少湿り気のある土質のほうが適地ですが、乾燥にもよく耐えます。せん定は、冬の間の落葉期に行います。

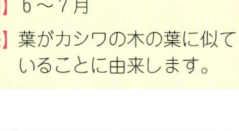

カシワバアジサイ

大きな葉と白色の花

花色：○

◆特徴◆ 北アメリカ東南部に自生するアジサイで、日本にも導入されて栽培されるようになりました。高さ1〜2mの落葉低木です。葉は浅く5つに裂けた手のひら形で、長さ8〜25cmと、アジサイの仲間では大型になります。

花は白色で4枚の花びら
花期は6〜7月です。装飾花は4枚の萼片（花びらに見える部分）からなり、白色で、長さ15〜25cmの円錐状にまとまった花房をつくります。中央の花も白色で、長さ15〜25cmの円錐状にまとまった花房をつくります。

八重咲きの品種もある
園芸品種がつくられており、最近は八重咲きになった品種も導入されています。

【別　　名】──
【科/属名】ユキノシタ科アジサイ属
【樹　　高】1〜2m
【花　　期】6〜7月
【名前の由来】葉がカシワの木の葉に似ていることに由来します。

葉形：手のひら形
実形：タマゴ形

▶葉は5裂し花は円錐形にまとまる

カ

カシワ・カシワバアジサイ・カツラ・カナウツギ

カツラ

材質がよく家具などに利用

花色…●

カツラの樹形は種類によって違う

カツラは幹がまっすぐに伸びる性質があります。ところがカツラの仲間のヒロハカツラは幹を斜めに伸ばします。枝が幹から急角度でたれ下がるシダレカツラもあります。

芳香があるコウノキ

葉を粉末にして「お香」をつくるので、コウノキの別名があります。

◆特徴◆日本全国の、湿り気のある山の谷間などに分布する落葉高木です。高さは25～30mになります。葉は広いハート形で、秋には黄色くなります。花期は4～5月で、目立たない花が咲きます。果実は9月ごろ、黒紫色に熟します。

▼自然に樹形が整うカツラ 　▼枝がたれ下がるシダレカツラ

【別　　名】	オカヅラ、コウノキ
【科/属名】	カツラ科カツラ属
【樹　　高】	25～30m
【花　　期】	4～5月
【名前の由来】	香（か）円（つぶら）を略してカツラにしたという説があります。

葉形 ハート形　実形 その他

カナウツギ

葉形が変わっている

花色…●

◆特徴◆関東～中部地方の山地に分布する落葉低木で、高さは1～2mしかありません。葉はタマゴ形ですが、3～5に浅く裂け、先端はとがって突き出します。花期には黄色っぽい小さな花が、長さ4～10cmに20花ぐらいまとまってつきます。

庭植えはあまり見られない

庭植えにされていることはほとんどありませんが、水はけど、日あたりのよい場所なら栽培は簡単です。

実生、さし木、株分けができる

実生（種から芽を育てる）、さし木、株分けでふやせます。一度活着すれば丈夫で、よく育ちます。夏には半日陰になるような場所が適地です。

◀黄色っぽい小さな花が20花くらいまとまってつく

【別　　名】	ヤマドウシン
【科/属名】	バラ科コゴメウツギ属
【樹　　高】	1～2m
【花　　期】	5～6月
【名前の由来】	細枝のことを「カナギ」といい、カナギ・ウツギからの転訛です。

葉形 タマゴ形　葉形 手のひら形　実形 その他

秋の赤い実を観賞

カナクギノキ

花色：●

▲葉は細めでもよく茂る若葉は美しい

◆**特徴**◆ 神奈川県以西の山地などに分布する落葉高木です。高さ3～15m。葉は先がやや細長く伸び、基部はしだいに細くなる舟形で、長さ6～15cm、幅2～4cm。表面は緑色で、裏面は粉白色をおびます。

若葉と同時に黄緑色花がつく
花期は4～5月で、若葉と同時に黄緑色の小さな花が、数個ずつまとまってつきます。花びらは6枚で、花柄には長い毛があります。

実を支える果柄はケン玉状
果実は径6～7mmのマル形～タマゴ形で、9～10月に熟すと赤くなります。果柄は根元より上部が太く、果実と果柄はケン玉状です。

【別　　名】	ナツコガ
【科/属名】	クスノキ科クロモジ属
【樹　　高】	3～15m
【花　　期】	4～5月
【名前の由来】	樹皮の鹿の子模様からで、鹿の子の転訛です。

葉形：舟形　実形：マル形

▲若葉と同時に黄緑色の小さな花が咲く

幼木が観葉に向くコニファー

カナダトウヒ

花色：●

▲園芸品種はコニファーとして人気

◆**特徴**◆ カナダ、アラスカなどが原産の常緑高木で、高さ30mにもなる針葉樹です。葉は針形の青緑色で、断面図は四角形。四面に気孔があり、葉をもむと独特の臭いがあります。果実は円筒形で、長さ5cm前後あります。

樹形は円すい形や細長い形
コニカやサンダースブルーは、樹形が円錐形になります。ジーンズディリィはコニカより細長い形になり、デージーホワイトやレインボーズエンドなどは矮性です。枝垂れ性の品種もあります。変種にはグロボーサがあります。

自然に樹形が整う
せん定をしなくても形が整うため、よく植えられています。

【別　　名】	シロトウヒ
【科/属名】	マツ科トウヒ属
【樹　　高】	25～30m
【花　　期】	6月
【名前の由来】	トウヒは樹脂で、カナダ原産のヤニの多い木をあらわします。

葉形：針形　実形：マツカサ形

メモ 花柄…花と枝をつなぐ部分の柄のこと。　果柄…実と枝をつなぐ部分のこと。

カ

カナメモチ

新葉の紅葉が美しい

花色：○

▲赤い新葉のカナメモチ

◆特徴　東海地方以南、四国、九州に自生する常緑小高木で、高さ3〜9mです。葉は長さ7〜10cmのタマゴ形で、新葉の多くは赤くなりますが、黄色くなるものもあります。開花は5月中〜下旬。花は小形で白色です。

斑入りなどの仲間がある

カナメモチの仲間にはエンシュウカナメモチ（細葉）、ノコギリバカナメモチ（鋭いギザギザがある）、フイリカナメモチ（斑入り）、カナメモチとオオカナメモチの雑種オオバカナメモチの品種レッド・ロビン（新葉の赤が濃い）などがあります。

生垣仕立てに向く

春から秋にかけて、年3回ぐらいに分けてこまめに刈り込むと、美しさを保てます。強く切り詰める場合は、3月上旬ごろにします。

▲▲園芸品種の'レッド・ロビン'

◀白色の花をつけた'レッド・ロビン'

【別　　名】	アカメモチ、ソバノキ
【科/属名】	バラ科カナメモチ属
【樹　　高】	3〜9m
【花　　期】	5月中〜下旬
【名前の由来】	新葉のアカメ(赤芽)がカナメに転訛し、モチはモチノキからです。

葉形 タマゴ形
葉形 舟形
実形 マル形

View Calendar

月	1	2	3	4	5	6	7	8	9	10	11	12
観葉	●	●	●	●	●	●	●	●	●	●	●	●
開花					白色の花が咲く							
果実							マル形の赤い実がなる					

カナクギノキ・カナダトウヒ・カナメモチ

花や果実の美しい品種が多い

ガマズミ

花色：○

◆特徴◆ 関東以南に分布する落葉低木です。高さ2〜3mの株立ちになります。葉はタマゴ形で、縁には細いギザギザがあり、長さは5〜12cmです。花は白色で小さく、枝先にまとまって多数つきます。秋にみのる果実は小さなマル形で、熟すと赤くなります。

野鳥が好んで食べる実

ガマズミは栽培が容易で、庭植えに向きます。赤い果実は、野鳥が好みます。実生やさし木で容易にふやせます。

ガマズミの仲間

キミノガマズミは、果実が黄色です。このほか、葉の小さいコバノガマズミや山地に多いミヤマガマズミ、チョウジガマズミなどがあります。

▲丸く赤い実は美しい

▶枝先にまとまってつく美しい白い花

▲ミヤマガマズミの果実

◀山地に多いミヤマガマズミ

カ
ガマズミ

▲コバノガマズミの果実
▶コバノガマズミの花

▲チョウジガマズミの花

▲果実が黄色く熟すキミノガマズミ

【別　　名】	───
【科/属名】	スイカズラ科ガマズミ属
【樹　　高】	2～3m
【花　　期】	5～6月
【名前の由来】	ミヤマガマズミの果実(墨)で衣類を染めたなどの説がありますが、正確には不明です。

葉形　タマゴ形
実形　マル形

View Calendar

月	1	2	3	4	5	6	7	8	9	10	11	12
観葉			██	██	██	██	██	██	██	██		
開花					小さな花がまとまって咲く							
果実		秋から暮れにかけて実がなる							██	██	██	██

カナリーヤシ

花色：🟡

葉が幹の上部に密集する

花穂は長さ2mにもなる

開花期には、1cm前後の黄色い花が穂のようにまとまり、葉の間から突き出します。果実は橙色で、長さ約2cmの楕円形で、重厚な房になります。

▼幹は直立し花穂はたれ下がる

用途が広い樹木

亜熱帯原産ですが、比較的耐寒性が強く、成木は公園樹や街路樹などに利用されます。幼木は寒さに弱く、鉢植えで観賞されます。

◆特徴◆ 亜熱帯アジア、アフリカが原産の常緑高木で、幹は直立し、高さ15～20mになります。葉は羽形で、長さ4～6mあり、幹上からアーチ状に四方に広がります。小葉は長さ45～55cmあり、かたい釘のような針形です。

【別　　名】	フェニックス
【科/属名】	ヤシ科フェニクス属
【樹　　高】	15～20m
【花　　期】	4～5月
【名前の由来】	カナリー諸島原産のヤシという意味です。

葉形：羽形　実形：タマゴ形

▲カナリーヤシの樹皮

カマツカ

花色：⚪

低山に自生する小高木

果実は赤く熟す

秋に赤く熟す果実は、長さ8mmぐらいのマル形の小さい実ですが、枝に多数つき、切り花に利用されることもあります。

カマツカは無毛

ワタゲカマツカは、若枝から葉柄（葉の柄の部分）にかけて白い軟毛がありますが、カマツカはほとんど無毛です。その他、果実が黄色のキミノワタゲカマツカなどがあります。

◆特徴◆ 日本全国の低山に分布する落葉小高木で、高さ5～6mです。葉はタマゴ形で、長さは5～6cmあります。開花期は4～5月で、白っぽい径1cm弱の花が、枝先にまとまってつきます。

【別　　名】	ウシコロシ
【科/属名】	バラ科カマツカ属
【樹　　高】	5～6m
【花　　期】	4～5月
【名前の由来】	材質が堅く強いので、鎌の柄に使われたところから。

葉形：タマゴ形　実形：マル形

▲小さな花が数個まとまって咲く　　◀未熟果。赤く熟すと切り枝にも向く

カナリーヤシ・カマツカ・カミヤツデ・カヤ

カミヤツデ

生育途中で葉形が変わる

花色：

▼晩秋に枝先に小さな花がまとまってつく

【別　　名】	ツウソウ、ツウダツボク
【科/属名】	ウコギ科カミヤツデ属
【樹　　高】	2〜7m
【花　　期】	10〜12月
【名前の由来】	葉が薄いのでカミ（紙）、葉形がヤツデに似ているためです。

葉形：手のひら形　実形：マル形

◆**特徴**◆台湾、中国南部に分布する常緑低木で、高さ2〜7mです。幹は直立して株立ちになりますが、若木のときは軟毛が密生し、やがて毛は落ちます。葉は径30〜50cmで、手のひら形に裂けて、ヤツデの葉に似ています。

花は黄緑色でまとまって咲く
晩秋が開花期で、枝先に小さな花がまとまり、長さ50cmくらいの花穂をつくります。果実はマル形で、熟すと黒くなります。

暖地では庭植えできる
日本南部では観賞用として、庭に植えられます。関東南部でも、冬に地上部が枯れますが、毎年新芽が出て育ちます。

▼周年見られるヤツデに似た大葉

カヤ

日本特産の庭の主木

花色：

▼美しい緑葉を周年保つ

◆**特徴**◆日本特産の常緑高木で、東北以南に分布し、高さ30mになります。葉は長さ2〜3cmの針形でかたく、手で触れると痛いぐらいです。花は側枝の枝先につき、小さな花がまとまって長く葉のわきに並びます。果実ははじめ緑色ですが、熟すと紫褐色になり、皮が裂けて、種子が露出します。

6〜7mの高さにせん定
高さ6〜7mで上を切り詰め、新芽を多く出させます。仕立て方によっては、風格のある樹形になります。

オオツブガヤは果実が大ぶり
果実が大きいオオツブガヤ、小形で下部の分枝が多いチャボガヤ、他にシブナシガヤ、ハダカガヤ、コップガヤなどがあります。

▲雄花は葉のわきにまとまってつく

【別　　名】	カエ
【科/属名】	イチイ科カヤ属
【樹　　高】	25〜30m
【花　　期】	5月
【名前の由来】	古名が「カエ」で、これが転訛したものです。

葉形：針形　実形：タマゴ形

カラタチ

ミカンの仲間で落葉性

花色：○

◆特徴 東北地方以南に分布する落葉低木で、高さ2〜3mです。葉は羽形でタマゴ形の3枚の小葉からなり、大きな鋭い刺があります。花は径約2.5cmの白色で、花びらは5枚です。果実はマル形で、熟すと黄色になります。

ミカン科には少ない落葉性
ミカンの仲間の多くは常緑性ですが、カラタチは落葉性です。鋭い刺があるので、生け垣によく仕立てられます。

カラタチ酒ができる
カラタチの果実は苦みが強く、生食できませんが、果実酒にすると、酸味と苦味のある独特の風味が楽しめます。金ぐしで数カ所刺しておくのがコツです。

【別　　名】	キコク
【科/属名】	ミカン科カラタチ属
【樹　　高】	2〜3m
【花　　期】	4〜5月
【名前の由来】	中国名の唐橘を和音読みにしたものです。

葉形：羽形　実形：マル形

▼丸い黄熟果。そのままでは食べられない

▼花期には白い花が枝いっぱいにつく

カラタチバナ

常緑の葉と赤い実を観賞

花色：○

◆特徴 関東以南に分布する暖地性の常緑低木です。高さは、50cmぐらいにしかなりません。葉は舟形で、長さ10〜18cmです。茎先から8〜10枚が四方に広がります。7月ごろ白色の花が、10花ぐらいまとまってつきます。

赤く熟す果実が楽しめる
秋〜冬に、マル形の小さな果実が数個ずつまとまってつき下がり、赤く熟して目を楽しませてくれます。変異が多く、斑入りや葉変わり、白い実の品種などがあります。

鉢植えは半日陰で管理
5〜6号鉢で十分育てられます。植えつけ後は半日陰で管理します。

【別　　名】	コウジ、タチバナ
【科/属名】	ヤブコウジ科ヤブコウジ属
【樹　　高】	50cm前後
【花　　期】	7月
【名前の由来】	中国では本来、橘1字で本種を指していたようです。すなわち中国の橘の意からカラタチバナとなったものです。

葉形：舟形　実形：マル形

▼色彩の少なくなる晩秋〜冬に目立つ果実

カ

カラタチ・カラタチバナ・カラタネオガタマ

カラタネオガタマ

バナナに似た香りがする

花色：○ ○ ●

◆特徴◆ 中国南部原産の暖地性常緑小高木で、高さ3〜5mです。葉は先がとがったタマゴ形で、長さ7〜10cm、幅4〜5cmです。開花期は4〜6月で、径2〜3cmの黄白色の花です。花は1〜2日の短い命ですが、強い芳香があります。

▲開きはじめた'ポート・ワイン'の花とつぼみ

▼たくさんのつぼみがついた'ポート・ワイン'

自然樹形に仕立てる

植えるのは鉢植え苗がよい

植え替えをきらうので、地面から掘り上げた苗は、植えつけてもほとんどつきません。鉢植えで育苗した苗を、根鉢ごと植えつけて育てます。

混み枝や、茂りすぎた枝を間引くぐらいにします。花芽は7〜9月ごろにつきます。それ以後は、せん定すると花芽が減ります。

▶樹形は自然に整ってくる

▲葉は、冬期も青々としげる

【別　名】トウオガタマ
【科/属名】モクレン科オガタマノキ属
【樹　高】3〜5m
【花　期】4〜6月
【名前の由来】中国から渡来したので唐種（カラタネ）と招霊（オギタマ）の転訛です。

葉形：タマゴ形　葉形：舟形　実形：その他

View Calendar

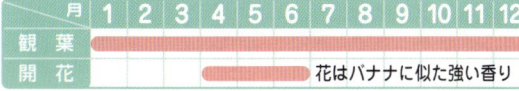

月	1	2	3	4	5	6	7	8	9	10	11	12
観葉	■	■	■	■	■	■	■	■	■	■	■	■
開花				■	■	■						

花はバナナに似た強い香り

カラマツ

新葉と黄葉が美しい

花色：●●

◆**特徴**◆ 本州中部〜東北南部の山地に多く植栽・分布する落葉高木です。高さ30mになりますが、亜高山帯では樹高が高くならず、丈が低く盆栽のようになります。葉は針形で、長さ20〜25mmですが、短枝でも40〜50個がつきます。果実はタマゴ形のマツカサです。

▲尾瀬の湿原に生える有名な3本カラマツ

▼黄葉期は山地の林道などで目を楽しませてくれる

多く植林されている

信州方面などの山地では、多くの植林が行われています。春の新緑や秋の黄葉の群落美は見事です。

生育適地では広く使われる

日本の針葉樹の中では初期生長がはやく、新葉や黄葉が美しく、並木や生け垣、防風林、庭園樹などにされます。しかし、雪害に弱いので多雪地ではあまり利用されません。

【別　　　名】	ニホンカラマツ、フジマツ、シンシュウカラマツ
【科/属名】	マツ科カラマツ属
【樹　　　高】	25〜30m
【花　　　期】	5月
【名前の由来】	中国画（唐絵の松）に似るところから名がつきました。

葉形：針形
実形：マツカサ形

View Calendar

月	1	2	3	4	5	6	7	8	9	10	11	12
観葉				■	■	■	■	■	■	■	■	
開花				■								
果実				■	■	■	■					

雄花、雌花がそれぞれ咲く
小型のマツカサ状の果実

▼枝先についた古い果実

▼幼木の樹皮

▼成木の樹皮

100

カ カラマツ・カルミアの仲間

品種により花色が違う

カルミアの仲間

花色：🔴⚫️🟣⚪️

花色は濃紫色、赤褐色、混色など多彩

濃紫色のオスボ・レッド、赤褐色のグット・リッチ、白花のアルバ、赤色のクレメンタイン・チャーチル、2色混合のフスカタ、ガーネット・クラウン、マホガニー、ニップマップ、レッド・クラウンなど花色は豊富です。

◆**特徴**◆ 一般にカルミアと呼ばれているものは、カルミア・ラティフォリアという種類と、その園芸品種です。広葉の常緑低木で、高さは1～5mです。葉は厚く、先がとがったタマゴ形で、長さ7～11cmです。5～6月に咲く花はピンクですが、品種により違いがあります。

▶ ピンク花のカルミア・ラティフォリア'オスボ・レッド'

▶ 2色花のカルミア・ラティフォリア'レッド・クラウン'

▶ 近縁種のカルミア・アングスティフォリア

11月に花芽をつむ

11月になると花芽がわかるので、3分の1ぐらいつみとります。これで毎年一定量の花を確保します。放任すると、隔年開花になります。強いせん定はできません。

【別　　名】	アメリカシャクナゲ、ハナガサシャクナゲ
【科/属名】	ツツジ科カルミア属
【樹　　高】	1～5m
【花　　期】	5～6月
【名前の由来】	スウェーデンの植物学者カルムの名にちなみます。

葉形：タマゴ形
実形：その他

View Calendar

月	1	2	3	4	5	6	7	8	9	10	11	12
観葉	■	■	■	■	■	■	■	■	■	■	■	■
開花					■	■好みの花色が楽しめる						
果実			秋には小さな丸いサヤ形の実がなる									

果実はのどに薬効がある

カリン

花色：🌸

▼花は淡い紅色で花びらが5枚ある

ら知られ、加工して民間薬に利用されてきました。

果実は加工して利用

果実は、そのままではかたく渋味があり、生食できませんが、のどの薬として古くから知られ、加工して民間薬に利用されてきました。

家庭ではカリン酒が便利

果実を1～2cmの輪切りにして、35度の焼酎と氷砂糖を加え、密封容器に入れます。熟成させると、赤紫のカリン酒ができます。

◆特徴◆

中国原産の落葉高木で、高さは10m以上になります。葉は先がとがったタマゴ形で、縁には細かいギザギザがあります。春に咲く花は淡い紅色で、花びらが5枚あり、径約2.5cmです。晩秋に熟す果実は、長さ約10cmで芳香があります。

【別　　名】アンランジュ
【科/属名】バラ科カリン属
【樹　　高】8～10m
【花　　期】4～5月
【名前の由来】木目がフタバガキ科のカリンに似ているところから。

葉形：タマゴ形
実形：マル形

▲未熟果は緑色

河原などに多く自生

カワラハンノキ

花色：🟫

◆特徴◆

東海以西の河原や川岸などに分布する落葉低木～小高木です。高さ5～7m。葉はタマゴ形ですが、先がややとがるもの、へこむもの、丸いものなど変化があり、長さ5～10cm、幅3～7cmです。

黄褐色の小さな花がまとまる

雄花は多数集まり長さ6～8cmの細長い花房をつくり、枝から2～5個たれ下がります。雌花は小さく、葉のわきに上向きに1～5個つきます。

果実はマツカサ状

長さ1.5～2cm、径約1cmのタマゴ形のマツカサになり、当初は緑色ですが、熟すと褐色になります。

【別　　名】メハリノキ
【科/属名】カバノキ科ハンノキ属
【樹　　高】5～7m
【花　　期】2～3月
【名前の由来】ハンノキはハリノキの転訛で河原に多く自生するハンノキの意味です。

葉形：タマゴ形
実形：マツカサ形

▶長さ6～8cmの雄花（つぼみ）

▼葉より早く枝先につく雄花

◀未熟果。このあと褐色のマツカサ状になる

カリン・カワラハンノキ・カンボク

白い花と赤い実が楽しめる
カンボク

花色：○

◀葉の先が３つに裂けている

◆特徴◆ 日本全国の山地に分布する落葉低木です。高さ2〜7mになります。葉は手のひら形で3〜5裂し、長さ6〜12cmです。花期は5〜7月で、花色は白色です。数花がまとまって枝先につきます。果実はマル形で8〜12月に熟し、赤くなります。

テマリカンボクなどが仲間

カンボクの仲間には、花が丸くなるテマリカンボク、変種セイヨウカンボクの品種、淡紅色の花のロゼウムなどがあります。

庭植えで花を観賞

単植でも十分楽しめる花木です。新梢が長く伸びますが、これは翌年の開花枝になるので切らず、古くなった弱い枝を元から切ります。

▲まだ色づく前の果実

▶まっ赤に熟した果実。径6〜9mmのマル形

▲花が丸く集まるテマリカンボク

【別　　名】──
【科/属名】スイカズラ科ガマズミ属
【樹　　高】2〜7m
【花　　期】5〜7月
【名前の由来】肝木（かんぼく）と書きますがその意味は不明です。

葉形：手のひら形
実形：マル形

View Calendar

月	1	2	3	4	5	6	7	8	9	10	11	12
観葉			■	■	■	■	■	■	■	■	■	
開花					■白色の花は愛らしい■							
果実			5か月間実が楽しめる					■	■	■	■	■

103

室内管理の観葉植物

カンノンチク

品種改良は、江戸時代にはじまる

江戸時代から栽培されており、栄山錦、達磨、小判など多くの園芸品種があります。

寒さ、直射日光、風は禁止

カンノンチクは寒さに弱く、冬は室内で暖房しないと越冬できません。半日陰で風にあてないように管理します。

◆特徴◆ 中国南東部原産の常緑低木です。高さ2〜3mまで育ちますが、鉢植えの観葉植物として利用される場合は、数十cm程度です。葉は3〜5枚に裂けて手のひら形になり、裂けた部分の長さは25〜30cmです。一般にはあまり見られませんが、開花結実することもあります。

【別 名】	リュウキュウシュロチク
【科/属名】	ヤシ科カンノンチク属
【樹 高】	2〜3m（鉢植え観葉では50cm以下）
【花 期】	周年
【名前の由来】	観音竹で、沖縄の観音山から出たのでこの名があるといわれます。

葉形：手のひら形　実形：マル形

▲斑入り葉のカンノンチク

良質品は暖地で生産

キウイフルーツ

花色：○

▶果実は収穫後追熟してから利用

▼五月ごろ開花する花（雌花）

収穫後追熟して利用

果実は晩秋に成熟します。タマゴ形で、長さ3〜8cmです。幼果のときは緑色ですが、熟すにしたがい、褐色がかった緑灰色に変化します。生食には、収穫後さらに追熟してから利用します。

暖地性で関東以南が適地

果実の成熟期に温度が不足すると、甘味が少ないなど、品質が劣化します。

◆特徴◆ 中国原産でニュージーランドで改良されて普及した果樹で、つる性落葉樹です。葉はマル形〜タマゴ形で、長さ5〜17、18cmです。表面は暗緑色ですが、裏は白く、ビロード状の腺毛があります。開花は5月ごろで、黄白色です。

【別 名】	オニマタタビ、トウサルナシ、チャイニーズグーズベリー
【科/属名】	マタタビ科マタタビ属
【樹 高】	5〜6m
【花 期】	5〜6月
【名前の由来】	生産地ニュージーランドにいる飛べない鳥のキウイに形が似ているためつけられました。

葉形：タマゴ形　実形：タマゴ形

メモ 追熟…収穫後の果実を適温に放置したりして生食可能な状態にすること。

カ

カンノンチク・キウイフルーツ・キササゲ・キソケイ

キササゲ

長い果実がたれ下がる

花色：🟡

▶ ササゲマメのような果実がたれ下がる

◆**特徴**◆ 高さ10m、幹径70cmになる落葉高木です。樹皮には、縦に裂けめがあります。葉は広いタマゴ形で、浅く3つに裂け、長さ10～25cm、幅9～25cmで、裏面の脈上には細毛があります。花期は6～7月。黄白色の花が枝先にまとまります。

【別　　名】アズサ
【科/属名】ノウゼンカズラ科 キササゲ属
【樹　　高】8～10m
【花　　期】6～7月
【名前の由来】果実がササゲに似ているため、木のササゲという意味から。

葉形：タマゴ形
実形：マメ形

▶ まとまって黄白色の花が咲く

果実は蒴果で種子はへん平

果実は、長さ30cm前後の細長い蒴果で、マメのサヤのような形をし、枝からたれ下がります。中のへん平な種子には、両端に長毛がついており、サヤが割れると、風にのって遠くまで飛びます。

果実を乾燥して民間薬

利尿薬として腎臓病、脚気などに民間薬として、薬効があるとされています。

キソケイ

黄色い花の暖地性低木

花色：🟡⚪

◆**特徴**◆ ヒマラヤ原産で、東京周辺でも育つ高さ2～3mになる常緑低木です。葉は淡緑色で翼の形をした羽形です。花は径2～2.5cmの黄色い花で、花は5裂します。

【別　　名】――
【科/属名】モクセイ科ソケイ属
【樹　　高】2～3m
【花　　期】5～7月
【名前の由来】他のソケイに比較して樹体がしっかりしているので木ソケイです。

葉形：羽形
実形：マル形

▼ 開花期は黄色の花があざやかに咲く

ジャスミン香料の主原料のソケイの仲間

黄色い花のリュウキュウオウバイ、白色の花でジャスミン香料の主原料になるソケイ、黄色い花のヒマラヤソケイ、小さい花のウンナンソケイなど多くの近縁種があります。

庭植えは寒さに強い黄花種を

黄色の花種には比較的寒さに強いものが多く、白色の花をつける種類はふつう温室で育てられます。

メモ 蒴果（さくか）…成熟すると皮が裂ける果実。

キイチゴ類

生食やジャム、ジュース

花色：○

◆**特徴**◆ 世界に広く分布する、落葉の低木です。数百種類があるといわれ、さらにそれらの園芸品種があります。栽培品種として重要なのはラズベリー、ブラックベリー、デューベリーの3種で、それぞれに改良品種があります。

▼径約3cmの白色の花が咲くカジイチゴ

▲果実が赤〜紫黒色になるクロイチゴ

◀常緑でつる性のフユイチゴ

▲白色の花が平らに開くバライチゴ

▶果実が赤く熟すバライチゴ

【別　　名】	―
【科/属名】	バラ科キイチゴ属
【樹　　高】	1〜3m
【花　　期】	4〜5月
【名前の由来】	木になるイチゴ類の総称で、草になる一般のイチゴと分けています。

葉形：手のひら形／葉形：羽形／葉形：ハート形／実形：マル形

View Calendar

月	1	2	3	4	5	6	7	8	9	10	11	12
観葉												
開花				白い花をつける								
果実						赤・黒・紫の実がなる						

キ キイチゴ類

ラズベリーなど種類が多い

フユイチゴは常緑低木で、高さ20〜30cm。カジイチゴは落葉低木で、6〜8月に大輪で芳香のある花をつけます。ラズベリーは枝が直立性で、果実が赤、黒、紫とあります。ブラックベリーは落葉低木で、果実は黒く熟します。デューベリーはほふく性で、まとまって咲く花は、中心部から開花していきます。

◀ 3〜5月に白い花が咲くモミジイチゴ

▲モミジイチゴの果実は黄色になる

▲赤く熟すミヤマフユイチゴ

毎年せん定する

生長が早く、植えつけて2年目から収穫できます。2年枝は収穫後枯れるので、毎年せん定して更新します。

◀ラズベリーは完熟すると黒色になる

▼美しく咲いたラズベリーの花

◀ウラジロイチゴ（エビガライチゴ）の花

キヅタ

生育が旺盛でつるは長く伸びる

花色：■

◆**特徴**◆ 日本全国に分布するつる性常緑樹です。幼葉は3〜5裂しますが、成熟すると、先のとがったタマゴ形になり、表面に光沢がでてきます。多数の気根を出して、樹木や石垣などに吸着してはい登り、つるは30〜40mぐらいに伸びます。

アイビーもキヅタの仲間

近縁種のセイヨウキヅタ（アイビー）は、葉に白斑が入るものや葉が変形したものなど、多くの品種があります。

さし木でふやす

実生（みしょう）もできますが、さし木でもふやせます。さし木に適した時期は、芽が動く前の3〜4月か、組織がかたまった9〜10月です。

▶生育期に樹木をはい登る

▼秋に咲く黄褐色の花

▲開花翌年の春にできるキヅタの果実

【別　　名】	オニヅタ、フユヅタ
【科/属名】	ウコギ科キヅタ属
【樹　　高】	つる性常緑樹
【花　　期】	9〜10月
【名前の由来】	ブドウなどのやわらかいつるに比べて強く木質化するので木ヅタの名があります。

葉形：タマゴ形　実形：マル形

キブシ

花は早春に枝からたれ下がる

花色：●●

◆**特徴**◆ 日本全国に分布する落葉低木で、高さ2〜6mです。幹は直立し、若枝は赤褐色で光沢があります。葉は、先がとがったタマゴ形で長さ6〜12cm、幅3〜7cmあり、縁には小さいギザギザがあります。花は、3月中旬に咲きます。

花は長くたれ下がる

花は黄色ですが、一般の花とはようすが違います。小さい花が長さ4〜10cmにまとまってつきますが、枝から縦長にたれ下がります。雌株につく果実は、初め緑色のマル形果で、熟すと黄色になります。

花の大きいハチジョウキブシなど

キブシの仲間には花の大きいハチジョウキブシやナンバンキブシ、エノシマキブシなどがあります。

▲斑入りのキブシ

▶枝からたれ下がる花

▶まとまって枝につく果実

【別　　名】	キフジ、マメフジ、マメブシ
【科/属名】	キブシ科キブシ属
【樹　　高】	2〜6m
【花　　期】	3月中旬
【名前の由来】	実が漢方薬の五倍子（ごばいし）のかわりに用いられたことに由来します。

葉形：タマゴ形　実形：マル形

キヅタ・キブシ・キハダ

キハダ

幹は薬用や家具材になる

花色：🟢

◆特徴◆
日本全国の山地に分布する落葉高木で、高さは15mになります。葉は羽状形で、長さ20〜40cm。小葉は舟形で長さ5〜10cmあり、若葉のうちは毛があります。開花は5〜7月で、花びら5枚、長さ4mmの小さな花です。

葉の変異したものが多い
変異が多く、葉の縁に毛のないものをヒロハノキハダと呼び、葉裏や葉軸に毛が多いものはオオバキハダ、小葉の基部が広いものはミヤマキハダと呼んで区別します。

樹皮の内側は苦く薬用に
キハダの樹皮の内側の部分は、黄色で苦く「黄柏（おうばく）」と呼ばれ、整腸薬として利用されます。

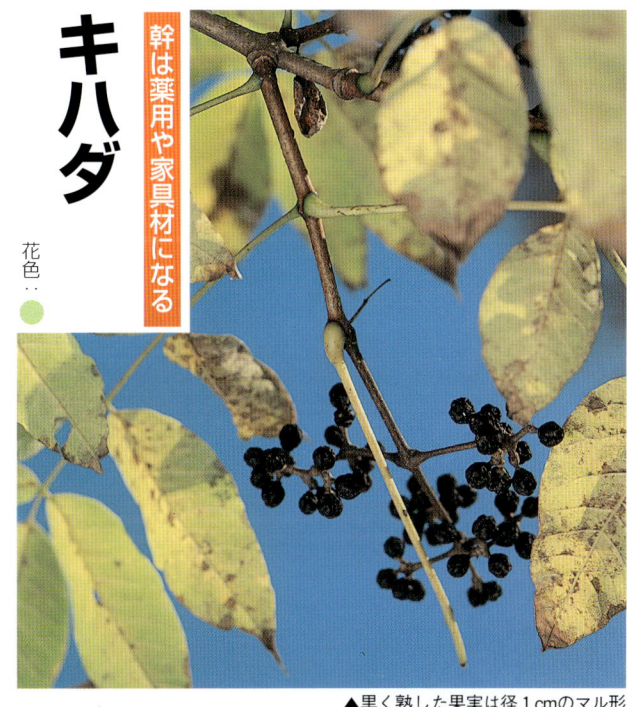

▲黒く熟した果実は径1cmのマル形

▶マル形でまだ青い未熟果

▶狂いが少なく加工しやすいので、家具材などに使われる幹

【別　　名】ヒロハノキハダ
【科/属名】ミカン科キハダ属
【樹　　高】10〜15m
【花　　期】5〜7月
【名前の由来】樹皮の内側が黄色いことから、黄肌という説があります。

葉形：羽形
実形：マル形

View Calendar

月	1	2	3	4	5	6	7	8	9	10	11	12
観葉			━━━━━━━━━━━━━━━━━━━━									
開花								目立たない花が咲く				
果実					苦みのある実がなる							

キミノバンジロウ

甘みと香りのよい果実

花色：○

▲2〜3花ずつまとまってつく

◆特徴◆ 最近、果物店でも見られるようになった南アメリカ原産の熱帯果樹のひとつです。広葉の常緑低木で、高さは3〜6mです。葉は先がとがったタマゴ形で光沢があり、長さ約15cm。ゴムの木の葉に似ています。

白色の花で果実は黄熟

5〜6月中心に径約2.5cmの白色花が、2〜3花ずつまとまって咲きます。秋に熟す果実はマル形〜洋ナシ形で、幼果は緑ですが、熟すと黄色になります。

風味のよいおいしい果実

キミノバンジロウは風味がよく、他に母種のテリハバンジロウや近縁種のバンジロウ（グアバ）があります。

▲黄変しつつある果実

【別　　名】──
【科/属名】フトモモ科バンジロウ属
【樹　　高】3〜6m
【花　　期】5〜6月中心
【名前の由来】果実が黄色のバンジロウの仲間（グアバ）なのでこの名があります。

葉形：タマゴ形
実形：マル形

キョウチクトウ

花色の多彩な園芸品種

花色：● ○ ● ●

◆特徴◆ インド原産の常緑低木で、高さ2〜4mです。日本には江戸時代に渡来し、各地で植えられるようになりました。葉は舟形で厚くかたく、3〜4葉が輪生します。開花期は長く6〜9月までで、淡紅色の花には芳香があります。

八重咲きや大輪咲きもある

八重咲きや白花のほか、大輪咲きのプーラン・グレゴアルや小型で桃色八重咲きのミセス・ロディングなどの品種があります。キバナキョウチクトウなどの近縁種もあります。

関東以南が生育適地

乾燥や暑さに強いのですが、やや暖地性で、寒さに弱いところがあります。

▼白色の花が咲く園芸品種 
▼開花期にはつぎつぎと花が咲く

【別　　名】──
【科/属名】キョウチクトウ科キョウチクトウ属
【樹　　高】2〜4m
【花　　期】6〜9月
【名前の由来】中国名、爽竹桃の和音読みです。

葉形：舟形
実形：その他

メモ　輪生…ひとつの軸の周囲に葉が車輪状につく状態。

キリ

材質がよく紫色の花が美しい

◆特徴◆ 中国中部原産の落葉高木で、高さ10〜15mになります。葉は幅広いタマゴ形で、長さ30cm以上になります。粘りがあるやわらかい短毛が密生します。5月に、紫色で径5〜6cmの花が、葉に先立って咲きます。

花色：

キリ材は広く利用

狂いや割れが少なく、燃えにくい、軽い、防湿性があるなどの優れた特徴があり、古くからたんす、長持、琴などの材料に利用されてきました。

手のかからない樹木

日当たりと水はけのよい場所に植えれば、植え放しでも育つ丈夫な樹木です。根ざしでふやします。

キ
キミノバンジロウ・キョウチクトウ・キリ

▶結実した果実
▲人目を強く引きつける紫色の花
◀開花期を前にしたつぼみ

【別　　　名】	——
【科/属名】	ゴマノハグサ科キリ属
【樹　　　高】	10〜15m
【花　　　期】	5月
【名前の由来】	切ってもすぐ芽を出すので、「切る」からの転訛です。

葉形：タマゴ形
実形：ドングリ形

View Calendar

月	1	2	3	4	5	6	7	8	9	10	11	12
観葉			■	■	■	■	■	■	■	■		
開花					■								きれいな紫色の花が目をひく
果実							■	■	■	■			ドングリ形の実がなる

メモ　根ざし…親株の根の一部を切り離し、植えつけてふやす方法。

春と秋に2回開花する

ギョリュウ

花色：

開花を年2回楽しめる

1回めは5月ごろ前年枝につき、2回めは夏〜秋にかけて、今年春から伸びた枝につきます。

特徴

中国原産とされる落葉小高木で、高さ5〜8mになります。日本に渡来したのは1700年代です。葉は小さい針形で、株全体を覆うように茂り、春の新葉と秋の黄葉が観賞できます。花は淡い紅色で、枝先に細長くまとまって咲きます。

3月にせん定する

日あたりのよい肥沃地で、やや湿り気のある場所を好みます。植えつけは4月上旬が適期です。間のびした枝（徒長枝）や混み枝は、3月下旬に整理します。

▲春と秋、年2回花をつける

【別　　名】——
【科/属名】ギョリュウ科ギョリュウ属
【樹　　高】5〜8m
【花　　期】5月、9月（年2回）
【名前の由来】中国名、御柳の和音読みです。

葉形：針形
実形：その他

種子のアルカロイドは有毒

キングサリ

花色：

▼ラブルヌム・ワテレリ'ヴォシー'

特徴

ヨーロッパ中南部原産の落葉中高木で、高さ7〜10mです。葉は羽形で、葉の裏には細かい毛がつきます。花は長さ約2.5cmの黄色ですが、20〜30cmの長さにまとまり、枝からたれ下がります。

黄色の花の美しい品種が多数

近縁種にはラブルヌム・アルピヌムがあり、キングサリとの交雑種ラブルヌム・ワテレリ・ヴォシーという美しい品種が知られています。

秋には褐色の実がなる

秋には褐色の豆果がなります。中にある種子は有毒なアルカロイドを含んでいます。

【別　　名】キバナフジ
【科/属名】マメ科キングサリ属
【樹　　高】7〜10m
【花　　期】5〜6月
【名前の由来】英名のゴールデンチェーンをそのまま和訳したものです。

葉形：羽形
実形：マメ形

▲花は長さ約2.5cmの黄色い小花

112

ギョリュウ・キングサリ・キンカン

キ

キンカン

果実は生食や砂糖煮など

花色：○

◆特徴◆
中国南部原産の常緑低木です。高さも枝張りも2mぐらいです。葉は先がとがったタマゴ形で、長さ5〜7cmです。花期は7〜10月です。香りがよく、径約2cmで花びらが5枚の白い花が咲きます。

▼完熟直前の果実

▲近縁種のフクシュウキンカンの花

小さな果実でも観賞価値が高い
12月〜翌年3月ぐらいまで実る果実は、長さ約3cmのマル形〜楕円形です。結実数が多く、濃い黄色に熟すと皮が甘くなります。

生食やジャム、砂糖煮に
キンカンは生食したり、ジャムや砂糖煮、煎じてのど薬に利用されます。キンカンの仲間には、実が大きめのフクシュウキンカン、観賞用のマメキンカン（キンズ）、他にナガキンカンなどがあります。

▲観賞用になる近縁種のマメキンカン

【別　　名】	マルキンカン
【科/属名】	ミカン科キンカン属
【樹　　高】	1〜2m
【花　　期】	7〜10月
【名前の由来】	中国名の金橘からの転訛で、金柑です。

葉形　タマゴ形
実形　マル形

View Calendar
月	1	2	3	4	5	6	7	8	9	10	11	12
観葉												
開花					美しい白色の花が咲く							
果実									実は冬季になる			

113

キング・プロテア

暖地性で大花が咲く

花色：● ○

▲桃色で径30cmの大輪花

◆特徴◆ 南アフリカ原産です。自生地では酸性の砂地に生育し、本来は水分を好みますが、乾燥にもよく耐えます。日本では、霜の心配がない暖地が栽培に適します。高さ2m以内の常緑低木です。

花は径30cmもの大きさ
葉はタマゴ形で長さ約12cm、幅約6cm。花は径約30cmで、約40個の花びら状の総苞片が、まわりを囲みます。花色は桃色で、美しく華やかです。

約115種の仲間がある
キング・プロテアの仲間は115種ほどあり、自生地の環境に適応して、多様な形状の生態となっています。

【別　名】	──
【科/属名】	ヤマモガシ科プロテア属
【樹　高】	2m以内
【花　期】	生育環境で変化
【名前の由来】	ギリシア神話の海神プロテウスにちなみます。

葉形：タマゴ形
実形：その他

キンシバイ

横にまるく広がる低木

花色：●（黄）

▲カップ状の黄色い花が株全体に咲く

◆特徴◆ 中国中部原産の半常緑低木で、高さは1m以内です。葉はタマゴ形で長さ6〜7cm。一枝に6〜7枚の葉が、水平に並んでつきます。花はカップ状で、径約5cmの黄色の花。花びらは5枚あり、開花期は6〜8月。

中国からの渡来種
日本に渡来したのは1700年代という記録があります。ヨーロッパには、日本から渡りました。

日あたりに注意
小柄で放任しておいてもよい低木ですが、日あたりが悪いと開花しないことがあるので、日あたりのよい肥沃地を選びます。

【別　名】	──
【科/属名】	オトギリソウ科オトギリソウ属
【樹　高】	1m以内
【花　期】	6〜8月
【名前の由来】	中国名、金糸梅を和音読みにしたものです。

葉形：タマゴ形
実形：その他

メモ 総苞片…雄しべと雌しべを保護する器官。

ギンバイカ

鉢植えでも楽しめる

花色：○

▲咲き初めが白梅の花に似ている

◆特徴◆ 地中海地域原産の常緑低木で、高さ1～2mです。葉は舟形で長さ4cm前後。光沢があり、ユーカリに似た強い香りがします。花は白色でわずかに紅色が入り、今年枝の葉のわきに単生します。花期は5月に単生します。花期は5月です。

鉢植えで育てられる

果実はマル形で、花後に熟すと黒くなります。葉が年間を通して美しいので、関東以南では庭木によく使われるほか、鉢植えにして育てられることもあります。

強い香りは古くから利用

祝い事や宴席などで、この葉を酒に浸すなどして香りを利用してきました。古代エジプトやギリシア・ローマ時代からといわれています。

【別　　名】イワイノキ、ギンコウボク
【科/属名】フトモモ科ギンバイカ属
【樹　　高】1～2m
【花　　期】5月
【名前の由来】白い花が白梅に似ることから銀梅花の文字をあてて和名にしたものです。

葉形：舟形　実形：マル形

キンモクセイ

香りのよい黄色い花

花色：●

◆特徴◆ 中国原産の常緑小高木で、高さ3～10mです。葉はタマゴ形か舟形で先がとがり、長さ8～15cmです。花は香りがある黄色花で、雌雄異株ですが、日本にあるのはほとんどが雄株で、果実はまず見られません。

暖地で庭木や生垣に

9～10月の開花期には、かなり広い範囲に甘い香りをただよわせます。

秋に甘い香りが漂う

芽の出る力が強く、刈り込みもできるので生け垣などにも利用されますが、樹形を整えるのは、花が終わった直後にします。ややむずかしいですがさし木でふやすことができます。

【別　　名】モクセイ
【科/属名】モクセイ科モクセイ属
【樹　　高】3～10m
【花　　期】9～10月
【名前の由来】黄色い花を金色に見たて金モクセイといわれます。

葉形：舟形　葉形：タマゴ形　実形：タマゴ形

▲開花期には周囲に甘い香りがただよう

キングプロテア・キンシバイ・ギンバイカ・キンモクセイ

ギンモクセイ

白い花で香りのよいモクセイ

花色：○

◆特徴◆ 中国原産ですが、変種を含め、古い時代から各地で広く栽培されています。約30種がアジアに分布しています。常緑小高木で、よく枝分かれします。葉はタマゴ形か舟形で、長さ8～15cmです。花は白色で、甘い香りがあります。

▼日本ではめったに見られない果実

▲白い花で甘い香りがただよう

【別　　名】モクセイ
【科/属名】モクセイ科モクセイ属
【樹　　高】3～6m
【花　　期】9～10月
【名前の由来】白い花を銀に見立ててギンモクセイで、キンモクセイに対比しています。

葉形：タマゴ形　葉形：舟形　実形：タマゴ形

ギンモクセイはキンモクセイの基本品種

ギンモクセイはキンモクセイの基本品種で、他に黄白色で香りのある花を開花するアメリカヒイラギ、ヒイラギとモクセイの雑種とされるヒイラギモクセイ、葉はギンモクセイよりやや小形のウスギモクセイなどがあります。

さし木でふやせる

育て方はキンモクセイに準じます。5～7月上旬に、さし木でふやすことができますが、密閉ざしなどの工夫が必要です。

キンロバイ

鉢栽培が容易な高山植物

花色：○

◆特徴◆ 中部地方以北の高山～北海道にかけて分布する寒地性の常緑低木で、高さは1m以内です。葉は羽形で、小葉は先がとがったタマゴ形で、両面に褐色の長い毛があります。多くは、岩地に自生しています。

【別　　名】――
【科/属名】バラ科キジムシロ属
【樹　　高】1m以内
【花　　期】5～8月
【名前の由来】黄色い花を金にたとえ、花形からウメを連想し、金露梅です。

葉形：羽形　実形：その他

▼枝先に黄色い花がつく

花はあざやかな黄色

花は枝先に2～3個つき、径2～3cmのあざやかな黄色で、花柄には短い毛があります。花びらは丸く、長さ、幅とも1cmぐらいです。

鉢植えやロックガーデンに向く

高山植物ですが、例外的に栽培が容易で、鉢栽培やロックガーデンなどで楽しむことができます。さし木で大量にふやせるので、広く普及しています。

キ　ギンモクセイ・キンロバイ・ギンロバイ・クコ

ギンロバイ

高山の岩場に生える

花色：○

仲間には草本（そうほん）が多い

同属には、多くの近縁種があります。草本（幹が草質の植物）の種類が多く、近年、海外で改良された園芸品種や原種が導入されています。

育てやすく鉢植えもできる

日あたりと水はけがよい場所で、夏に適温を保てれば、たいていよく育ちます。キンロバイ同様、鉢栽培が容易です。

◆特徴◆ 基本的にはキンロバイと同じで、花色と分布が違うだけです。本州中部から四国にかけての高山に部分的に分布し、花色はキンロバイの黄色に対して、ギンロバイは白色です。自生地の多くは、高山帯の石灰岩地です。

▶花びらが5枚ある白い花のギンロバイ

【別　　名】ハクロバイ
【科／属名】バラ科キジムシロ属
【樹　　高】1m以内
【花　　期】5〜8月
【名前の由来】白い花を銀、花形を梅にたとえて銀露梅です。

葉形：羽形　実形：その他

クコ

果実も葉も健康食品

花色：●

◆特徴◆ 日本全国に分布する落葉低木で、高さ1〜2mです。葉は先がとがったタマゴ形で、長さ2〜4cmです。7〜8月に咲く花は、長さ1〜2cmの淡紫紅色をしています。花びらが5枚に裂けて「ろうと状」で、外側にそり返り、花芯は長く突き出します。

果実は薬用にされる

果実は長さ1〜2cmの先がとがったタマゴ形で、秋〜冬にかけて赤く熟します。実は動脈硬化予防などに薬効があるとされる民間薬の枸杞子の原料になります。

健康食品として人気

健康食品として、人気があります。クコ酒は乾燥果実でつくり、葉はクコ茶になります。

▼つややかに赤く熟した実　▼紫色の花びらがそり返る

【別　　名】──
【科／属名】ナス科クコ属
【樹　　高】1〜2m
【花　　期】7〜8月
【名前の由来】中国名の枸杞を、和音読みにしたものです。

葉形：タマゴ形　実形：タマゴ形

117　メモ　ろうと状の花…花の基部が細く先にいくにしたがって広がるラッパのような形をした花。

クサギ

低木からつる性まである

花色：○ ● ●

▲クサギの果実

◆特徴◆ 日本全国に分布する落葉低木です。葉は先がとがったタマゴ形で、長さ10〜15cm、幅5〜10cmです。花は径2・5cmですが、数花がまとまって咲きます。花は白色です。秋になる実は花後に残ったままですが、実は花白色です。花は花後に残ったまま咢(宿存咢)につつまれ、袋状のマル形になります。

【別　　名】──
【科/属名】クマツヅラ科クサギ属
【樹　　高】1〜3m
【花　　期】8〜9月
【名前の由来】茎葉に触れると悪臭がするためクサギとついたようです。

葉形：タマゴ形
実形：マル形

クスノキ

本来は樟脳をとる原料

花色：○

花が赤色のボタンクサギも人気
近縁種のボタンクサギは、花が赤色で小さな花がボタンの花のようにまとまります。ゲンペイクサギは、花が深紅色のつる性低木です。

ゲンペイクサギは寒さに弱い
クサギやボタンクサギは、庭植えで利用されますが、ゲンペイクサギは寒さに弱く、強い低温にあうと枯死するので、10℃以上必要です。

▲花はまとまってつく

◆特徴◆ 関東以南に分布する暖地性の常緑高木です。高さ20〜30mになります。葉は先がとがったタマゴ形で、長さ10〜12cm、幅4〜5cmです。春の新芽は紅葉します。開花は5月で黄色の小さな花がつき、秋にマル形の果実をつけます。

日あたりと水はけのよさが条件
日あたりと水はけがよい暖かい場所が条件ですから、植えつけは場所を選びます。小苗を植えつけるときは、枝葉をほとんど切りとってから行います。

香りのよい樹木
古くから樟脳をとる原料に用いられ、樹木全体からよい香りがします。変種に、葉が丸みを帯びるマルバクスがあります。

【別　　名】クス
【科/属名】クスノキ科クスノキ属
【樹　　高】20〜30m
【花　　期】5月
【名前の由来】香りがあるところから奇しき木で、その転訛とされています。

葉形：タマゴ形
実形：マル形

◀樹形は自然に整ってくる

▼果実は秋に数果ずつまとまってつく

118

純白の花には芳香がある

クチナシ

花色：○

▲濃緑色の葉との対比が美しい白い花

◆特徴◆ 静岡県以西に分布する寒さにやや弱い、広葉の常緑低木です。高さ2〜3mですが、花壇や鉢植えにされたものは、20〜80cmぐらいに育てられます。葉は先がとがったタマゴ形で、長さ5〜12cm、濃緑で光沢があります。

花は純白で香りがある

開花期は6〜7月。径5〜6cmの花は純白で、強い芳香があります。果実は袋状のタマゴ形で、11月〜翌年2月に朱紅色になります。

斑入りや八重咲きの品種がある

斑入りのフクリンクチナシ、八重咲きのヤエクチナシ、他にコリンクチナシ、ヒメクチナシ、コクチナシなどがあります。

▲6〜7cmになる果実

【別　　　名】ガーデニア
【科／属名】アカネ科クチナシ属
【樹　　　高】2〜3m
【花　　　期】6〜7月
【名前の由来】果実が熟しても開かないので、口無しといわれます。

葉形：タマゴ形
実形：タマゴ形

雄花が枝から長くたれる

クヌギ

花色：●

◆特徴◆ 本州以南に分布する落葉高木です。高さ10〜15mになります。幹は直立し、枝が多く、形がよい樹形をつくります。葉は先がとがった細長い舟形で、縁には波状の小さなギザギザがあります。雄花は黄色の細長い花がまとまり、細長く枝からたれ下がっています。

果実はドングリ

果実は、熟すと褐色になる球形のドングリで、かたく、根元は半分ぐらい殻に包まれ

▲自然樹形が美しい成木（黄葉）

自然樹形を活かすように

よく枝を伸ばしますが、枝を途中で切るようなことは避け、切るときは必ず根元から切って、樹形をくずさないようにします。

▲4〜5月に枝からたれ下がる雄花

【別　　　名】──
【科／属名】ブナ科コナラ属
【樹　　　高】10〜15m
【花　　　期】4〜5月
【名前の由来】国木の転訛説、ドングリが食用になるので食之木の転訛説などがあります。

葉形：舟形
実形：ドングリ形

ク
クサギ・クスノキ・クチナシ・クヌギ

クマシデ

実が集まってぶら下がる

花色：

◆特徴◆ 本州以南の山地に分布する落葉高木です。高さ10～15mです。葉はかたい洋紙質で、先がとがったタマゴ形です。縁にはギザギザがあり、平行に並ぶ葉脈が目立ちます。黄緑色の小さな花が、まとまって枝からたれ下がります。花後、たくさんの実が集まってミノムシ状にぶら下がります。

▲初めは緑で熟すと赤味をおびる果房

【別　　名】	カタシデ、カナシデ、イシシデ
【科/属名】	カバノキ科クマシデ属
【樹　　高】	10～15m
【花　　期】	3～4月
【名前の由来】	たれ下がる花のようすが四手で、クマはたくましい樹形をあらわします。

葉形：タマゴ形
実形：ツバサ形

アカシデ、イヌシデなど仲間が多い

アカシデはクマシデより寒さに強く、北海道まで分布し、新芽は赤みをおびます。イヌシデは、芽先が白く毛のある種類で、セイヨウシデは葉が大きい種類です。別名がコシデです。イワシデは別名がコシデです。イワシデで盆栽にされているものの多くはイワシデで、シデの名で盆栽にされているものの多くはイワシデで、本州中部以西に分布します。

クマヤナギ

果実は翌年の夏に熟す

花色：

◆特徴◆ 日本全国に分布する、つる性落葉樹です。つるは伸びせば5～6mになります。葉は先がとがったタマゴ形で、長さ5～6cm。葉裏はやや灰白色です。花は緑色をおびた黄色で、小花がまとまり、穂のようになって上を向きます。

▲果実は緑、赤（写真）、黒と変化していく

小型のヒメクマヤナギもある

ヒメクマヤナギは小型で葉は小さく、長さ1.5cmくらいしかありません。他にミヤマクマヤナギ、ホナガクマヤナギなどがあります。

盆栽や鉢植えにできる

クマヤナギは盆栽にされ、寒さに弱いヒメクマヤナギは、鉢植えにして観賞されます。

【別　　名】	―
【科/属名】	クロウメモドキ科クマヤナギ属
【樹　　高】	つる性落葉樹
【花　　期】	7～8月
【名前の由来】	つるのかたいことをクマであらわし、葉をヤナギに見立てました。

葉形：タマゴ形
実形：マル形

▲枝先についた黒い実

メモ 洋紙質…葉の質がうすめで張りがあり、洋紙のようなもの。

ク

クマシデ・クマヤナギ・クリ

クリ

クリは秋を知らせる味覚

花色：🟡

◆特徴◆ 北海道南部以南の全国に分布する落葉高木です。高さは10～17mです。葉は先がとがった舟形で、縁にはギザギザがあります。雄花は黄色で、まとまって穂のようになります。果実はイガに包まれていて、熟すと割れて落ちます。

▲黄色で、まとまって尾状になる花

原種はシバグリ

ニホングリは日本原産です。原種は、小粒のシバグリ（ヤマグリ）です。古くから栽培された丹波栗、長光寺などのほかトゲナシグリ、シダレグリなどがあります。クリの仲間には、ヨーロッパグリ、アメリカグリ、チュウゴクグリ、その園芸品種などがあります。

庭植えは小柄に

大きくなる樹木なので、庭では3～4mの小柄な樹形に仕立てます。栽培には日あたりがよく、土層の深い場所が適地です。苗を植えて3～4年で、開花・収穫できるようになります。

▲イガに包まれた果実

▲クリの原種シバグリ（ヤマグリ）の果実

▲トゲナシグリ

【別　　名】チョウセングリ
【科/属名】ブナ科クリ属
【樹　　高】10～17m
【花　　期】6月
【名前の由来】果実が石に似ているので、石の古語クリから、果実を意味するクラからなどの説があり、正確には不明です。

葉形：舟形
実形：マル形

▲葉に黄斑の入るセイヨウグリの品種 'アルゲンテオ・バリエガタ'

View Calendar

月	1	2	3	4	5	6	7	8	9	10	11	12
観葉			■	■	■	■	■	■	■	■	■	
開花						■ 穂のような黄色い花が咲く						
果実								実はイガに包まれている ■				

グミの仲間

収穫か観賞かで種類を選ぶ

花色：🟡○

▼常緑性ナワシログミの赤い実

◆**特徴**◆ 東北地方以南に分布し、常緑性と落葉性の種類があります。高さは3〜4mですが、鉢植えにすると、1m以内でも果実を観賞・収穫できます。花期が秋で果期が春〜夏と、花期が春で果期が夏〜晩秋のものとがあります。

アキグミとナワシログミの2系統がある

グミは、大きく分けて初夏〜秋に実がなるアキグミ節（グループ）と春〜夏に実がなるナワシログミ節（グループ）の2系統に分けられます。他に品種同士をかけ合わせてつくられた園芸品種や変種が多数あります。

落葉性と常緑性ともに日あたりを好む

日あたりと水はけのよい肥沃地を好むのは、共通です。落葉性の品種は寒さに強く、東北以南ならどこでも庭植えで育てられますが、常緑性の品種は寒さに弱く、関東地方以南でないと、庭植えでは越冬できません。

◆グミの種類と分類◆

	アキグミ節	ナワシログミ節
特徴	落葉性	常緑性
花期	春	秋
果期	初夏〜秋	春
種類	アキグミ、ギンヨウグミ、ナツアサドリ、ナツグミ、マメグミ、ヤナギグミ	オオバツルグミ、ツルグミ、ナワシログミ、マルバグミ

<変種や園芸品種>

アカフナワシログミ、イスズグミ、カラアキグミ、キフナワシログミ、ダイオウグミ（ビックリグミ）、トウグミ、ハルフクリンナワシログミ、マルバアキグミ

▼常緑性斑入り品種の'ライムライト'（ナワシログミ×オオバグミ）

▲つる性の常緑ツルグミ

▼常緑性ナワシログミの花

ク グミの仲間

▲落葉性アキグミの赤い実

◀落葉性アキグミの花

▶ナツグミの開花期

▼ダイオウグミ（ビックリグミ）の黄色い花

◀ダイオウグミ（ビックリグミ）の大きな実

▶落葉性のトウグミの黄色花

【別　　名】	──
【科/属名】	グミ科グミ属
【樹　　高】	3〜4m
【花　　期】	5〜7月、10〜11月
【名前の由来】	小実の転訛説やグイの実の転訛説などがあります。

葉形　タマゴ形
実形　タマゴ形

View Calendar

月	1	2	3	4	5	6	7	8	9	10	11	12
観葉	■	■	■	■	■	■	■	■	■	■	■	■
開花					■	■	■			■	■	
果実				■	■	■	■	■	■	■	■	

黄色の花が咲く
タマゴ形の実をつける

変異に富む南半球の樹木

グレヴィレアの仲間

花色：● ● ○ ●

▲花の形がおもしろい紅色のグレヴィレア'バンクシー'、白色の花の系統もある

◆特徴◆ オーストラリアとニュージーランドに約250種が分布する常緑樹で、高さは地をはうものから5m以上になるものまであります。暖地性で、冬でも生育させるためには10℃以上必要です。関西地方でも、冬はハウスで越冬させます。葉の多くは針形で、先がとがりますが、種類によってかなり異なります。

【別　　名】――
【科/属名】ヤマモガシ科 シノブノキ属
【樹　　高】種類により0.1～5m
【花　　期】11～6月（種類による）
【名前の由来】英国王立園芸協会の創始者、グレヴィルの名にちなみます。

葉形	葉形	葉形	葉形	実形
針形	舟形	タマゴ形	手のひら形	その他

種類によって花色、葉形に特徴がある

グレヴィレアは種類によって花色、葉形など、それぞれ特徴があります。

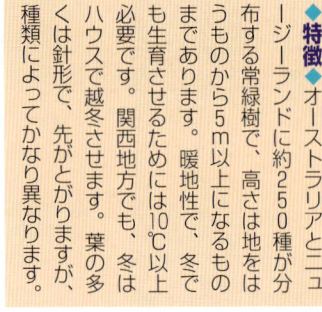

種類	特徴	
	花色	葉形
アルピナ	黄・黄赤	針形
バンクシー	白・赤	舟形
バウエリ	赤・黄	タマゴ形
ゴーディショーディー	赤に黄点入り	手のひら形
ユニペリナ	黄緑・赤	針形

一般に定着した輸入フルーツ

グレープフルーツ

花色：○

◆特徴◆ 西インド諸島原産です。寒さをきらうため、日本では鉢植えの温室栽培以外、ほとんどありません。アメリカには生産適地が多く、世界のグレープフルーツの約50％を生産しています。日本では輸入果物として、一般家庭に深く定着しています。

【別　　名】――
【科/属名】ミカン科ミカン属
【樹　　高】3～5m
【花　　期】5月
【名前の由来】果実がブドウの房のように、たくさんなるのでグレープの名がつきました。

葉形	実形
タマゴ形	マル形

▲黄色の丸い実がなる

白い花が5月ごろ開花

ミカンの仲間の常緑低木で、高さ3～5mです。葉は先がとがったタマゴ形で、5月ごろ白色の花が咲き、果実の収穫は冬です。

ダンカンが広く栽培される

広く栽培されているダンカン、早生～中生種のマーシュ、枝が赤みを帯びるフォスターなど、多くの園芸品種があります。

▲5月ごろ咲く白い花

小鉢で赤い実を楽しめる

クロガネモチ

花色：●

【別　　名】	——
【科/属名】	モチノキ科モチノキ属
【樹　　高】	10～20m
【花　　期】	5～6月
【名前の由来】	葉が乾くと鉄色をおびるためといわれています。鉄はクロガネで、モチはモチノキ科の植物をあらわしています。

葉形：タマゴ形
実形：マル形

▼今年枝の枝先についた赤い実

▼紫色の花

◆特徴◆ 関東以西に分布するやや暖地性の常緑高木です。高さ10～20mです。葉は、先がとがったタマゴ形で、長さ8～10cm。葉柄や幼枝が紫色をおびます。花は淡い紫色で、今年伸びた枝に、散らばるように咲きます。

枝いっぱいに赤い実がなる
秋にはマル形で小粒の果実が枝いっぱいにつき、目を楽しませてくれます。通常は庭木にされますが、鉢植えでも育てられます。

今年枝は切らない
花が咲くのは今年枝ですから、この枝は、できるだけ切らないようにせん定します。

茶花などに利用される

クロバナロウバイ

花色：●

◆特徴◆ 日本に渡来したのは明治時代中期です。北アメリカ東部原産の落葉低木で高さ1～2.5mの株立ちになります。葉は先がとがった長めのタマゴ形で、裏面は粉白色をしています。花期は5～6月です。

【別　　名】	アメリカロウバイ
【科/属名】	ロウバイ科クロバナロウバイ属
【樹　　高】	1～2.5m
【花　　期】	5～6月
【名前の由来】	ロウバイの仲間で花が黒っぽいところから。別名のアメリカロウバイは産地名に由来。

葉形：タマゴ形
実形：タマゴ形

花色は暗紫褐色
花は短枝の先につき、上向きに咲きます。花びらの背面には密毛がありますが、香りはありません。

ニオイロウバイは別の樹木
よく似た近縁種ニオイロウバイの別名もクロバナロウバイなので、混同しないように注意します。花の芳香の有無などで区別します。

▲茶色のめずらしい花

ク　グレヴィレアの仲間・グレープフルーツ・クロガネモチ・クロバナロウバイ

山中に生える針葉樹

クロベ

花色…●

開花は4月で黄色の小さな花

花は、4月ごろ枝先につきますが、葉の延長上に咲くので、目立ちません。果実はマツカサ状で、長さ1cm前後です。

建築材にも利用される

日あたりと水はけのよい場所を好みます。庭木のほかに、建築材としても利用されます。

◆**特徴**◆ 本州中部以北と、四国の一部に分布し、標高700〜2000mの山中に自生する常緑高木です。高さ20〜30mになります。枝を水平に、羽状に伸ばす針葉樹で、2〜4mmの小さな葉がたくさんついています。

【別　　名】	ゴロウヒバ、クロビ、ネズコ
【科/属名】	ヒノキ科クロベ属
【樹　　高】	20〜30m
【花　　期】	4月
【名前の由来】	不明

葉形：針形　実形：マツカサ形

▲枝葉の先の黄色い部分は花

ようじの材料になる

クロモジ

花色…●

花は4月ごろ開花

新葉が出ると同時に、枝先に黄色の小さな花が開花します。9〜10月に黒く熟す果実はマル形で、径約5mmです。

芳香性の油を含む

若枝から精油をとって香料にするほか、香りがよいので、ようじの材料に使われます。変種には、オオバクロモジがあります。

◆**特徴**◆ 本州以南の低山に分布する落葉低木です。高さ2〜4mです。葉は、先がとがった長タマゴ形で、長さ4〜9cmです。新芽のうちは、両面に軟毛がありますが、後に表面が無毛になり、薄い洋紙質になります。

【別　　名】	——
【科/属名】	クスノキ科クロモジ属
【樹　　高】	2〜4m
【花　　期】	4月
【名前の由来】	幹や枝の色からシロモジと対比してつけられています。

葉形：タマゴ形　実形：マル形

◀新葉と同時に咲く花

126

クロマツ

力強い樹形を持つマツ

花色：🟠 🔴

雄花と雌花は色変わり

開花期は4〜5月です。花は新しい枝の先につき、アズキ大で紫紅色、雄花は淡黄色で、新しい枝の下部に多数つきます。果実はマツカサ形で翌年の秋に熟します。

アカマツは別種

クロマツの品種には、葉に黄色い斑が入り、蛇の目模様に見えるジャノメクロマツ、樹皮に突起ができて深く割れるニシキマツなどがあります。一般にアカマツをメマツ、クロマツをオマツと雌雄のように言われますが、別の種類です。雑種もあります。

葉は手入れが大切

マツは、樹姿を楽しみますが、美しい姿を保つためには、5〜6月の「みどり摘み」と11月ごろの「もみあげ」が、毎年欠かせません。手入れを1年休むと樹形がくずれて、取り返しがつかないことになります。

◆特徴◆

本州以南に広く分布する常緑高木です。潮風にも強く、海岸にまで自生しています。高さは25〜30mになり、樹皮は灰黒色で老木になると、深く割目ができます。葉は針形で長く、アカマツより丈夫で太く、濃緑色です。

ク
クロベ・クロモジ・クロマツ

▼樹形が美しい

▶果実

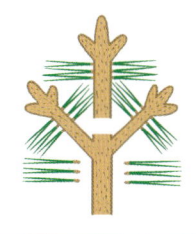

▲整姿。かなり太い枝でも曲げられる

【別　　名】	オマツ、オトコマツ
【科/属名】	マツ科マツ属
【樹　　高】	25〜30m
【花　　期】	4〜5月
【名前の由来】	樹皮が黒っぽいマツでクロマツです。

葉形：針形
実形：マツカサ形

みどり摘み…一般的な方法では、5〜6月に枝先にできる葉を開く前の新梢を短くそろえて摘む。枝を伸ばしたいときは長めに残す。短く維持したいときには、短めに残す。この場合は7月上旬にすべてのみどりを元から切り除く。

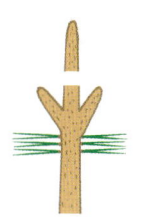

もみあげ…9〜12月ごろに、新葉も上部数段を残して下を摘み取り古葉を全部摘み、芽数を整理する作業。

View Calendar

月	1	2	3	4	5	6	7	8	9	10	11	12
観葉	●	●	●	●	●	●	●	●	●	●	●	●
開花				●	雄花、雌花がそれぞれ咲く							
果実				実は翌年の秋になる						●	●	

激減したクワ畑

クワの仲間

花色：●

▼ヤマグワの雄花

▼ヤマグワの雌花

▲樹形に特徴があるシダレグワ（マグワ）

◆特徴◆ ヤマグワは、日本全国に分布する落葉低木で、マグワは中国原産です。高さは10m以上になりますが、一般のクワ畑で栽培されているものは、葉を収穫しやすいように、低木状に仕立てたものです。

栽培品種にはマグワとヤマグワの交配種があり、はっきり区別することは困難です。葉は先がとがったタマゴ形ですが、変異が多く、葉先が4～5裂するものもあります。

熟した果実は甘ずっぱい

4月ごろに咲く花は黄緑色の小さい花ですが、個体差があり、花色は多少変化します。果実はマルかタマゴ形で1cm前後の大きさです。熟すと黒紫色になり、小型のブドウの房のようになります。

カイコのエサになる

カイコの食材として栽培されるのはマグワ、ヤマグワとその交配種群です。その園芸品種にはシダレグワ、ウンリュウグワなどがあります。

根や葉は薬用に

根は桑根白皮といって薬用にします。葉は桑葉といって、解熱、気管支炎、せき止めなどに薬効があるとされています。

▲クワの実

▲収穫しやすいように低木化したクワ畑

【別　　名】マグワの別名…カラヤマグワ
　　　　　　ヤマグワの別名…クワ
【科/属名】クワ科クワ属
【樹　　高】3～10m
【花　　期】4月
【名前の由来】中国名の桑を、そのまま和音読みにしたものです。

葉形：タマゴ形
実形：マル形
実形：タマゴ形

View Calendar

月	1	2	3	4	5	6	7	8	9	10	11	12
観葉												
開花				目立たない小さな花が咲く								
果実			実はブドウの房のようにつく									

ク | クワの仲間・ゲッカビジン

◀夜間に開花する

ゲッカビジン

芳香がある大輪の白い花

花色：○

◆特徴◆ 熱帯アメリカ原産の、茎が偏平な多肉植物です。ゲッカビジンは、高さ3m以上になる大型サボテンです。茎は直立し、7～11月に大輪の白い花を3～5回開花します。

■ゲッカビジンの開花プロセス

- 19:50 つぼみが開きはじめた
- 20:00 少しずつ大きく開く
- 20:25 さらに開口部が大きくなる
- 20:55 ほぼ満開に近くなる

早春から成育し、夏に開花

日本では早春から生育を始め、初夏に開花した後、夏に生育が盛んになり、冬に入ると生育が鈍ります。秋～冬の低温と乾燥にあって、花芽ができます。

開花のためには越冬が大切

秋から水やりを控え、乾かし気味にして8℃以上を保つようにしますが、あまり高温で冬の間も生育させると、開花期になっても、花が咲かないことがあります。

植え替えは2年に1回

年間を通して用土の過湿をきらい、2年に1回は植え替えます。用土が古くなると水はけが悪くなって根ぐされしやすくなります。

【別　　名】——
【科/属名】サボテン科エピフィルム属
【樹　　高】2～3m
【花　　期】7～11月
【名前の由来】芳香がある径20～30cmの大輪白花は夜中に咲くので、月下美人の名がつきました。

葉形：葉状茎　初期の段階ではタマゴ形に見える。タマゴ形
実形：タマゴ形

View Calendar

月	1	2	3	4	5	6	7	8	9	10	11	12
観茎	■	■	■	■	■	■	■	■	■	■	■	■
開花					大輪の花が咲く							
植替	2年に1回植え替え											

ゲッケイジュ

肉料理のスパイス

花色：●

◆特徴◆

地中海地方原産で、関東地方以南に植栽される広葉の常緑高木です。高さは10〜20mにもなります。葉は先がとがったタマゴ形か舟形で、長さ5〜12cm、革質で表面には光沢があります。花は黄色い小さな花で、枝先にまとまります。雌雄異株です。

果実は熟すと暗紫色になる

秋に、マル形で長さ1cm前後の果実ができます。未熟のうちは緑ですが、熟すにしたがって色が変わり、完熟すると紫がかった黒になります。

肉料理のスパイスに利用

葉には芳香があり、古くから香辛料として利用されてきました。乾燥保存しておくと、いつでも使えて便利です。

▼まとまってつく黄色の小さな雄花

▲冬期でも緑の葉を保つ

▶黒紫色に熟した果実

【別　　　名】	ローレル
【科/属名】	クスノキ科ゲッケイジュ属
【樹　　　高】	10〜20m
【花　　　期】	4月
【名前の由来】	中国名の月桂樹を和音読みにしたものです。

葉形：タマゴ形／舟形　実形：マル形

View Calendar

月	1	2	3	4	5	6	7	8	9	10	11	12
観葉												
開花					小粒の花が枝先にまとまって咲く							
果実						1cm前後の黒い実がなる						

ケ

ゲッケイジュ・ゲッキツ・ゲンペイクサギ

花と果実を観賞

ゲッキツ

花色：○

▲常緑の葉と赤い実の対比が美しい

【別　　　名】	──
【科/属名】	ミカン科ゲッキツ属
【樹　　　高】	1m前後
【花　　　期】	6〜9月
【名前の由来】	中国名の月橘を、そのまま和音読みにしたものです。

葉形：羽形
実形：マル形

◆特徴◆　奄美大島以南に分布する熱帯性の常緑低木です。高さは1mぐらい。葉は羽形で、小葉の長さは3〜5cmです。開花期は6〜9月で、枝先に白色の小さな花が、群がるようにまさに開花します。観葉植物として広く普及しています。

赤く熟す多肉多汁の実

晩秋にできる果実はマル形で、長さ1cm前後の小さな実ですが、熟すと赤くなり、観賞に十分耐え得る美しさがあります。

暖地では庭木や生け垣

花に芳香があり、日なたで育てると、よく開花します。暖地ではよく育ちますが、寒さに弱いので、温室栽培向きの樹木です。

越冬は10℃以上で

ゲンペイクサギ

花色：●

▲赤と白の対比が目立つ花

【別　　　名】	ゲンペイカズラ
【科/属名】	クマツヅラ科クサギ属
【樹　　　高】	つる性常緑樹
【花　　　期】	6〜7月
【名前の由来】	萼の白と花の赤を源氏と平氏の旗にたとえたクサギです。

葉形：タマゴ形
実形：マル形

◆特徴◆　熱帯アフリカに分布する、つる性の常緑低木です。日本国内では、植物園の温室でよく見られ、鉢植えにしたものが市販されています。若い枝は四角ばっています。葉は先がとがったタマゴ形で、長さ6cmぐらいです。

白い萼（がく）と赤い花

萼は白色で、ホオズキのような形にふくらみます。花は深紅色で、径1.8cmぐらい。萼と花の対比が、あざやかに目立ちます。

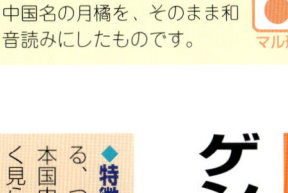

クサギの仲間

庭植えできるのはクサギ、ボタンクサギなどです。ゲンペイクサギ、ベニゲンペイカズラはつる性で、温室内に地植えするか、鉢植えで管理します。温室植えは、低温にあうと落葉するので、10℃以上を保ちます。

131

ケヤキ

樹形が美しい落葉高木

花色：●

▶整然としたケヤキの成木

◆特徴◆ 本州以南に分布する、落葉高木です。高さは、30mに達します。幹は直立し、丈夫で傘状に開く樹形を作ります。葉は舟形で、縁にはギザギザがあります。開花は4～5月で、新葉が出はじめたところに、黄緑の小さい花が枝いっぱいにつきます。10月には暗褐色で平たいマル形の実がなります。

斑入りや樹高が低めの品種も

フイリケヤキは、葉に白い斑が入ります。ツクモケヤキは矮性で生長が遅い品種。シダレケヤキは枝がたれぎみになります。変種のメケヤキは、葉の両面に毛があります。

▼樹形が楕円形になるツクモケヤキ 'むさしの1号'

▲枝いっぱいについたシダレケヤキの花

▼フイリケヤキの葉

生長が早く利用価値が高い

実生苗が、1年で1m以上になるほど生長の早い樹木です。防風林などのほか、建築材、船舶材として使われ、観賞用の盆栽にもなります。10～15年生の若木が造園素材によく使われます。

▲葉に白い斑が入る園芸品種のフイリケヤキ

【別名】ツキ
【科/属名】ニレ科ケヤキ属
【樹高】25～30m
【花期】4～5月
【名前の由来】高木でひときわ目立つところから、尊い、または「秀でた」などの意味がある「けやけき木」からの転訛といわれています。

葉形：舟形
実形：マル形

View Calendar

月	1	2	3	4	5	6	7	8	9	10	11	12
観葉				━	━	━	━	━	━	━	━	
開花				━	━	花は葉のわきにつく						
果実									暗褐色の小さな実がなる	━	━	

132

ケンポナシ

果柄が肥大して食用になる

花色：●

果実と果柄は一緒に肥大

11月ごろ熟す果実は、マル形で紫褐色をしており、肥大した果柄の先につきます。完熟すると、果柄とともに実が落ちます。

肥大した果柄は生食できる

果柄は肉質で甘味があり、生食できます。また、乾果を利用してケンポナシ酒にすると、疲労回復や二日酔に効果があるとされています。

◆特徴◆ 本州以南に分布する落葉高木です。高さは15〜20mになります。枝は、長く横に広がります。葉は先がとがった広いタマゴ形で、表面は濃緑色で光沢があり、裏面は白緑色で葉脈に沿って粗毛があります。開花は6〜7月で、黄緑色の小花です。

◀生育期の成木
▼葉のわきにつく花

【別　　名】——
【科/属名】クロウメモドキ科 ケンポナシ属
【樹　　高】15〜20m
【花　　期】6〜7月
【名前の由来】一部の方言で手棒梨(テンボウナシ)といったものの転訛(てんか)。

葉形：タマゴ形
実形：マル形

コアジサイ

明るい山地に多い

花色：○

花は雄しべと雌しべのある両性花

花期は、6〜7月です。装飾花はなく、径約5mmの両性花だけで、枝先に多数まとまって径5cmほどの白色〜淡青色の花房をつくります。

径2mmの小さな果実

タマゴ形で、先端に花柱が残る小さな果実です。9〜10月に熟すと開いて、淡褐色の小さな種子を多数出します。

◆特徴◆ 関東地方以西の山地などに分布する、落葉低木です。高さ1〜2m。葉は先が鋭くとがるタマゴ形で、長さ5〜8cm、幅3.5〜6cm。縁には大きな三角状のギザギザが並び、基部はくさび形で両面に毛があります。

◀両性花だけが枝先にまとまって咲く

【別　　名】シバアジサイ
【科/属名】ユキノシタ科アジサイ属
【樹　　高】1〜2m
【花　　期】6〜7月
【名前の由来】小型なので小アジサイです。

葉形：タマゴ形
実形：タマゴ形

コウゾ

古くは和紙の原料

花色：…

▲まだ緑の未熟果

◀雌花

◆特徴◆ 本州以南の人家近くに見られる落葉低木で、変異が多いカジノキとヒメコウゾの雑種群です。高さは3〜5m。樹皮は褐色で、若い枝は生育期に長く伸びます。葉はタマゴ形などで、長さ5〜10cm、縁にはギザギザがありますが、若木のときは手のひら形に深く裂けています。

開花は5〜6月
花は淡い赤紫色で小さいのですが、まとまって葉のわきなどにつきます。花後、径約1cmのマル形の果実がつき、熟すと赤くなります。雌花が咲いても果実のつきにくいものがあります。

果実は生食できる
マル形の果実はイチゴに似ており、甘くて生食、ジャム、果実酒などができます。

上質な和紙の原料
古くから和紙の原料として利用され、洋紙が普及する以前は、製紙産業に大切な木として栽培されてきました。

別名	カゾ
科/属名	クワ科クワ属
樹高	3〜5m
花期	5〜6月
名前の由来	神にささげる衣の原料にしたので神衣（カミソ）からの転訛という説があります。

葉形：てのひら形／タマゴ形　実形：マル形

コウヤボウキ

和ほうきの材料

花色：…

▶白い冠毛が目立つ

◆特徴◆ 関東地方以西の山地などに分布する落葉低木です。高さ50cm〜1m。葉は年次によってつき方が違います。1年枝の葉は先がとがったタマゴ形で、長さ2〜5cm。2年枝の葉は葉幅がせまく長めで、数枚ずつまとまってつきます。幹は2年で枯れ、株もとから新たにでる幹と交替します。

白い花が数個集まる
花期は9〜10月です。長さ約1.5cmの白色で筒状の小花が数個集まり、径1cmほどの頭花をつくり、枝に散在します。

果実はそう果
果実は、長さ約5mmのそう果です。全体に毛が密生し、先端には赤褐色の冠毛があります。

別名	タマボウキ
科/属名	キク科コウヤボウキ属
樹高	50cm〜1m
花期	9〜10月
名前の由来	高野山では、ほうきの材料にしたことからこの名がつきました。京都伏見の造り酒屋では、このほうきで濁りの泡をふきとったといわれます。

葉形：タマゴ形　実形：その他

メモ そう果…果皮が薄くてかたい実のこと。
頭花…キク科やマツムシソウ科に特有な花序で、1カ所に多数の花が集まる。

コウヨウザン

葉はさわると痛い

花色：🟫

花は4月に花粉を出す

雄花は、長さ1cm前後の円柱形で、枝先に多数つきます。雌花は、雄花より少なくつきます。

果実は褐色に熟す

果実は径3～4cmの丸いマツカサ形です。10～11月に熟すと褐色になり、表面には光沢があります。中の種子は約5mm～1cmのタマゴ形です。

◆特徴◆ 中国原産で、やや湿気のある場所に分布する常緑高木です。高さ25～30m。葉は広めの針形で長さ3～5cm。さわると痛いぐらい先がとがり、表面は濃緑で光沢があります。

▲枝先には褐色の雄花が多数見られる

【別　　　名】	オランダモミ、カントンスギ
【科/属名】	スギ科コウヨウザン属
【樹　　　高】	25～30m
【花　　　期】	4月
【名前の由来】	スギに似ているが、ふつうのスギより葉が広いので「広葉」がついています。

葉形：針形　実形：マツカサ形

コクサギ

葉のつき方に特徴がある

花色：🟢

【別　　　名】	──
【科/属名】	ミカン科コクサギ属
【樹　　　高】	1～2m
【花　　　期】	4～5月
【名前の由来】	クサギのように茎や葉に臭いがあり、木が小さいので小臭木。

葉形：タマゴ形　実形：タマゴ形

▼黄緑色の花が枝にまとまってつく

◆特徴◆ 本州以南に分布し、山地の谷間の林下などに自生している落葉低木です。高さは2mぐらい。葉は先がとがったタマゴ形で、2枚ずつ交互に片側につく、という変わったつき方をします。開花は4～5月で、前年枝の葉のわきに、黄緑色の小さな花を咲かせます。

斑入りもある

葉が不整形で、縁に白い斑が入るヴァリエガタや、黄色い斑が入る園芸品種などもあります。

育てやすい樹木

低木で寒さにも強い樹木です。本来、山間の谷間で、林の下などに自生しているので、日陰地もいやがらず、病気や害虫もほとんどありません。

▼果実が熟すと2つに割れて種子をだす

コケモモ

花を観賞、果実は食用

▶白い花が下向きに開く

花色：○

▶桃色花

小さい葉が密生し花は白〜淡紅

葉は、長さ1cm前後のタマゴ形です。革質で厚く、光沢があります。花は白〜淡紅色の鐘形で、2〜6花まとまって下向きに咲きます。

紅熟果は生食できる

秋の9〜11月には、マル形で小粒の果実が赤く熟します。甘味と酸味がほどよく、生食しても美味で、ジャムなどにもできます。

◆**特徴**◆ 日本全国の高山・亜高山帯に広く分布しています。常緑小低木で、高さは10〜20cmにしかならず、地下茎は横にはいり、地上をマット状に広がります。関東以南の暖地では、栽培不可能です。

【別　　名】	──
【科／属名】	ツツジ科スノキ属
【樹　　高】	10〜20cm
【花　　期】	6〜7月
【名前の由来】	コケに似てマット状に広がり、花色や果実はモモに似ているため。

葉形：タマゴ形　実形：マル形

小粒のモモのような果実▲

コゴメウツギ

小さな花がまとまって開花

花色：○

さらに樹高が低い品種もある

本来も低木ですが、さらに矮性化した園芸品種にクリスパがあります。また、近縁種にはやや大形のカナウツギがあります。

育てやすい樹木

低木で寒さに強く、たいていの環境で生育できる育てやすい樹木です。実生、さし木、株分けで増やせます。

◆**特徴**◆ 日本全国の低山に分布する落葉低木。高さは1〜3m。葉は先がとがったハート形で、縁はいくつかに浅く裂け、両面に軟毛があります。花は黄色がかった白色で、小さいのですが、枝先にまとまってつき、開花時には枝先が白く見えます。

◀小さな花が枝先にまとまってつく

【別　　名】	──
【科／属名】	バラ科コゴメウツギ属
【樹　　高】	1〜3m
【花　　期】	5〜6月
【名前の由来】	コゴメは小米で小さな花をあらわし、小さな花のウツギの意味。

葉形：ハート形　実形：マル形

コデマリ

庭植えや切り花に向く

花色：○

特徴

◆古くから、観賞用に植栽されてきた中国原産の落葉低木です。高さは1～2mの株立ち性です。若い枝幹は、しなやかに曲線をえがきますが、老化するとかたくなり、しなやかさが失われ、観賞価値が低下します。葉は先がとがった舟形で長さ2～4cm、縁にギザギザがあります。

▼新葉が黄金色になるキンバコデマリ

▶白い花が手まり状になる

美しい白色の花が咲く

開花期は4～5月。径約1cmの白色の花ですが、枝先に多数まとまり、しなやかな枝幹は根元から切って株を更新全体を白色に覆います。

八重咲きの品種もある

コデマリの品種には、花が八重咲きになるヤエコデマリ、春先に出る若葉が黄金色になるキンバコデマリなどがあり、開花期がずれる早生種、中生種、晩生品種もあります。

若枝をつねに保つ

自然樹形が基本ですが、古い枝は樹形を乱すので、古い枝幹は根元から切って株を更新し、つねに若枝を一定数保つようにします。花芽は10～11月ごろつき、越冬して翌年開花するので、切り詰めは避け、枝抜きせん定を主にします。

◀白い花がしなやかな枝を覆う

【別　　名】	スズカケ
【科/属名】	バラ科シモツケ属
【樹　　高】	1～2m
【花　　期】	4～5月
【名前の由来】	小花が集まって手まり状になるのでこの名がつきました。

葉形：舟形
実形：その他

View Calendar

	月	1	2	3	4	5	6	7	8	9	10	11	12
観葉				■	■	■	■	■	■	■	■	■	
開花				■	■	花はまりのように丸くなる							

一般に多いのはベニシタン

コトネアスターの仲間

花色：○

▼ベニシタンの白い花

◆特徴◆ コトネアスターが属名で、同属には70種ほどあります。最も普及しているのはベニシタンという種類です。落葉または半常緑性で、高さは1mぐらいの低木から小高木まであります。小型種は枝が水平に広がり、葉は先がとがったタマゴ形で、長さ1cm前後の小葉ですが、表面には光沢があります。

◀枝を覆うようにつくベニシタンの果実

開花期は5月ごろ
花は紅をおびた白色で、径1cm弱ですが、多数がまとまってつくので、見映えがあります。果実はマル形の小果で、熟すと赤くなります。

ベニシタンの利用
矮性（わいせい）品種や斑入り（ふいり）品種などがあり、グランドカバーとして広く利用されています。果実は、野鳥がよく食べます。

【別　　名】——
【科/属名】バラ科コトネアスター属
【樹　　高】1m以内〜数m
【花　　期】5月
【名前の由来】果実が多く、樹木全体を紅色に染めるように見えるところから。

葉形：タマゴ形　実形：マル形

秋にはドングリができる

コナラ

花色：●

果実はドングリ
開花期は4〜5月。雄花は黄緑の小さな花が多数集まって、尾状に枝からたれ下がります。雌花は枝上部の葉のわきに、上向きにつきます。果実は秋に成熟します。薄茶色のドングリで、形や大きさに多くの変異があります。

斑入り品種もある
葉に斑が入ったものも知られています。

◆特徴◆ 日本全国に分布する落葉高木です。高さは15〜20m。幹は直立します。樹皮は灰褐色で、縦に裂け目があります。葉は先がとがったタマゴ形で、長さ5〜15cmです。縁にはあらいギザギザがあり、表面は濃緑色ですが、裏面は灰白色です。

【別　　名】イシナラ、ハハソ
【科/属名】ブナ科コナラ属
【樹　　高】15〜20m
【花　　期】4〜5月
【名前の由来】平らの意味から、ナラナの転訛（てんか）など諸説があって、はっきりしません。

葉形：タマゴ形　実形：ドングリ形

▲枝からたれ下がる雄花

◀秋にできるドングリ。熟すと茶色になる

▲縁にギザギザがある葉

コ

コトネアスターの仲間・コナラ・コノテガシワ・コーヒーノキ

人気の高いコニファー

コノテガシワ

花色…🟢🟡

【別　　名】──
【科/属名】ヒノキ科コノテガシワ属
【樹　　高】10～20m
【花　　期】4月
【名前の由来】枝が直立し、両手を合わせたような樹形になるので。

葉形／針形
実形／マツカサ形

▼枝葉が直立する'オーレオ・ナナ'

◆特徴◆ 中国西～北部原産の、常緑高木です。高さは10m以上になります。庭植えするときは、1～2mに仕立てられます。枝が多く分枝して伸びるので、外から幹が見えず、樹形は球形や長楕円形になります。葉は、ヒノキに似た鱗片葉です。

葉は冬に変色

開花期は4月です。果実はマル状かタマゴ状のマツカサで、長さは1～1.5cmです。葉は冬になると、やや褐変します。

園芸品種が多い

葉が美しく、人気があります。アウレア・ナナ、ブッチヤマン、ローズダリス、キンギンコノテガシワ、ユニペロイデスなどがあります。また、変種にはビャクダン、タチビャクダンがあります。

原料の90％はアラビアコーヒー

コーヒーノキ

花色…⚪

【別　　名】アラビアコーヒー
【科/属名】アカネ科コーヒーノキ属
【樹　　高】3～5m
【花　　期】5～6月
【名前の由来】エチオピアの一地名が、飲料のアラビア名に変化したとされています。

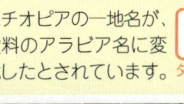

葉形／タマゴ形
実形／タマゴ形

◆特徴◆ 日常、コーヒーとして飲まれているものの90％は本種のアラビアコーヒー、エチオピア原産の通称アラビカです。他にコンゴコーヒーなど40種ほどの近縁種があります。高さは3～5mの常緑低木～高木です。葉は暗緑色で、先がとがったタマゴ形で、光沢があります。

鉢植えで育てる

冬は生育しませんが、5℃ぐらいまで耐えるので、室内で管理すれば越冬できます。さし木などもできますが、最初は4～5号鉢に植えられた苗木を入手します。株が大きくなるにしたがって大鉢に植え替えますが、5号鉢で小柄に育てたいときは、3月に込みあっている枝や伸びすぎた枝を切り、樹高も切り詰めます。果実が手に入るなら、種子から育てるとよいでしょう。

花は純白、果実は赤果

5～6月に咲く花は純白で香りがあり、葉のわきにつきます。果実はタマゴ形で、チェリービーンと呼ばれ、緑色から紅色、紫色と変化します。

▲純白で香りのよい花

▲赤く熟した果実

メモ　鱗片葉…小さな葉がウロコのように重なってつく葉のこと。

早春の白い花が楽しい

コブシ

花色：○

葉は花の後に出る

◆**特徴**◆ 日本と済州島に自生する、落葉高木です。枝が上に向かって伸びる傾向があり、放任すると10～18mの高さになります。花は葉よりも早く早春に咲き、径約10cmで、枝全体を覆うように開花して、見応えがあります。

葉は先がとがったタマゴ形で、長さ6～13cm、幅3～6cmです。秋にはコブ状の突起がある細長い形の果実ができ、熟すと裂けて、中から赤い種子が出てきます。

国産の有名な品種がある

近縁種との交配種にワダス・メモリーがあり、世界的に知られています。

▲葉に先立って咲く花

▲コブ状につながる果実

【別　　名】	コブシハジカミ
【科/属名】	モクレン科モクレン属
【樹　　高】	10～18m
【花　　期】	3月
【名前の由来】	果実がコブ状になり、種が子でコブシという説があります。

葉形：タマゴ形　実形：その他

ゴマのにおいを持つ

ゴマギ

花色：○

▶白い小花が多数まとまる

◆**特徴**◆ 関東地方以西の山地や水辺の湿地に自生する、落葉小高木です。高さ6～7mです。葉は先がとがったタマゴ形ですが、上部がやや幅広になり、長さ6～15cm、幅2～9cmです。縁には上部だけにギザギザがあり、基部は広めのくさび形です。

白色花が枝先につく

花期は4～6月です。径約1cm弱の白色の小さな花が多数をまとまり、径6～14cmの花房をつくり、枝先につきます。花びらは5枚です。

タマゴ形の果実が黒く熟す

果実は長さ1cm前後のタマゴ形です。10月には赤くなり、その後完全に熟すと黒色になります。中には核が1個あります。

▲タマゴ形をした果実

【別　　名】	ゴマキ
【科/属名】	スイカズラ科ガマズミ属
【樹　　高】	6～7m
【花　　期】	4～6月
【名前の由来】	枝や葉を傷つけると、食用のゴマのようなにおいがすることによります。

葉形：タマゴ形　実形：タマゴ形

コブシ・ゴマギ・コマツナギ・コムラサキ

コマツナギ

花色：●○

植えつけは3〜4月

◆特徴◆ 本州以南の野原に分布する落葉小低木です。高さは、50cm〜1m。葉は羽形で9〜11枚の小葉がつきます。小葉はタマゴ形で、長さ1〜2cmです。

▲豆果は熟すと割れて、種子がとび出す

花は紅紫色、まれに白色

花期は7〜8月。花は長さ約5mmで、数十花が集合して花房を作ります。果実は長さ約3cmの豆果で、円柱形です。

ニワフジが仲間

ニワフジ、チョウセンニワフジなどがあります。

▲紅紫色の小さい花がまとまって花房をつくる

【別　　名】	ウマツナギ
【科/属名】	マメ科コマツナギ属
【樹　　高】	50cm〜1m
【花　　期】	7〜8月
【名前の由来】	馬がつなげるほど茎が丈夫なことに由来します。

葉形：羽形　実形：マメ形

コムラサキ

花色：●

白色の実はシロシキブ

◆特徴◆ 本州以南に分布する落葉低木です。高さは1〜2m。枝は細長く伸びて紫色をおびます。葉はタマゴ形で長さ3〜7cm、幅は約1.5〜3cm。葉の上半部だけにギザギザがあります。紫紅色の小さな花が、多数集まって葉のわきにつきます。

▼枝は普通は傾いている

◀シロシキブの白色の果実

紫色の果実を観賞

ムラサキシキブの名で一般に出回っているものの多くは、果実が密について色あざやかな本種のコムラサキで、真のムラサキシキブは果実がまばらにつきます。

果実を観賞するために

花や実がつくのは、今年になって伸びた枝なので、古枝の整理は、落葉期にすませておきます。伸びてくる若枝は、開花結実まで残しておきます。

【別　　名】	コシキブ、コムラサキシキブ
【科/属名】	クマツヅラ科ムラサキシキブ属
【樹　　高】	1〜2m
【花　　期】	7月
【名前の由来】	近縁種のムラサキシキブより小型であることによります。

葉形：タマゴ形　実形：マル形

高山に自生するツツジ

コメツジ

花色：○

オオコメツツジはやや大形

樹形全体がひと回り大きいオオコメツツジ、東北、北陸地方に自生するシロバナコメツツジ、花が丁字咲きになるチョウジコメツツジは中部地方に自生しています。

ツツジの仲間は酸性土を好む

ツツジ類は、一般の樹木より酸性の土を好むので、よく使われるのは鹿沼土です。コメツツジは小形なので、盆栽にもなります。

▶白色の小さな花がつく

◀チョウジコメツツジの花

◆**特徴**◆ 日本全国の高山に散在する、落葉低木です。高さは1m以内。葉は小形のタマゴ形で、毛があります。花は白色で小さく、産地によって少しずつ違いがあります。花色も薄いピンクがかった個体もあります。花数は少なめです。

【別　　名】	──
【科/属名】	ツツジ科ツツジ属
【樹　　高】	1m以内
【花　　期】	3月下旬～5月上旬
【名前の由来】	花が白色の小輪であるところから米がつきました。

葉形：タマゴ形
実形：その他

花より果実が美しい

ゴモジュ

花色：○

◆**特徴**◆ 奄美大島～沖縄にかけて分布する暖地性の常緑低木です。高さは1～3m。葉はタマゴ形で長さ6～8cmです。開花期は3～4月。枝先に薄く赤みをおびた白い花が集まり、径5～8cmの花房をつくります。

秋に赤い実を観賞

秋にできる果実はマル形で小さいのですが、熟すと赤くなって美しく、十分観賞に耐えます。

鉢植えで育てる

暖地性で寒さに弱く、一般に庭植えでは育ちません。着花はやや悪くなりますが、鉢植えにして越冬管理をします。枝先に花芽を持つので、秋冬のせん定は注意します。

▶枝先に咲いた花。観賞価値は赤い実のほうが高い

【別　　名】	コウウメ、タイトウガマズミ
【科/属名】	スイカズラ科ガマズミ属
【樹　　高】	1～3m
【花　　期】	3～4月
【名前の由来】	中国名の五毛樹を和音読みにしたものです。

葉形：タマゴ形
実形：マル形

ゴヨウマツ

葉が5本ずつまとまる

花色：🔴 🟢

▼丈低く仕立てられた庭園のゴヨウマツ

◆**特徴**◆ 本州以南に分布し、庭木や盆栽として古くから親しまれている常緑高木です。高さは20〜35mになります。葉は長さ2〜6cmの針形で、5本ずつまとまって枝につきます。生育地は広いのですが、大気汚染に弱い方です。

【別　　名】	ヒメコマツ、マルミゴヨウ
【科/属名】	マツ科マツ属
【樹　　高】	20〜35m
【花　　期】	4月
【名前の由来】	葉が5本ずつまとまってつく性質があるマツでこの名がつきました。

葉形：針形 　実形：マツカサ形

▲ゴヨウマツの幼果

葉形の変種が多い

葉先が折れたように曲がるオリヅルマツ、葉がねじれるカムロゴヨウ、他にジャノメゴヨウ、フイリゴヨウ、ツマジロゴヨウ、ゴヨウニシキ、変種のキタゴヨウマツ、近縁種のチョウセンゴヨウ、ヤクタネゴヨウなどがあります。

花は緑黄色

花は葉のわきにつき、多数の雄しべが、らせん状につきます。雌花は枝の先につきます。

果実は円筒状のマツカサ形

長さ6〜10cmで円筒形の実が、9〜10月に成熟してたれ下がります。

青葉や灰青葉の仲間もある

コロラドトウヒの仲間には、

コロラドトウヒ

園芸品種が多い

花色：🟤

◆**特徴**◆ アメリカ西南部原産の、針葉樹高木です。高さ30〜50mです。葉は青緑色で先がとがり、内側に曲がります。横断面は四角形で、四面に気孔帯があります。現在日本でコニファーとして良く利用されているのは、矮性の園芸品種です。

アウレア（青葉）、グラウカ・グロボーサ（円形樹形で灰青葉）、グラウカ・ベンドウラ（しだれ性で灰青葉の代表品種）、コスター・ファスティギアタ（枝が直立性）など多くの品種があります。

【別　　名】	アメリカハリモミ、プンゲンストウヒ
【科/属名】	マツ科トウヒ属
【樹　　高】	30〜50m
【花　　期】	5月
【名前の由来】	原産地コロラドの名がついたトウヒの仲間です。

葉形：針形　実形：マツカサ形

▲園芸品種のひとつピケア・プンゲンス'グラウカ・グロボーサ'

コ

コメツツジ・ゴモジュ・ゴヨウマツ・コロラドトウヒ

ゴンズイ

果実から種子が露出する

花色：

◆**特徴**◆ 関東以南に分布するやや暖地性の落葉小高木です。高さは3～6mです。葉は羽形で、小葉は先がとがったタマゴ形をしています。小葉の長さは5～9cm、幅3～5cmで、縁にはギザギザがあります。樹液には独特の臭みがあります。

▶淡黄緑色であまり目立たない花

庭植えは関東以南

　日あたりと水はけのよい肥沃地なら、たいていの場所で育ちます。せん定の適期は2月で、込みあっている枝や伸びすぎた枝などを整理します。

の種子が露出して見えるようになります。

皮が裂けてマル形の黒い種子が見え出した果実▲

花弁と萼片は区別しにくい

　開花期は5～6月。花は径約5mmで、多数集まって花房を形成します。萼片、花びら共に淡黄緑色で、同じような形をしているため、区別しにくくなっています。

赤い果皮と黒い種子を観賞

　果実は9～10月に成熟します。果皮は紅色ですが、熟すと裂けて開き、中からマル形

【別　　名】	キツネノチャブクロ、クロクサギ
【科/属名】	ミツバウツギ科ゴンズイ属
【樹　　高】	3～6m
【花　　期】	5～6月
【名前の由来】	かつて本種にニワウルシの漢名があてられていたことがあり、それが役にたたない樹種であったことから、役に立たない魚の名をあてられたという説があります。

葉形：羽形　実形：その他

コンロンカ

暖地性の美しい花

花色：

黄色い花と白い萼片

　花は、黄色で径1cm前後で小さめですが、数花がまとまって咲きます。白い花びらのように見えるタマゴ形の萼片は、長さ3～4cmで、花の横に1枚つきます。

果実は紫黒色

　花後にできる実は、長さ1cm前後、径約5mmのタマゴ形。紫黒色で光沢があります。沖縄などでは庭木に利用されています。

◆**特徴**◆ 種子島、屋久島、沖縄に分布する暖地性の、半つる性常緑低木です。高さは1～2mですが、つる枝は5mぐらい伸びます。葉は先がとがったタマゴ形で長さ8～13cm、幅3～4cm。表面は濃緑色です。

▶まとまって咲く黄色の花と大きく白い萼片の対比が美しい

【別　　名】	──
【科/属名】	アカネ科コンロンカ属
【樹　　高】	1～2m
【花　　期】	15℃以上で周年
【名前の由来】	枝先についた白色の萼片を崑崙山の雪に見立てて名付けられたという説があります。

葉形：タマゴ形　実形：タマゴ形

メモ 花弁と萼片…雄しべと雌しべを守る器官で内側にあるものが花弁、外側にあるものが萼片。

コ

ゴンズイ・コンロンカ・サイカチ・ザイフリボク

サイカチ

花色：●

豆果は長さ25cm

◆特徴◆ 本州以南に分布する落葉高木です。高さは10〜20m。幹には長さ10cmほどの強い刺が多数つきます。葉は羽形で、小葉は細長いタマゴ形です。開花期は5〜6月。花は黄緑色で、雌花と雄花が別々の花序にまとまって、長さ10〜15cmになります。

葉の美しい品種が多い

近縁種のアメリカサイカチには、葉が美しい園芸品種が豊富です。刺なし黄金葉のサンバースト、葉が紅色のルビーレース、しだれ性のビュジリティー、樹形のよいスカイラインなどがあります。

鉢植えもできる

葉の美しい品種を選んで苗を鉢植えにすれば、生育期は観葉植物として楽しめます。

【別　　名】カワラフジノキ
【科/属名】マメ科サイカチ属
【樹　　高】10〜20m
【花　　期】5〜6月
【名前の由来】中国古名の西海子（せいかいし）を和音読みにしてなまったもの。

葉形：羽形
実形：マル形

▼庭では主木になる

▲黄金葉が美しいアメリカサイカチ'サンバースト'

ザイフリボク

花色：○

中国名も采振木（ざいふりぼく）

◆特徴◆ 本州以南の山地に分布する落葉小高木です。高さは8〜12mですが、一般に、庭植えでは3〜5mに仕立てられます。葉はタマゴ形で、長さは5〜8cmです。若葉は白い綿毛が密生していますが、後にはほとんど消えます。

白い花がまとまって咲く

4〜5月、若葉とほぼ同時に白い花が咲きます。花は小さいのですが、10花ぐらい枝先にまとまってつきます。実は熟すと赤から黒くなります。

北米原産種や交雑種

ザイフリボクの近縁種には北アメリカ原産のカナデンシスがあるほか、グランディフローラなどの交雑種もあります。

【別　　名】シデザクラ
【科/属名】バラ科ザイフリボク属
【樹　　高】8〜12m
【花　　期】4〜5月
【名前の由来】まとまって咲く花の形が采配を振っているように見えるので。

葉形：タマゴ形
実形：マル形

◀白い花が枝先を覆う
▼赤〜黒に熟す果実

日本を代表する花木

サクラの仲間

花色：●●●○

▼満開を迎えた白川郷の民家とサクラ

◆特徴◆

一般に花見といえばサクラの花を想定するぐらい、日本全国で親しまれている花木です。サクラ前線は暖地から北上しますが、開花期は、古くから農業暦として利用され、農作業の大切な目安になっています。落葉高木で、園芸品種は400種以上あります。

ヤマザクラ

東北地方以南に分布し、高さ10～25m。花は若葉とほとんど同時に咲き、淡い紅白色の一重咲きです。

▲淡紅色花一重咲きのヤマザクラ

地域限定の種類もある

サクラの種類や品種には、さまざまなものがあります。花色、咲き方、大きさ、樹高、分布地域などそれぞれに特徴があります。

オオヤマザクラ

別名エゾヤマザクラ・ベニヤマザクラ。北海道、本州、四国に分布し、寒さに強いのが特徴です。高さは20～25mで、花は紅色です。

▼紅色花で寒地性のオオヤマザクラ（エゾヤマザクラ）

【別　名】	――――
【科/属名】	バラ科サクラ属
【樹　高】	5～25m
【花　期】	10～5月
【名前の由来】	咲耶（さくや）、咲きむらがる、咲麗（さき）などからの転訛や略などの説があります。

葉形　タマゴ形
実形　マル形

View Calendar

月	1	2	3	4	5	6	7	8	9	10	11	12
観葉				■	■	■	■	■	■	■		
開花	■	■	■	■	種類による				■	■	■	■
果実					■	■	■	実はマル形				

146

サクラの仲間

マメザクラ（フジザクラ）

富士山周辺に特産し、高さ8mになります。花は白または淡紅色で、3月～5月に開花します。

▶淡紅色のマメザクラ（フジザクラ）

▶白花で暖地性のオオシマザクラ

エドヒガン

本州以南の全国に分布し、高さ20mになります。3～4月、葉がでる前に開花する早咲き種です。品種にシダレザクラがあります。

▶淡紅色で八重咲きのヤエベニシダレ（エドヒガンの品種）

オオシマザクラ

伊豆七島に特産し、房総半島、三浦半島、伊豆半島にも見られます。暖地性で、高さ5m。花は白色で芳香があり、桜餅に使う葉はこの葉の塩漬けです。

▼早咲き種のカンヒザクラ

カンヒザクラ

別名ヒザクラ。中国原産の早咲き種で、沖縄では1月、鹿児島で1〜2月、東京でも3月中〜下旬には咲きます。花は濃紅色です。高さ8mになります。

ウワミズザクラ

日本全土に分布する落葉高木で、高さは15mになります。花は4月〜5月に咲き、枝先に多数の花からなる花房をつけます。

◀白色のウワミズザクラ

ソメイヨシノ

オオシマザクラとエドヒガンの雑種で、高さ8m。明治の初めに品種名がつき、以後急速に各地へ広がり、サクラの代表種にまで普及しました。

▶各地に広がったソメイヨシノ

サ サクラの仲間

サトザクラ

オオシマザクラを元に、ヤマザクラなどを交配して成立した園芸品種の総称です。花色は白、淡紅、濃紅、淡黄などです。花形も一重、八重、キク咲きなどがあります。

▶淡紅色のサトザクラ

ヒガンザクラ（コヒガンザクラ）

エドヒガンとマメザクラの雑種ではないか、といわれています。やや暖地性で、庭植えは関東南部以南が適します。

▼庭植えは関東以南が適するヒガンザクラ

▲小さな白色のミヤマザクラ

その他

チョウジザクラ、ミヤマザクラ、チシマザクラなどがあります。

▶サカキの生け垣

サカキ

神の宿る神聖な木

花色：○

◆特徴◆ 関東以南に分布するやや暖地性の常緑小高木です。高さは8〜10mになりますが、一般に庭植えでは、3〜5mぐらいに仕立てます。葉は先がとがった細長いタマゴ形で、長さは7〜10cm、幅2〜10cmです。

黄色い花と黒く熟す果実

6〜7月に小さな白い花が咲きます。花色はしだいに黄色に変わります。果実は径1cm以下のマル形で小さく、秋に黒く熟し、光沢があります。

刈り込み仕立て

刈り込みにも耐えるので、生け垣のほかにも、いろいろな樹形に仕立てられます。7月と11月の年2回刈り込んで仕立てます。

【別　　名】	マサカキ、ホンサカキ
【科/属名】	ツバキ科サカキ属
【樹　　高】	8〜10m
【花　　期】	6〜7月
【名前の由来】	栄木、神事に使う木から榊の字があてられました。

葉形：タマゴ形　実形：マル形

▲サカキの葉

サクラツツジ

暖地性のツツジ

花色：○

◆特徴◆ 四国の一部と九州南部の島々を中心に分布する、暖地性の常緑低木です。高さは1〜2m。葉は先がとがったタマゴ形で、枝の先に3枚ずつつき、表面は緑で光沢があります。若葉のうちは褐色を帯びますが、後に消えます。

花期は生育地で変わる

花は美しいサクラ色で、枝先に2〜3輪咲きます。開花期は2〜4月です。

西日本では栽培可能

暖地性のツツジで、寒さにやや弱いのですが、越冬に少し注意すれば、西日本では庭植えで育てられます。

▲美しいサクラ色で枝先に2〜3輪つく

【別　　名】	──
【科/属名】	ツツジ科ツツジ属
【樹　　高】	1〜2m
【花　　期】	2〜4月
【名前の由来】	開花時と花色がサクラに似ているためです。

葉形：タマゴ形　実形：その他

サ サカキ・サクラツツジ・サクララン・ザクロ

鉢植えで葉や花を観賞

サクララン

花色：○

▲葉が肉厚で枝先に花がまとまる

【別　　名】	──
【科/属名】	ガガイモ科サクララン属
【樹　　高】	つる性常緑低木
【花　　期】	4～5月
【名前の由来】	小形のサクラの花に似た花が咲くのにちなんで。

葉形：タマゴ形　実形：その他

◆特徴◆ 九州南部に分布するつる性の常緑低木です。つるは数m伸び、褐色の根を出して、岩石などに付着します。葉は先がとがった細長いタマゴ形で厚く、長さ10～12cm、幅4～5cm。表面は濃緑色で、光沢があり、肉厚です。

花には芳香がある

花は白または淡紅色で、葉のわきから出た柄の先に多数まとまり、丸い花房をつくります。

園芸品種は鉢植え

サクラランの園芸品種には、コンパクタ、エキゾティカ、黄色の斑があるもの、白い斑があるフイリサクラランなどがあり、鉢植えで観賞されます。越冬には10℃以上が必要です。

花ザクロと実ザクロ

ザクロ

花色：● ○ ●

▼日本では花を観賞する花木として広がった

◆特徴◆ 小アジア原産で、ブドウとともに世界中でもっとも古くから栽培されている果樹ですが、日本では、花木として広がりました。やや暖地性で、北海道や東北地方などの寒地ではうまく生育しません。落葉小高木で、高さは3～6mです。

園芸品種の多い花ザクロ

日本で作られた花ザクロには、赤色系、白色系、樺色系、絞り系、咲き分け系などがあります。鉢植えに適したヒメザクロ、一才ザクロなどもあります。

世界に多い実ザクロ

地中海沿岸、アメリカなどでは果実を目的とした実ザクロの栽培が多く、甘味品種や大果品種がつくられています。

▲改良品種が多い実ザクロの果実

【別　　名】	──
【科/属名】	ザクロ科ザクロ属
【樹　　高】	3～6m
【花　　期】	6月下旬～7月上旬
【名前の由来】	中国の古名、石瘤（せきりゅう）を転訛（てんか）して和音読みにしたものです。

葉形：タマゴ形　実形：マル形

サザンカ

暖地性ツバキの仲間

花色：○●●

▼純白の花びらが人目を引く

◆**特徴**◆ 山口県以南の山地に分布する常緑高木です。高さ5〜15m。葉は先がとがったタマゴ形で、長さ3〜7cm、幅2〜3cm。革質で、縁には鈍いギザギザがあり、主脈が目立ち、葉柄は長さ2〜5mmと短く、上面には毛があります。

秋〜冬に開花する

花期は10〜12月です。枝先に径5〜8cmの白色の花が平らに開きます。中心の雄しべは淡黄色で、花弁と雄しべはばらばらに落ちます。

花色や花期の違う園芸品種

サザンカの園芸品種には、紅色花が12〜2月に咲くタチカンツバキ、雄しべが弁化した八重咲きの富士の峰（フジノミネ）などがあります。

▲紅花の品種もある

▶花の華やかさに比べ目立たない果実

◀八重咲きの富士の峰

【別　　名】	オキナワサザンカ
【科/属名】	ツバキ科ツバキ属
【樹　　高】	5〜15m
【花　　期】	10〜12月
【名前の由来】	一般に山茶花と書かれますが、この文字は本来ツバキの中国名です。日本ではツバキが椿、サザンカが山茶花になりました。

葉形：タマゴ形
実形：マル形

View Calendar

月	1	2	3	4	5	6	7	8	9	10	11	12
観葉	━	━	━	━	━	━	━	━	━	━	━	━
開花							花びらは平らに開く					
果実				実は熟すと裂けて黒い種子が見える								

サネカズラ

整髪剤に利用された

花色：

▼マル形の小果がまとまってつく

◀斑が入った品種

斑が入ったものや果実が白いものがある

サネカズラの園芸品種には、葉に斑が入るもののほか、ふつうは赤く熟す果実が白色になるスイショウカズラなどがあります。

つるを誘引して仕立てる

実つきをよくするためには、雄株と雌株を植えつけ、つるを塀などに誘引して、バランスよく絡ませて仕立てます。

◆特徴◆ 東北南部以南に分布するつる性の常緑低木です。葉はタマゴ形で、やわらかく光沢があり、縁にはまばらにギザギザがあります。開花は8～9月で、黄白色の花が咲きます。10～11月に、マル形の小さい果実の房が赤く熟します。

【別　　名】ビナンカズラ
【科／属名】マツブサ科サネカズラ属
【樹　　高】30～80cm
【花　　期】8～9月
【名前の由来】実がサネで、カズラはつるをあらわします。

葉形：タマゴ形
実形：マル形

ザリコミ

赤く熟した果実は甘く、生食できる

花色：

黄緑色の花と赤く熟す果実

開花は五月ごろです。花は黄緑色で径約5mm弱ですが、まとまって数花が小さい花房をつくります。果実は径約5mmのマル形で、熟すと赤くなり、生食できます。

雌株と雄株が必要

雌株と雄株が異なります。実を見るためには、雌株と雄株が必要になります。苗を入手するときは注意しましょう。

◆特徴◆ 本州と四国の冷涼地に分布する落葉低木で、株立ちになります。葉は途中まで3～5に裂け、先端は鋭くとがり、縁にはギザギザがあります。3～5cmの幅広で、両面や葉柄には細かい毛があります。

◀枝先に黄緑色の小さな花がまとまる

【別　　名】――
【科／属名】ユキノシタ科スグリ属
【樹　　高】1～2m
【花　　期】5月
【名前の由来】砂利がザリでグミがコミに転訛したもので砂利地のグミです。

葉形：手のひら形
実形：マル形

メモ 葉柄…葉のついている茎の部分。

サルスベリ

長期間花が咲く

花色：

◀枝先につく紅色の花

◆**特徴** 東北南部地方以南で多く栽培される落葉高木～低木です。高さは1～7m。葉は先がとがったタマゴ形で、花は径3～4cmで、長さ4～10cmです。花は今年枝の枝先につきます。花色は紅、白、紫紅色などがあります。

寒さに強い品種もある

サルスベリの仲間には、淡い紫色の花のムラサキサルスベリ、屋久島原産のヤクシマサルスベリ、熱帯原産のオオバサルスベリ、寒さに比較的強いシマサルスベリなどがあります。

園芸品種には紅色花のカントリーレッド、ウォーターメロン・レッド、紫紅色花のハーディー・バーブル、矮性のドワーフ・ラベンダー、スノー・ベビーなどがあります。

▼淡紅色の花

▲果実。熟すと裂けて開く 　　▲樹皮は滑らか

▲白色花の品種

【別　　名】	ヒャクジツコウ
【科/属名】	ミソハギ科サルスベリ属
【樹　　高】	1m～7m
【花　　期】	7～10月
【名前の由来】	幹肌の滑らかさを猿も滑るぐらいとたとえたものです。

葉形：タマゴ形　実形：マル形

View Calendar

月	1	2	3	4	5	6	7	8	9	10	11	12
観葉												
開花			花色は好みで選べる									
果実			マル形の実は熟すと裂ける									

サ

日陰のグランドカバーに向く

サルココッカ・ルスキフォリア

花色：○

開花し、花は白色で、果実は熟すと黒くなります。

半日陰～日陰で育てる

日陰を好み、強く日光があたる乾燥地ではよく育たないので、鉢植えは日陰で管理します。

サルココッカの仲間

サルココッカ・フッケリアナは高さ2mになる高性種で、白い花が咲き、果実は黒く熟し、丈が低く、寒さに強い種類です。

サルココッカ・フミリスは、高さ30～60cmで、2～3月に白い花が咲きます。高さは60cm～1.2m。葉は先がとがったタマゴ形で、表面は暗緑色で光沢があり、裏面は淡緑色です。花は乳白色で芳香があり、実は赤く熟します。

◆**特徴**◆ 中国西部原産で、寒さにはやや弱いとされている常緑低木です。

▲芳香をはなつルスキフォリア

▲フミリスの花はピンクが混じる

【別　　名】——
【科/属名】ツゲ科サルココッカ属
【樹　　高】60cm～1.2m
【花　　期】2～3月
【名前の由来】不明

葉形 タマゴ形　実形 マル形

雌株に赤い実がつく

サルトリイバラ

花色：●

◆**特徴**◆ 日本全国の山地に分布する、つる性の落葉低木です。茎は節ごとに折れ曲がり、長いひげを出して、近くのものに絡みます。葉は、先がとがるタマゴ形で、長さ約5cm、革質で光沢があります。開花は4～5月で、若葉と同時に淡い黄緑色の花がつきます。

果実は赤く熟す

果実は、径1cm弱のマル形で、数果がまとまってつきます。10～11月には赤く熟して枝先を飾り、生け花や茶花としてよく利用されます。雌株と雄株がないと結実しません。

手のかからない樹木

性質は強く、一度植えつけたら自然に広がり、つるを伸ばします。古いつるを整理したいときは、落葉期に行います。

▼若葉と同時に黄緑色の花を咲かせる

◀雌株についた赤い実

【別　　名】ガンタチイバラ
【科/属名】ユリ科シオデ属
【樹　　高】1～2m
【花　　期】4～5月
【名前の由来】猿がトゲだらけのつるに絡まって、とらえられるほど密生することに由来します。

葉形 タマゴ形　実形 マル形

サルスベリ・サルココッカ・ルスキフォリア・サルトリイバラ

果実は食べられる

サルナシ

花色：○

◆**特徴**◆ 全国の山地に分布する、つる性の落葉低木です。枝は、初め褐色の軟毛を密生しますが、後に抜け落ちます。葉は先がとがったタマゴ形で、長さ6〜10cm、幅4〜7cm。縁には細かいギザギザがあり、厚い革質で、裏には、かたい毛があります。

白い花が下向きにつく

開花期は5〜7月です。葉のわきに径1〜1.5cmの白い花がつき、下向きに開きます。

雌株につく果実はタマゴ形で黄緑色に熟し、長さ2〜2.5cmで香りがあり、食べられます。

サルナシ酒を楽しむ

果実を水洗いしてよく水気を切り、密封できるびんに果実、氷砂糖、35℃の焼酎を入れて3カ月以上熟成させると、淡い琥珀色で、香りのよいサルナシ酒ができます。中の果実は1年で取り出し、砂糖をふりかければ砂糖漬けが楽しめます。

▼さし木1年で果実がついた

▲下向きに白い花が開く（雌花）

【別　　名】	コクワ、シラクチヅル、シラクチカズラ、コクワヅル
【科/属名】	マタタビ科マタタビ属
【樹　　高】	つる性落葉低木
【花　　期】	5〜7月
【名前の由来】	果実をナシに見立て、猿が食べるナシでサルナシです。

葉形：タマゴ形
実形：タマゴ形

View Calendar

	月	1	2	3	4	5	6	7	8	9	10	11	12
観葉					●	●	●	●	●	●	●		
開花						●	●	●					
果実								●	●	●	●		

白い花が下向きにつく
黄緑色の実がなる

◀果実はタマゴ形で黄緑色

サワシバ

花や果実はたれ下がる

花色：●

▼黄緑色の花が枝先から多数たれ下がる

◆特徴◆日本全国の山地で、谷川沿いなどに分布する落葉高木です。高さは10〜15m。若枝は細い毛がありますが、後に落ちて滑らかになります。葉は先がとがったタマゴ形で、長さ6〜15cm、幅4〜7cmで、縁にはギザギザがあります。

若葉と同時に開花

開花は4〜5月で、若葉が出るのと一緒に咲きます。花は黄緑色で小さく、まとまって長さ5cmぐらいの穂をつくり、枝先からたれ下がります。

果実はミノムシ状

8〜10月に、長さ4〜10cmで太めの穂のような果実の集まり（果穂）をつくり、枝からたれ下がります。果実の色は黄緑色で、たくさんの葉に包まれたミノムシのようにも見えます。中に茶色の種子が多数入っています。

【別　　名】	サワシデ、ヒメサワシバ
【科/属名】	カバノキ科クマシデ属
【樹　　高】	10〜15m
【花　　期】	4〜5月
【名前の由来】	シバは薪になる木で、谷川など沢に多い木でサワシバです。

葉形：タマゴ形　実形：ツバサ形

サワフタギ

ルリ色の果実がつく

花色：○

◆特徴◆日本全国の山地や草原に分布する、落葉低木です。高さは2〜3m。葉は先がとがったタマゴ形で、長さ4〜8cm、両面に毛があってざらつきます。5〜6月に開花する花は白色で小さく、枝先にまとまって花房をつくります。

果実は珍しい青色果

葉のわきにつく果実は、径約5mm〜1cm弱のマル形ですが、10果ぐらいがまとまり、秋には青く熟し、目立ちます。

白い実がなる品種もある

サワフタギの品種として、関東地方以南に分布するタンナサワフタギは、本種より寒さに弱く、やや暖地性です。果実が白いシロミノサワフタギ、葉に毛がないオクノサワフタギなどもあります。

【別　　名】	ルリミノウシコロシ、ニシゴリ
【科/属名】	ハイノキ科ハイノキ属
【樹　　高】	2〜3m
【花　　期】	5〜6月
【名前の由来】	枝葉がよく茂り、沢を蓋するように覆うので沢蓋木です。

葉形：タマゴ形　実形：マル形

▼白い小さな花が枝先にまとまって咲く

▼青色の小さな果実が多くつく

メモ 花房…細かい花が集まって花全体が房のようにまとまっていること。

サワラ

変種や園芸品種が多い

花色：●

◆特徴◆ 岩手県以南の山地に分布する常緑高木で、高さは40mにもなります。枝は水平に横に張り、まばらで上下の枝の間はすけて見えます。葉はヒノキなどと同じウロコのような小さな葉がたくさんついた鱗片葉です。花は紫がかった褐色で4月ごろ枝先につき、10月ごろ球状の小さなマツカサが熟します。

▼枝葉がひも状になって長くたれるヒヨクヒバ

葉が美しい品種が多い

サワラの品種として、ヒヨクヒバ（シダレヒバ）は、枝葉がひも状になって、枝先が長くたれます。オウゴンシノブヒバ（ボタンヒバ）と、オウゴンヒヨクヒバは、葉が黄金色になります。フイリシノブヒバとフイリヒヨクヒバは、枝先に白い斑が入ります。ヒムロ（ヒムロスギ）は、葉の上面が青緑色で裏面が銀白色になります。矮性品種としてサワラ・ナナがあります。

▲葉が金色になるオウゴンヒヨクヒバ

▼葉の上面が青緑色で裏面が銀白色のヒムロ

【別　　名】	──
【科/属名】	ヒノキ科ヒノキ属
【樹　　高】	30～40m
【花　　期】	4月
【名前の由来】	材質がヒノキよりやわらかいのでサワラギになり、ギを略してサワラです。

葉形：針形　実形：マツカサ形

View Calendar

月	1	2	3	4	5	6	7	8	9	10	11	12
観葉	━	━	━	━	━	━	━	━	━	━	━	━
開花				褐色の丸い花がつく								
果実			丸い小さなマツカサがたくさんなる									

サンゴジュ

赤く熟した果実が秋空に光る

花色：○

白い花と赤く熟した果実

開花は6～7月で、白色の小さい花が枝先にまとまって咲きます。秋～初冬に赤く熟す小さな実は、まとまって長さ10～20cmの房状になり、見応えがあります。

短い枝先に花と実がつく

花や実は短い枝の先につくので、この枝を生かし、伸びすぎた枝や込みあった枝を間引きます。放任すると大きくなるので、適当なところで芯を止め、小柄に仕立てます。

◆**特徴**◆ 関東地方以南に分布するやや暖地性の常緑高木です。高さは10m以上になりますが、一般に庭木では5～6mに仕立てられます。枝は強く上を向き、葉はタマゴ形で、長さ10～15cm、表面は濃緑で光沢があります。

◀枝先に白色の小さな花がまとまって咲く

▼サンゴに見立てられる果実

【別　　名】──
【科/属名】スイカズラ科ガマズミ属
【樹　　高】8～10m
【花　　期】6～7月
【名前の由来】房状になる赤い実を海のサンゴに見立てたもの。

葉形：タマゴ形
実形：マル形

サンザシ

果実には薬効がある

花色：○

◆**特徴**◆ 中国南部原産の落葉低木です。枝はよく分枝して横に広がり、刺があります。葉は先がとがったタマゴ形で、長さ2～7cm。葉の上半の縁には、不ぞろいのギザギザがあり、浅く3～5裂します。

純白の花があざやかに咲く

花は径約2cmの白い花です。花びらが5枚あり、数花ずつ枝先にまとまり、開花期には樹木全体を白い花が覆います。果実は径約1.5cmのマル形で、熟すと赤くなります。

花のつく枝を育てる

花芽は30cm以内の短い枝の先につくので、伸びすぎた枝や込みあっている枝を整理して、短い枝を多く残します。

【別　　名】──
【科/属名】バラ科サンザシ属
【樹　　高】2～3m
【花　　期】4～5月
【名前の由来】最初中国から日本に渡来したときは漢方薬としてで、そのときの薬名山坐子を和音読みにしたものです。

葉形：タマゴ形
実形：マル形

▲果実は熟すと赤くなる

▶径2cmの白い花が樹全体に咲く

サンシュユ

薬木として大陸から渡来

花色：

▶早春、葉に先立って黄色い花が枝先にまとまって咲く

春の黄色い花と秋の赤い果実

開花は早春の3～4月で、黄色の小さい花が多数まとまって咲きます。果実は、長さ1cmのタマゴ形で、秋に赤く熟します。

西日と乾燥を嫌う

土層が深く、湿度を保ちやすい西日を避けた場所が適地です。乾燥すると細い枝が枯れてしまいます。夏は、夕方の水やりができれば理想的です。

◆**特徴**◆ 江戸時代に、薬用植物として大陸から渡来した常緑小高木です。株立ちになり、東北地方以南で栽培されています。葉は先がとがったタマゴ形で、長さ4～10cm。裏面には全面に白い毛があります。

【別　　名】	ハルコガネバナ、アキサンゴ
【科/属名】	ミズキ科ミズキ属
【樹　　高】	5～6m
【花　　期】	3～4月
【名前の由来】	渡来したときの薬名、山茱萸をそのまま和音読みにしたものです。

葉形：タマゴ形　実形：マル形

▲赤く熟す果実はアキサンゴと呼ばれる

サンショウ

葉、花、果実を利用

花色：

◆**特徴**◆ 日本全国の山地や平地に広く分布する落葉低木です。よく分枝し、枝には鋭い刺があります。葉は羽形、小葉はタマゴ形で長さ2～3cm、縁には浅いギザギザがあります。4～5月に黄緑色の小花が、枝先にまとまってつきます。

果実はスパイスに

果実は径約5mmのマル形で、夏は緑色ですが、秋には赤褐色に熟します。未熟果は青ザンショウとして利用されます。

利用範囲が広い香木

若葉は「木の芽」、花は「花ザンショウ」として利用され、果実は「粉ザンショウ」、幹は「すりこぎ」に加工されます。

▼春先に黄緑色の小さな花が枝先に咲く

▼秋に赤く熟す果実

【別　　名】	ハジカミ
【科/属名】	ミカン科サンショウ属
【樹　　高】	2～3m
【花　　期】	4～5月
【名前の由来】	中国名の山椒を、和音読みにしたものです。

葉形：羽形　実形：マル形

サ

サンシュユ・サンショウ・サンショウバラ・シキミ

初夏に咲く花を観賞

サンショウバラ

花色：●

▲枝先につく淡紅色の花

◀針状の刺を立てる果実。熟すと褐色になる

【別　　名】ハコネバラ
【科/属名】バラ科バラ属
【樹　　高】5〜6m
【花　　期】6月
【名前の由来】葉形や枝の刺がサンショウに似ているためです。

葉形：羽形
実形：マル形

◆特徴◆ 富士・箱根地方の狭い範囲にだけ自生する落葉小高木で、高さ5〜6mです。葉は羽形で、小葉は長さ1〜3cmのタマゴ形です。縁には鋭いギザギザがあり、両面にまばらな毛があります。開花は6月で、径5〜6cmの淡紅色の花が咲きます。

果実は大きく刺がある

果実はマル形を少し平らにしたような形で、針状の刺が全面にあり、径約2cmです。初めは緑色ですが、熟すと褐色になります。枝にも刺があります。

和風庭園によく合う

庭木としては、日本庭園に向く樹木です。庭の大きさに合わせて芯を止め、小柄に仕立て、初夏の花やよく分枝する枝葉を観賞します。

仏縁が深い常緑樹

シキミ

花色：●●

◆特徴◆ 東北地方以南に分布し、古くから寺社や墓地に植えられ、仏縁が深い樹木とされている常緑低木です。高さは2〜5m。葉は先がとがる長めのタマゴ形で、長さ4〜10cmです。傷をつけると抹香くさいにおいがします。

黄白色の花と集合果

葉のわきに径2〜3cmの黄白色の花をつけます。9月頃熟す実は種子が袋の中にできる袋果で、この袋果が8個集まってひとつの集合果になります。

淡紅色の花もある

シキミの園芸品種には、花が淡紅色のウスベニシキミ、南方に多いヤエヤマシキミ、中国産のトウシキミなどがあります。ミヤマシキミは別属。

半日陰で育てる

少し湿り気のある半日陰の肥沃地を好みます。常緑なので、一度植えれば周年緑が見られます。

▼開花期。黄白色の花が樹形全体を飾る

▲袋果が集まってできる集合果

【別　　名】ハナノキ
【科/属名】シキミ科シキミ属
【樹　　高】2〜5m
【花　　期】3〜4月
【名前の由来】果実が有毒であるところから「悪しき実」で、抹香くさい仏縁で悪がとれ、シキミとなったとされています。

葉形：タマゴ形
実形：その他

メモ 集合果…小さな実が集まってひとつの実を形成している果実。

シコンノボタン

花が美しい暖地性の花木

花色：■

▲あざやかな紫紺の花色を持つ

◆特徴◆ブラジル原産の暖地性の低木で、日本での庭植は関西地方以南でできます。高さ1～5mで常緑です。葉は先がとがったタマゴ形、長さ約10cmで軟毛があります。枝先に、文字通り紫紺色の美しい径7～10cmの花が咲きます。

鉢植えで楽しむ
関西地方以北では、鉢植えにします。用土は赤玉土小粒7、腐葉土3の混合土で、石灰を少し混ぜて弱アルカリぐらいにしておき、4～5月か9月に植えつけます。

越冬は室内で
暖地性で寒さに弱いので、9月の末ぐらいから室内に入れます。鉢穴から根が伸びているときは、切り詰めておきます。

【別　　名】	——
【科/属名】	ノボタン科シコンノボタン属
【樹　　高】	1～5m
【花　　期】	8～11月
【名前の由来】	紫紺の花が咲くノボタンの仲間なので。

葉形：タマゴ形　実形：マル形

シジミバナ

花は前年枝につく

花色：○

◆特徴◆中国原産で、日本に渡来。古くから庭梅として利用されています。落葉低木で、株立ちになり、若枝には軟毛があります。葉は先がとがったタマゴ形で、長さ2～3cm、縁には細かいギザギザがあり、若葉のうちは表面に軟毛があります。

4～5月に白い花が咲く
前年枝の枝先に、径1cm前後の白色の小さな花がまとまってつきます。八重咲きと一重咲きがあります。

枝幹の数を制限
株立ちで、毎年枝幹が発生しますが、込み合うと内部への風通しが悪くなるので、古枝は根元から間引き、若枝中心の株にします。

▼白色の小さな花が枝先に多数つく

【別　　名】	ハゼバナ、コゴメバナ
【科/属名】	バラ科シモツケ属
【樹　　高】	1～2m
【花　　期】	4～5月
【名前の由来】	八重咲きの花をシジミの実に見立てたといわれています。

葉形：タマゴ形　実形：その他

シデコブシ

花色に個体差がある

花色：○●

◆特徴◆
東海地方の伊勢湾周辺にだけ自生している、湿地性の落葉小高木です。自生地では群生しています。葉は長さ5～10cm、幅2～4cmのタマゴ形です。花は3～4月に開花しますが、花色は個体差があり、白～ピンクで、多数の花弁があります。

シ

シコンノボタン・シジミバナ・シデコブシ

▲3～4月ごろ開花するピンクの花

◀袋果が10果以上集まってコブ状になる

果実は袋果が集まりコブ状
袋果が10果以上集まってコブ状になる、集合果です。熟すと袋果が裂けて、中から白い糸状のものにつながった赤い種子が出てたれ下がり、奇妙な形になります。

仲間には美しい品種が多数ある
シデコブシの園芸品種には、レッド、ロゼア、ロイヤルスター、ウォーターリリー、ホワイトスターなど観賞価値の高い品種があります。

▼冬芽　▶白色の花

【別　　名】	ヒメコブシ、ベニコブシ
【科/属名】	モクレン科モクレン属
【樹　　高】	3～8m
【花　　期】	3～4月
【名前の由来】	花の形が正月飾りに使う四手に似ているコブシのため。

葉形　タマゴ形
実形　その他

View Calendar

月	1	2	3	4	5	6	7	8	9	10	11	12
観葉				■	■	■	■	■	■	■		
開花			■	■	多数の花弁がある							
果実						■	熟すと奇妙な形になる			■		

メモ　袋果…果実の外皮が袋状になっている果実。

シナノキ

花は重要な蜂蜜源

花色：●

▲葉のわきに淡い黄緑色の花がまとまる

【別　　名】	アカジナ
【科/属名】	シナノキ科シナノキ属
【樹　　高】	15～20m
【花　　期】	6～7月
【名前の由来】	古来、アイヌの人達が、物をしばったりするために、その樹皮を用い、アイヌ語の『しばる』または『結ぶ』という意味で『シナ』という言葉が用いられてきたことに由来します。

葉形：タマゴ形
実形：マル形

◆**特徴**◆ 日本全国の山地に広く分布する落葉高木ですが、生育地によって高さが変わります。平均すれば7～8mですが、高い尾根では低木になり、谷間の渓流沿いなどでは20m以上にまで育ちます。葉は先がとがったタマゴ形で、縁にギザギザがあります。

淡黄緑色の花が夏に開花

花期は6～7月で、径約1cm前後の小さな花ですが、数花がまとまって径5～8cmの花房をつくり、葉のわきにつきます。果実は径約5mm～1cm弱のマル形小果で、秋に熟します。

樹皮繊維は織物

樹皮からとれる繊維は強く、織物や和紙に使われました。木材は合板、家具材などに利用します。

シマナンヨウスギ

樹形が美しい常緑樹

花色：●

【別　　名】	――
【科/属名】	ナンヨウスギ科ナンヨウスギ属
【樹　　高】	50～60m
【花　　期】	4～5月
【名前の由来】	島特産のナンヨウスギという意味。

葉形：針形
実形：マツカサ形

◆**特徴**◆ 南太平洋のノーフォーク島だけにしか自生しない常緑大高木です。高さは50～60mになり、直立します。美しい均整のとれた円錐形の樹形をしていて、大枝は水平に伸び、上のほうの枝はやや斜めに上向きになります。

温室で鉢植え栽培

世界的に有名な観賞樹で、3～4mに育つまでは、鉢植えにして温室内で育てます。

葉形は生長過程で変化

葉は軟質の光沢のある緑色で、幼木のときは針形ですが、老木になると鱗片葉になり、あざやかな緑色から濃い緑色になります。果実はマツカサ形で、径10～13cmの大果です。

◀枝は水平に伸びる

▲あざやかな緑色から濃い緑色になる葉

シモツケ

大きな花房にまとまる

花色：● ○

▶枝先にまとまってつく花。花色は変種が多い。

◆特徴◆ 本州以南の山地に分布する落葉低木です。高さは1〜2mの株立ち性です。葉は、先がとがった広めのタマゴ形で、長さ3〜8cm、幅2〜4cmです。縁には不ぞろいのギザギザがありますが、変異が多くあります。

花色には個体差がある

花期は5〜8月です。花色は赤色ですが、個体により濃淡があり、まれに白色もあります。果実は9〜10月に、長さ2〜3mmの小果が5果ずつ集まって1個の集合果をつくります。

黄金葉の品種もある

シモツケの園芸品種には、白い花が咲くシロバナシモツケ、白い花と赤い花が混じるサキワケシモツケ、黄金の葉のゴールドマウンドなどがあります。

【別　　名】	キシモツケ
【科/属名】	バラ科シモツケ属
【樹　　高】	1〜2m
【花　　期】	5〜8月
【名前の由来】	下野の国（現栃木県）が産地とされて、この名があります。

葉形：タマゴ形　実形：その他

ジャノメエリカ

南アフリカ原産の美しい花木

花色：●

花は枝先に3個ずつ咲く

開花は11月〜翌年の春までで、枝先につぼ形の紅色の花を3個ずつ下向きにつけます。花は径約5mm弱ですが、小枝が花に埋まるくらい花が多いので、全株が花に埋まります。管理の方法によって開花時期が変わります。

鉢植えで育てる

3〜4月が、植えつけの適期です。水はけのよい肥沃な用土を使い、定植します。

◆特徴◆ 南アフリカ原産の、常緑低木です。高さは1〜3m。周年開花し、鉢ものなどとして出荷されますが、最低温度が5℃以上必要です。よく分枝し、園芸品種には日本でつくられたレッド・クイーンがあります。

▼中心の黒点が目立つピンクのつぼ形で下向きに咲く

【別　　名】	クロシベエリカ
【科/属名】	ツツジ科エリカ属
【樹　　高】	1〜3m
【花　　期】	11月〜3月
【名前の由来】	中心の黒い葯が目立ち、蛇の目を連想させることから。

葉形：タマゴ形　実形：その他

メモ　葯…雄しべの先端にある花粉の入っている袋のこと。

高山性の種類が多い
シャクナゲの仲間

花色：○ ● ● ● ●

◆特徴◆
シャクナゲと名のついた樹木は、日本全国に分布しますが、シャクナゲ（ホンシャクナゲ）は、山地に自生する種類です。高さが1〜7mになる常緑低木で、革質の葉は細めの舟形で長さ8〜15cm、幅2〜5cmです。

花は紅紫色で濃淡がある
開花は4〜6月で、淡紅紫色、径5cmの花を横向きに多数つけます。果実は円柱状のサヤ形で、7〜10月に熟します。

日本のシャクナゲには6〜7月に花が咲くものもある
シャクナゲの仲間には、6〜7月に白やピンクの花を咲かせるハクサンシャクナゲの他、ツクシシャクナゲ、アズマシャクナゲ、エンシュウシャクナゲ、ヤクシマシャクナゲ、アマギシャクナゲ、ツクシシャクナゲ、キョウマルシャクナゲ、キバナシャクナゲなどがあります。

1000品種以上ある西洋シャクナゲ
西洋シャクナゲは欧米に渡り改良された園芸品種の総称です。花色は白、赤、黄、紫など豊富で華やかなものが多く、1000品種以上もあります。ヤクシマシャクナゲは、交配親として利用されています。

▶淡紅紫色の花が咲くアズマシャクナゲ

▲紅紫色の花が咲くエンシュウシャクナゲ（ホソバシャクナゲ）

▲ハクサンシャクナゲの白い花

▲セイヨウシャクナゲ

【別　　名】──
【科/属名】ツツジ科ツツジ属
【樹　　高】1〜7m
【花　　期】4〜6月
【名前の由来】石楠花（本来はオオカナメモチを指す）を誤用して和音読みにしたものといわれています。

葉形：舟形
実形：その他

View Calendar

月	1	2	3	4	5	6	7	8	9	10	11	12
観葉	━	━	━	━	━	━	━	━	━	━	━	━
開花				━	━	━	紅紫色の花を多数つける					
果実					━	━	円柱状の実がなる	━	━			

ジャケツイバラ

つる性で鋭い刺がある

▶熟す前の豆果

花色：

シ｜シャクナゲの仲間・ジャケツイバラ

◆**特徴**◆ 東北地方以南の山野に分布する半つる性の落葉低木です。枝や葉には、鋭い刺があります。葉は羽形で、長さ20～40cmあります。小葉は長さ1～2cmの細長いタマゴ形です。表は緑ですが、裏は粉がついたように白くなります。

▼枝先にまとまって黄色の花がつく

4～6月に黄色い花が咲く

花は、上部の枝先に径2cm約1cmの黒い種子があります。の黄色の花房がまとまり、長さ20～30cmの花房をつくって咲きます。花びらは5枚ですが、そのうちの1枚に、赤い線が入ります。

豆果が枝先につく

果期は10～11月で、実は長さ10cm、幅3cmの豆果です。初めは緑ですが、熟すと褐色になり、裂けて開き、中には長さ約1cmの黒い種子があります。

刺のない仲間もある

ジャケツイバラの仲間には、豆果に褐色の短い毛が密生している（本種は毛がない）シナジャケツイバラ、枝に刺がなく淡黄色の花だが、長さ10～12cmの雄しべが濃赤色で美しいベニジャケツイバラなどがあります。

◀果実は褐色に熟して裂けて開く

【別　　名】カワラフジ
【科/属名】マメ科ジャケツイバラ属
【樹　　高】1～2m
【花　　期】4～6月
【名前の由来】全体に鋭い刺があるのでイバラ、ジャケツは不明。

葉形：羽形　実形：マメ形

View Calendar

月	1	2	3	4	5	6	7	8	9	10	11	12
観葉			■	■	■	■	■	■	■	■	■	
開花				■	■	■	花びらの1枚に赤い線が入る					
果実								■	豆果がなる	■	■	

シャリンバイ

葉先の形が変化

花色：○

【別　　名】	タチシャリンバイ、ハマモッコク、マルバシャリンバイ
【科/属名】	バラ科シャリンバイ属
【樹　　高】	1〜4m
【花　　期】	5月
【名前の由来】	花形が梅に似て枝を輪状に伸ばすのでその形から。

葉形：タマゴ形　実形：マル形

▶マル形の果実

◆特徴◆ 関東地方以南の山地や海岸にまで分布する常緑低木です。高さは1〜4m。葉はタマゴ形で、長さ4〜8cm、幅2〜4cm。縁には浅いギザギザがあり、革質で光沢があります。若枝には褐色の軟毛があり、小枝は輪状に出ます。

白色の花が咲く
開花は5月ごろで、径1〜1.5cmの白色の花が枝先にまとまってつきます。果実は径約1cmのマル形で、黒紫色に熟します。

葉の細い品種などがある
シャリンバイの仲間には、葉が細めのホソバシャリンバイのほか、近縁種との交雑種もあります。

植えつけは4月
8〜9月にもできますが、やや暖地性なので春から植えつけたほうが安全です。乾燥を嫌うので、腐葉土などを多めにすき込みます。

▲枝先に白い花がまとまってつく

シュロ

繊維はシュロ縄の原料

花色：○

【別　　名】	ワジュロ
【科/属名】	ヤシ科シュロ属
【樹　　高】	5〜10m
【花　　期】	5〜6月
【名前の由来】	中国名は棕櫚で、和音読みにしたものです。

葉形：手のひら形　実形：マル形

◆特徴◆ 中国原産で、かなり耐寒性があり、日本では関東地方以南に野生化する常緑高木です。高さは5〜10mです。葉は径50〜80cmで、手のひら形に深く裂け、葉片は線形になります。長さ約1mの葉柄があり、断面は三角形です。

黄色い花房がつく
2m以上成長すると、5〜6月に幹から黄色い花房を出します。小さい花が多数集まったもので、花後には長さ1cm前後のマユに似た形の果実がつき、熟すと青黒くなります。

シュロより小柄なトウジュロ
近縁種のトウジュロはシュロより葉柄が短く、葉がかためです。

◀開花期のトウジュロ、全体にシュロより小柄に育つ

◀5〜10mの高さになる

メモ　葉柄（ようへい）…枝と葉をつなぐ柄の部分のこと。

高原の旅愁を誘う シラカバ

花色：●

花は葉と同時に開花

4〜5月に、新芽が出るのとほぼ同時に開花します。雄花は褐色がかった黄色で小さく、多くの花が尾状に集まり、枝先からたれ下がります。

1果房に500粒

果実は多数集まり、長さ3〜4cmのマツカサ形の果房をつくり、枝からたれ下がります。1果房には多数の種子が入っており、熟すと自然にばらけて、種子は風の力で散布されます。

自然樹形が美しい

できるだけ切らないで育てますが、やむをえず切る時は枝の根元から切り、保護剤を塗ります。

◆特徴◆ 本州中部以北の、日あたりのよい山地に分布する寒地性の落葉高木です。高さは20m以上になります。幹は直上し、白くて薄い樹皮が、紙のようにはがれます。葉は先がとがったタマゴ形ですが、下辺の幅が広がり、三角形に近い形になります。

▲白い樹皮は高原の旅愁を誘う

▼樹皮

◀褐色がかった黄色の雄花が枝先からたれ下がる

【別　　名】シラカンバ
【科/属名】カバノキ科カバノキ属
【樹　　高】15〜25m
【花　　期】4〜5月
【名前の由来】樹皮が白いカバノキで、カバは古名のカニハから転訛したもの。

葉形：タマゴ形
実形：マツカサ形

View Calendar

月	1	2	3	4	5	6	7	8	9	10	11	12
観葉				●	●	●	●	●	●	●		
開花				●	●							
果実						●	●	●	●	●		

開花：多くの花が集まり枝先にたれさがる
果実：1果房に多数の種子が入る

シャリンバイ・シュロ・シラカバ

樹形の美しさに定評

シラカシ

花色：🟡🟤

【別　　名】	クロガシ
【科/属名】	ブナ科コナラ属
【樹　　高】	15〜20m
【花　　期】	5月
【名前の由来】	材質がアカガシに比べて白っぽいところから。

葉形：タマゴ形
実形：ドングリ形

◆**特徴**◆ 東北地方以南に分布する常緑高木です。高さは20m。葉は先がとがった細身のタマゴ形。長さ7〜14cm、幅2〜4cm。表面は緑で光沢があり、縁の3分の2ぐらいに鋭いギザギザがあります。

黄緑色の雄花がたれ下がる

花期は5月ごろで、黄緑色の小さな花が集まり、長さ5〜10cmぐらいの穂をつくり、枝からたれ下がります。

果実はドングリになる

開花年の秋に、長さ1〜2cmの果実ができます。枝先に多く集まり、初めは緑色ですが、熟すと薄茶のドングリになります。

▶秋にできる果実。まだ未熟果で後にドングリになる

開花と結実が同時期

シロダモ

花色：🟡

◆**特徴**◆ 東北地方以南に分布する常緑高木で、高さ10〜15mです。半日陰でも育ち、常緑広葉樹の中では寒さに強い樹木です。葉は、先がとがった細身のタマゴ形で、若葉のうちは黄褐色の絹毛がありますが、後に落ちます。

▶枝先にまとまってつく黄褐色の花
▶開花1年後に赤く熟す果実

開花1年後に結実

花期は10〜11月で、黄褐色の小さな花が枝先にまとまって開花します。結実は翌年の秋で、開花から1年がかりでマル形の果実が赤く熟します。果実は径1〜1.5cmです。雌雄異株で開花期と結実期が重なるので、雌株と雄株があれば、花と実を同時に観賞することができます。

黄色い果実の品種もある

シロダモの品種には、ヒメシロダモ、果実が黄色のキミノシロダモ、ヤナギバシロダモ（別名ホソバシロダモ）などがあります。

【別　　名】	ウラジロダモ、タデ、タモ、シロタブ、タマガラ
【科/属名】	クスノキ科シロダモ属
【樹　　高】	10〜15m
【花　　期】	10〜11月
【名前の由来】	葉の裏が白いことからシロで、ダモはタブからの変化。

葉形：タマゴ形
実形：マル形

シ

シラカシ・シロダモ・シロモジ・シロヤマブキ

シロモジ

材質は細くても強い

花色：🟡

▶生育期。3つに裂けた葉が特徴

◆特徴◆ 本州中部地方以西に分布するやや暖地性の落葉低木です。高さは4〜5mの株立ちです。葉は半ばまで切れ込みが入る手のひら形で、長さ、幅ともに7〜10cm、3葉に分かれた先はとがり、ときには切れ込みのない葉もつきます。

新芽のでる前に開花
開花は4月ごろで、黄色の小さな花が3〜5個まとまって、新芽がでる前に枝先につきます。満開時は、細い枝と黄色い花だけしかないので、株全体が黄色に飾られます。

果実は晩秋に結実
径約1cmのマル形の果実がつき、未熟果は緑ですが、10〜11月ごろに熟すと黄緑色になります。

◀黄色の小さい花が株先にまとまってつく

【別　　名】	アカジシャ
【科/属名】	クスノキ科クロモジ属
【樹　　高】	4〜5m
【花　　期】	4月
【名前の由来】	同属のクロモジに対して白文字となっています。

葉形：手のひら形
実形：マル形

シロヤマブキ

白色の4弁花が咲く

花色：○

▼1枝に1花、白い花びらが4枚ある花(ヤマブキは黄色で5枚)

◆特徴◆ 自生地が限られており、本州の中国地方だけに分布する落葉低木で、高さは1〜2mの株立ち性です。新枝は緑で、白色の軟毛がありますが、後に落ちます。葉は先がとがった舟形で、長さ4〜10cm、縁にはギザギザがあります。ヤマブキとは別属です。

花は1枝に1花
開花は4〜5月で、新しく出た側枝の先に白色の花が1個つきます。花は径3〜4cmで、広円形の花びらが4枚あり、花柄には白い軟毛があります。

4個集まって結実する
果実は長さ約1cm弱のマル形に近いタマゴ形で、4個が集まって枝先につき、晩秋には黒く熟します。

◀果実は4個が集まって枝先につく

【別　　名】	——
【科/属名】	バラ科シロヤマブキ属
【樹　　高】	1〜2m
【花　　期】	4〜5月
【名前の由来】	花がヤマブキに似ていて白い花なので白ヤマブキ。

葉形：タマゴ形
実形：タマゴ形

春の訪れを知らせる

ジンチョウゲ

花色：🔴 ⚪ 🌸

▼外側が紫紅色の一般種

◆**特徴**◆ 中国原産で、東北地方以南で栽培される常緑低木で、高さは1m程度です。葉は先がとがったタマゴ形または舟形で、長さ4〜9cm、表面は濃緑で光沢があります。開花は2〜4月で、枝先に強い芳香のある花を多数つけます。

白い花や紅色の花もある

ジンチョウゲの一般種は外が紫紅色で、内側が白色ですが、全部白色のシロバナジンチョウゲ、花の外側が淡い紅色のウスイロジンチョウゲ、葉の縁に白い斑が入るフクリンジンチョウゲなどがあります。

果実は有毒

実はマル形で、秋に赤く熟し、有毒です。日本に導入された株は、ほとんどが雄株のため、果実はできません。

▲開花したシロバナジンチョウゲ

▲葉に斑が入ったジンチョウゲ

【別　　名】	リンチョウ
【科/属名】	ジンチョウゲ科ジンチョウゲ属
【樹　　高】	1m以内
【花　　期】	2〜4月
【名前の由来】	香りを沈香（じんこう）と丁字（ちょうじ）にたとえ、合わせてジンチョウとなりました。

葉形：タマゴ形／舟形
実形：マル形

View Calendar

月	1	2	3	4	5	6	7	8	9	10	11	12
観葉	■	■	■	■	■	■	■	■	■	■	■	■
開花			■	■	花から甘い香りがただよう							
果実			■	■	実は有毒とされている							

スイカズラ

白色と黄色の花がある

花色：○

【別　　名】	キンギンカ、ニンドウ、スイバナ
【科/属名】	スイカズラ科スイカズラ属
【樹　　高】	つる性常緑低木
【花　　期】	5〜6月
【名前の由来】	花の奥の甘い蜜を吸ったところから「吸い」で、カズラはつる性を示します。

葉形：タマゴ形　実形：マル形

▼花が白から黄色に変わり混在するので金銀花の別名があるスイカズラ

◆特徴◆北海道南部以南に分布する。寒さに強いつる性半常緑低木です。よく分枝して茂り、枝は中心部の髄がなくなり中空になります。葉は先がとがった長タマゴ形で、長さ3〜7cm、幅1〜3cm。裏面に毛があり、冬は内側に巻きます。

芳香のある花が開花
開花は5〜6月です。開花当初は白色で、後に黄色味を帯びる花が、枝先の葉のわきにつき、長さ3〜4cmで細長く、先端だけが4方に開きます。果実は小さく2個ずつ並び、黒く熟します。

米国産の仲間もある
スイカズラの仲間には、白色花のハヤザキヒョウタンボク、米国産のツキヌキニンドウなど、多くの近縁種や園芸品種があります。

スイショウ

中国の湿地に生育

花色：●

【別　　名】	ミズスギ、ミズマツ
【科/属名】	スギ科スイショウ属
【樹　　高】	8〜20m
【花　　期】	3〜4月
【名前の由来】	水辺に生育し、葉が松や杉に似るところから水松です。

葉形：針形　実形：マツカサ形

◆特徴◆中国南部原産の、落葉高木です。高さは20mになり、湿地や浅い沼などに自生します。葉は変形し、若木の若枝は線形で、老木の小枝は針形になり、宿存性(脱落しない)枝には、らせん状に並ぶウロコのような葉がたくさんついた鱗片葉がつきます。

新緑が美しい庭園樹
寒さにやや弱い暖地性で、関東平野以西では庭植えできます。

花も実も緑褐色
花期は3〜4月で、雄花は小枝の先にまとまってつき、花房をつくってたれ下がります。果実はマツカサ形で直立し、皮がウロコのようにカワラ状に並び、長さ2cm、径1cm。10〜11月に熟し、中には2mmほどの種子ができます。

◀珍しく落葉する針葉樹のスイショウ。生育期の葉は美しい

シ

ジンチョウゲ・スイカズラ・スイショウ

若葉は食べられる

ズイナ

花色：○

◆特徴◆
本州の近畿南部、四国、九州に分布する日本固有の落葉低木です。高さは1～2mでよく分枝して横に広がり、若葉は食用になります。葉は先がとがった長めのタマゴ形で、長さ7～12cm。革質で、縁には不ぞろいのギザギザがあります。

小さな白い花が穂のように咲く
花期は5～6月で、枝先に白い小さな花がまとまって多数つき、長さ10～20cmの穂状になります。

紅葉の美しい種類もある
ヒイラギズイナはさらに暖地性の常緑小高木で、高さ2～3mです。コバノズイナ（ヒメリョウブ、アメリカズイナ）は北アメリカ原産で、秋の紅葉が楽しめます。

▼小花が長くまとまるズイナの花穂

▲秋の紅葉が期待できるコバノズイナ

【別　　　名】	ヨメナノキ
【科／属名】	ユキノシタ科（スグリ科）ズイナ属
【樹　　　高】	1～2m
【花　　　期】	5～6月
【名前の由来】	若葉が食べられるので嫁菜の木の別名があります。

葉形：タマゴ形
実形：その他

渡来品種が一般的

スグリ

花色：○

◆特徴◆
スグリは長野県、山梨県の山地に自生する落葉低木で、高さ1mぐらいの株立ちです。枝はよく分枝し、節には3本の鋭い刺があります。葉は3～5に浅く裂けるハート形で、長さ、幅とも2～4cm。花は3～5cmの花序につき、目立たず、果実は赤紫色です。

渡来種には多くの園芸品種がある
フサスグリ（別名アカスグリ）はヨーロッパ原産で、もっとも一般的です。セイヨウスグリ、アメリカスグリ、コマガタケスグリ、エゾスグリ、クロスグリ、トガスグリ、チシマスグリなど多くの近縁種があります。外国からの渡来種には多くの園芸品種があり、白色の果実の品種と赤色の果実の品種とがあります。

耐寒性と適応力がある
耐寒性と適応力が強く、北海道～九州まで庭で育てられます。11月～翌年3月までの落葉期に植えつけます。株立ちになるので枝幹を制限し、内部まで風通しと日あたりをよくしてやります。果実は径約5mmで赤く熟しますが、ホワイト・ベルサイユなど白色の果実をつける品種もあります。

▲もっとも一般的に栽培されるフサスグリの果実

【別　　　名】	──
【科／属名】	ユキノシタ科（スグリ科）スグリ属
【樹　　　高】	1m前後
【花　　　期】	5～6月
【名前の由来】	酢塊と書き、果実の酸味をあらわしています。

葉形：ハート形
実形：マル形

スズイナ・スグリ・スギの仲間

スギの仲間

春先の花粉症の原因

花色：

▲枝先にまとまってつく花

◆特徴◆ 本州以南の全国に分布する常緑高木です。高さは25mにもなります。一般に目にする杉林は、ほとんどが人工栽培されたもので、建築材料として広く使われます。葉は長さ約1cmの針形で、冬には葉色が赤っぽくなる針葉樹です。

スギ花粉は遠くまでとぶ

花期は3〜4月で、褐色の雄花は枝先に多数まとまってつきます。花粉はとくに小さくて軽く、風にのって遠くまでとび、花粉症の原因となっています。

多くの品種がある

スギの品種には、イカリスギ、イトスギ、エイザンスギ、エンコウスギ、キフスギ、クサリスギ、ジンダイスギ、セッカスギ、セッカンスギ（別名コガレスギ）、センボウスギなどがあります。
矮性品種としてはバンダイスギ（別名チャボスギ）、タマスギ、マンキチスギ、メジロスギ、ヤワラスギ、コンプレッサなどがあります。

▼樹高が低めのセッカスギ

▶ヨレスギの葉

【別　　名】──
【科/属名】スギ科スギ属
【樹　　高】20〜50m
【花　　期】3〜4月
【名前の由来】直立する木で、直な木からの転訛です。

葉形 針形
実形 マツカサ形

▲ヨレスギの雄花と果実　▲ヨレスギの雌花

View Calendar

月	1	2	3	4	5	6	7	8	9	10	11	12
観葉	●	●	●	●	●	●	●	●	●	●	●	●
開花			●	●	黄色の雄花から花粉が飛ぶ							
果実					褐色のマル形のマツカサがなる					●	●	●

スズカケノキ

プラタナスの名でよく知られる

花色：●

◀樹高は30m以上に

▼モミジバスズカケノキの果実

◆**特徴**◆ 西アジアからヒマラヤにかけて広く分布する、落葉高木です。高さは30m以上になります。葉は長さ、幅とも10〜20cmの手のひら形で、途中まで5〜7に裂けます。それぞれの先はとがり、縁には不ぞろいのギザギザが見られます。

花も果実もマル形
開花は4月〜5月。一般にマル形で、径3〜4cm、赤い集合花が3〜6個つき、たれ下がります。果実はそのままの形の集合果です。

緑陰樹として古くから利用
スズカケノキの仲間のアメリカスズカケノキ（セイヨウボタンノキ）は大形で、樹高40〜50m、モミジバスズカケノキ（カエデバスズカケノキ）は、アメリカスズカケノキとスズカケノキの交雑種。いずれも古くから緑陰樹として使われました。

【別　　名】	プラタナス（総称）
【科/属名】	スズカケノキ科スズカケノキ属
【樹　　高】	20〜35m
【花　　期】	4〜5月
【名前の由来】	マル形の花や果実がつながってたれ下がる形を、山伏の首にかける篠懸に見立てたもの。

葉形：手のひら形
実形：マル形

スダジイ

シイタケのほだ木に利用

花色：●（黄）

◆**特徴**◆ 東北地方以南の山地に分布する常緑高木です。高さは20m。葉は先がとがったタマゴ形で、長さ5〜15cm、幅3〜4cm。濃緑の革質で表面には光沢があり、上半分に波状のギザギザがあります。

花はアーチ状にたれ下がる
花期は5〜6月。黄色の小さい花が枝先に集まり、長さ8〜12cmの穂状の花房をつくり、アーチ状にたれ下がります。雌花の集まりは斜め上向きに伸びます。

果実はドングリ
実が熟すのは開花した翌年の秋で、長さ1〜2cmの殻に包まれていますが、成熟すると殻が割れて、中から茶色のドングリが頭を出します。生で食べられます。

呼び名が違っても同種
スダジイ、ナガジイ、ツブラジイ、イタジイ、コジイなどいろいろな呼び名や別名がありますが、区別は明確でなく、同種とするのが一般的です。

老木。幹は径1mにまでなる▼

▶黄色の花が集まって穂状になる

果実。成熟すると割れてドングリがでる▲

【別　　名】	ナガジイ、シイ
【科/属名】	ブナ科シイ属
【樹　　高】	15〜20m
【花　　期】	5〜6月
【名前の由来】	シイタケ栽培に使われる木でシイ、他の呼び名は果実や葉の形などによります。

葉形：タマゴ形
実形：ドングリ形

ス

スズカケノキ・スダジイ・スダチ・スモモ

徳島県原産のミカン

スダチ

花色：○

果実は芳香がある

香りがよい果汁のある果実は30〜50gのマル形で、上下が少しくぼみ、初めは緑色ですが、しだいに黄色に熟します。

幼果は薬味に

7月に入ったら、小さな果実や不良果を摘みとりますが、幼果はおろして薬味に利用します。10月には果皮は黄色になりますが、果汁は減ってきます。

◆特徴◆徳島県特産で、ユズに近縁の果木です。比較的耐寒性があり、マイナス5℃まで耐えます。常緑小高木で、高さは5〜6mです。枝は細く、多くの刺があります。葉は小型の舟形です。5月に、花びら5枚の白色の花が開花します。

▼花びら5枚の花

▼幼果から利用できる芳香のある果実

【別　　名】──
【科/属名】ミカン科ミカン属
【樹　　高】5〜6m
【花　　期】5月
【名前の由来】酢橘(すたちばな)が転じてスダチです。

葉形：舟形　実形：マル形

果実は生食やジャムに

スモモ

花色：○

◆特徴◆東北地方以南に分布する落葉小高木です。高さは7〜8m。寒さや暑さに強いのですが、早春の開花期に霜にあたると結実できないので、庭植えは限られます。葉は先がとがったタマゴ形で、長さ5〜14cm、幅3〜5cmです。

葉より先に花がつく

開花期は3月下旬〜4月上旬で、葉が出る前に咲きます。花は径約1〜2cmの白い花です。果実は径約4〜5cmのタマゴ形で、赤や黄色に熟す品種があります。

日本産は東アジア系に属す

東アジア系、欧亜系、北アメリカ系の3系統があり、日本産は東アジア系に属します。

【別　　名】──
【科/属名】バラ科サクラ属
【樹　　高】7〜8m
【花　　期】3〜4月
【名前の由来】酢桃(すもも)で酸味の強いモモです。

葉形：タマゴ形　実形：タマゴ形

▲スモモの未熟果

▶葉に先立ち白い花が枝にまとまってつく

果実は果実酒に

ズミ

花色：○

◆**特徴**◆ 日本全国の山地に分布する、落葉小高木です。枝はよく分枝して横に広がり、短枝は刺状になります。葉は長めのタマゴ形で、長枝の葉は先がとがり、3〜5に切れ込みます。縁にはギザギザがあり、葉柄には白い毛があります。

白い花と赤い実がつく

開花は5〜6月で、短枝の先に径2〜4cmの白い花を4〜8個まとめてつけます。果実は径1cm以内のマル形で、9〜10月に赤く熟します。黄色に熟すキミズミもあります。

成熟させて果実酒に

生食には向かないので、砂糖漬けにするか果実酒にして、3カ月以上熟成させます。

▲黄色く熟したキミズミ

【別　　名】	コリンゴ、コナシ、ミツバカイドウ
【科/属名】	バラ科リンゴ属
【樹　　高】	5〜6m
【花　　期】	4〜5月
【名前の由来】	樹皮から黄色の染料をとったので染みといわれ、その転訛です。

葉形：タマゴ形
実形：マル形

▲短枝の先に4〜8個まとめてつく白い花

▶赤く熟した果実

View Calendar

月	1	2	3	4	5	6	7	8	9	10	11	12
観葉												
開花				枝先に白い花がまとまって咲く								
果実				実は果実酒に使える								

ス

ズミ・セイヨウニンジンボク・セイヨウネズ

樹形と花を観賞

セイヨウニンジンボク

花色：○●

◆**特徴**◆ヨーロッパ南部原産の落葉低木です。高さは1～3m。株全体に特有の香りがあります。葉は手のひら形で、小葉は5～7枚あり、細身の舟形で長さ5～10cm、裏面には短毛が密生し、灰白色になります。

紫色や白色の小さな花が咲く

開花期は7～9月。枝先に紫色の小花が集まり、長さ15cmぐらいの花房をつくります。白色花の品種もあります。

寒さに強く庭植えできる

日あたりと水はけのよい肥沃地を好むので、植え穴に腐葉土などを多めにすき込んでおき、やや高めに植えつけます。

▲紫色の花がまとまって立ち上がる

【別　　　名】──
【科／属名】クマツヅラ科ハマゴウ属
【樹　　　高】1～3m
【花　　　期】7～9月
【名前の由来】葉がチョウセンニンジンに似ており、西洋から渡来した木なのでこの名がつきました。

葉形 手のひら形
実形 マル形

園芸品種が多い

セイヨウネズ

花色：●●

◆**特徴**◆ヨーロッパ、北アメリカ、北アジアなどに広く分布する、寒さに強い常緑低～小高木です。高さは50cmから10mまで幅があります。葉は1～2cmで、先がとがった針形～線形です。花は黄か緑、果実はマル形で径6～8mm。芳香があります。

園芸品種もある

日本に分布するセイヨウネズの近縁種には、寒地性のミヤマネズ、リシリビャクシン（別名ミヤマトショウ）、北海道から九州まで分布するハイネズなどがあります。ガーデニングなどに使われるセイヨウネズの園芸品種には、這性のホルニブルーキー、直立性のコンプレッサやスエシカなどがあります。

▲黄金葉の園芸品種・ゴールド・コーン

【別　　　名】セイヨウビャクシン、ヨウシュネズ
【科／属名】ヒノキ科ビャクシン属
【樹　　　高】50cm～10m
【花　　　期】4月
【名前の由来】ネズミの侵入を防ぐために使うネズミサシぐらい、枝葉が密生するところから。ネズはネズミサシの略。

葉形 針形
実形 マル形

冷涼地を好む
セイヨウバクチノキ

花色：○

◆**特徴**◆ 東南ヨーロッパ、アジア西部原産の常緑小高木です。高さは2～6m。冷涼な気候を好み、日本の暖地では病害を受けやすいなど、育てにくくなります。葉は細みのタマゴ形で、長さ10cm前後あります。暗緑色で光沢があり、厚い革質です。

白色の花には芳香がある
花期は4月です。白色の花が前年枝の枝先にまとまって開花し、芳香があります。果実は初夏に赤～黒紫色に熟し、径1cmのマル形です。

花つきのよい品種もある
セイヨウバクチノキの品種には、花つきのよいオットー・ライケン、エトナ、グリーンマーブル、ゼベリアナなどがあります。

【別　　名】	――
【科/属名】	バラ科サクラ属
【樹　　高】	2～6m
【花　　期】	4月
【名前の由来】	日本のバクチノキに似ていることに由来します。

葉形：タマゴ形　実形：マル形

▼花つきがよい'オットー・ライケン'

葉は大きく波打つ
セイヨウヒイラギ

花色：○

◆**特徴**◆ 西アジアからヨーロッパ南部、アフリカ北部にわたって広く分布する常緑高木です。高さ6～10m。葉は先がとがったタマゴ形で光沢があり、若木の葉は縁が大きく波打ちますが、成木になると枝先の葉は普通の葉に近くなります。

白い花と赤く熟す果実
花期は5～6月です。香りがよい白色の小さい花がまとまって花房をつくります。果実はマル形で、11月には赤く熟します。

斑入りの品種もある
セイヨウヒイラギの品種には、葉に黄色の斑が入るゴールデン・キング、他にアラスカ、バッキフラウァ、フェロクス、アルゲンテアなどがあります。

【別　　名】	ヒイラギモチ、イングリッシュ・ホーリー
【科/属名】	モチノキ科モチノキ属
【樹　　高】	6～10m
【花　　期】	5～6月
【名前の由来】	ヨーロッパにあるヒイラギという意味です。

葉形：タマゴ形　実形：マル形

▼11月に真っ赤に熟した果実

▲雌花。前年枝の葉のわきにつく

セイヨウミザクラ

一般にはサクランボの名で知られる

花色：○

◆特徴　西アジア原産で山形、福島、長野県などが良果の栽培地です。やや寒地性の落葉高木で、高さは10～15mです。葉は先がとがったタマゴ形で、縁はギザギザがあります。果実は『サクランボ』の名で、一般によく知られています。

花はカップ状に開花する

花期は4月です。径2.5cmでカップ状の花が、枝先に多数まとまります。果実は径2～3cmのマル形で、赤く熟します。

多くは受粉樹が必要

ナポレオン、サトウニシキ、タカサゴなどの品種がありますが、1品種だけでは実がならないものが多いので、2品種以上を混植します。

果実は雨にあてない

果期と梅雨期が重なり、果実に直接雨があたると裂果などの障害を起こすので、一般の庭植えでは雨よけが必要です。3m以内に仕立て、上にビニールを張るなどします。

▼白色の花が枝先に多数咲いた'ナポレオン'

▼結実した'ナポレオン'

▼赤く熟した'サトウニシキ'の果実。この時期は雨にあてない

▼ハウス内で開花した'サトウニシキ'の花

▲ハウス内で開花期を迎えた'タカサゴ'

【別　　名】	サクランボ、オウトウ
【科/属名】	バラ科サクラ属
【樹　　高】	10～15m
【花　　期】	4月
【名前の由来】	西洋から渡来した実が食用になるサクラです。

葉形：タマゴ形
実形：マル形

View Calendar

月	1	2	3	4	5	6	7	8	9	10	11	12
観葉			━━━━━━━━━━━━━━━━━━━━━━━━━━━━━━━━									
開花				カップ状の花が枝先に咲く								
果実						マル形の果実が赤く熟す						

メモ　烈果…熟す前の実が割れてしまうこと。

セ　セイヨウバクチノキ・セイヨウヒイラギ・セイヨウミザクラ

セイヨウリンゴ

良果は冷涼地で栽培

花色：○ ●

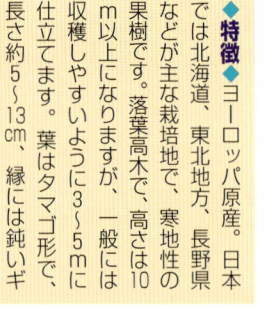

◆特徴◆ ヨーロッパ原産。日本では北海道、東北地方、長野県などが主な栽培地で、寒地性の果樹です。落葉高木で、高さは10m以上になりますが、一般には収穫しやすいように3〜5mに仕立てます。葉はタマゴ形で、長さ約5〜13cm、縁には鈍いギザギザがあります。

▲大果になる'陸奥'の果実

▼薄桃色の津軽の花

花は観賞、果実は賞味

花期は4〜5月で、白色または淡紅色の花が枝先に数個ずつまとまって開花します。花径は3〜4cmで、観賞価値があります。

大果種は明治時代から

中国から渡来した小さな実の和リンゴが、江戸時代からつくられていましたが、現在のような大果種は、明治に入って改良品種がヨーロッパから渡来してからです。日本でもその後、気候風土に合った多くの改良品種がつくられ、いまでは早生種から晩生種まであります。

ヒメリンゴは雑種起源

近縁のヒメリンゴの実は径2〜2.5cmで小さく、主に観賞用の鉢植えや盆栽に利用されます。ズミとマルス・プミラとの雑種と推定されています。

受粉樹が必要

リンゴは、一品種では実が成りません。受粉樹が必要です。花が同時期に開花する別品種が必要なので、産地では混植しています。

▲赤く熟した'陽光'の果実。

▲細い果柄でたれ下がるヒメリンゴの果実

【別　　名】リンゴ
【科/属名】バラ科リンゴ属
【樹　　高】3〜10m以上
【花　　期】4〜5月
【名前の由来】中国名は林檎で、和音読みに転訛されました。

葉形：タマゴ形
実形：マル形

View Calendar

月	1	2	3	4	5	6	7	8	9	10	11	12
観葉			■	■	■	■	■	■	■	■		
開花				■	■		花は美しく鑑賞価値が高い					
果実							寒い地域でよい実がなる			■	■	

センダン

黄褐色の果実が連なる

花色：○

▲淡い紫色の花が咲く

花は淡紫色

花期は5〜6月で、本年枝の葉のわきから淡紫色の花がつきます。花びらは5枚で、まとまった花が長さ10〜15cmの花房をつくります。

果実は黄褐色に熟す

果実は長さ1.5〜2cmのタマゴ形で、10〜12月に枝先に多数つき、熟すと黄褐色になり、落葉後も残ります。

◆特徴◆ 四国、九州以南の海岸近くに分布する、暖地性の落葉高木です。高さは7〜15mです。本州伊豆半島南部にも自生しているという説があります。葉は羽形で、小葉は長さ3〜6cm、幅2・5cmの先がとがったタマゴ形です。

【別　　名】オウチ
【科/属名】センダン科センダン属
【樹　　高】7〜15m
【花　　期】5〜6月
【名前の由来】果実のつき方が数珠のように見えるところから千珠。この転訛です。

葉形：羽形
実形：タマゴ形

センリョウ

正月飾りに人気

花色：●（黄）

▲数珠を連ねたようにつく果実

◆特徴◆ 東海地方以南に分布する暖地性の常緑低木です。高さ50〜80cmで、株立ちになります。葉は先がとがった長めのタマゴ形で、長さ10〜15cm、幅4〜6cmで、縁には波状のギザギザがあり、表面には光沢があります。

花は目立たず、果実が赤く熟す

花期は6〜7月で、黄色の目立たない小さな花ですが、枝先にまとまってつきます。果実はマル形で、径5mm〜1cm弱。熟すと赤くなります。

日光の調節が大切

半日陰を好み、直射日光が強くあたると葉焼けを起こし、暗すぎると実つきが悪くなります。果実が黄色く熟すキミノセンリョウがあります。

▼黄色く熟した果実がつくキミノセンリョウ

▲小さな実は熟すと赤くなる

【別　　名】──
【科/属名】センリョウ科センリョウ属
【樹　　高】50〜80cm
【花　　期】6〜7月
【名前の由来】美しい果実は千両の観賞価値があるとたとえられたためです。また、マンリョウと比較してつけられたともいわれています。

葉形：タマゴ形
実形：マル形

ソテツ

暖地性で潮風に強い

花色：●

▲太い幹の先端から葉が広がり、中心についた雌花

◆特徴◆ 九州南部以南の海岸などに分布する常緑低木で、高さ2〜5mです。幹には年輪がなく、表皮は葉柄の基部が残り、うろこ状になります。葉は幹の上部で四方に伸びる羽形で、50cm〜1.5mあり、小葉は約8〜20cmの線形です。

花は黄褐色

花期は7〜8月。雌雄異株で、花は幹の先端につき、雄花は小さな花が集まって長さ40〜60cmの砲弾状の花房をつくります。雌花は長さ20cmの半球形の花房になり、褐色の腺毛が密生します。

日本には一種自生

園芸植物としての価値が高く、国際的な保護の対象となっています。

【別　　名】	——
【科/属名】	ソテツ科ソテツ属
【樹　　高】	2〜5m
【花　　期】	7〜8月
【名前の由来】	中国名は蘇鉄（そてつ）で、和音読みにしたものです。

葉形：羽形
実形：タマゴ形

ソヨゴ

サカキの代用で神事に

花色：○

◆特徴◆ 関東以西の山地に分布する、やや暖地性の常緑小高木です。高さは3〜7m。若枝は淡緑色で短毛がありますが、後に消えます。葉は先がとがったタマゴ形で、長さ4〜8cm、幅2〜3cm。縁は波うちます。

花は白く、果実は赤く熟す

花期は6〜7月で、本年枝の葉のわきから長い花柄をのばし、その先に小さい白い花を3〜8個まとまってつけます。果実は径約8mmで、10〜11月に赤く熟します。

神事にも使われる

庭木として利用されるほか、地方の一部ではサカキの代用として神事に使います。材質は緻密で白く、器具材として利用されます。

▲葉のわきに数花まとまってつく

【別　　名】	フクラシバ
【科/属名】	モチノキ科モチノキ属
【樹　　高】	3〜7m
【花　　期】	6〜7月
【名前の由来】	葉が風にゆられて音を立てる「そよぐ」からの転訛（てんか）です。

葉形：タマゴ形
実形：マル形

▶赤く熟した果実

ソ

ソテツ・ソゴヨ・ダイオウショウ・タイサンボク

長い葉が独特の風格

ダイオウショウ

花色：●●

◆特徴◆ 北アメリカ東南部原産で、日本では葉の美しい庭園樹として栽培されている。高さ30〜40mになる常緑高木です。葉はマツ類でも特に長く、30〜40cmになる針形で、枝先にまとまり、しなやかに四方に広がります。

4月頃花がつく
長い枝の先端から伸びる新梢に花がつきます。花はマツカサをごく小さくしたような形です。

果実は2〜3年後成熟
果実はマル形〜タマゴ形で、開花2〜3年後に成熟します。長さ15〜25cmで木質化し、大型のマツボックリになります。マツカサは美しく、インテリアにも使えます。

▼新梢の先につく雌花

▶葉はやわらかく3本ずつ束生する

【別　　　名】	ダイオウマツ
【科/属名】	マツ科マツ属
【樹　　　高】	30〜40m
【花　　　期】	4〜5月
【名前の由来】	中国名は大王松で、和音読みにしたものです。

葉形：針形　実形：マツカサ形

芳香を放つ美しい花

タイサンボク

花色：○

◆特徴◆ 北米中南部に分布する常緑高木です。高さは20〜30m。葉は長いタマゴ形で、長さ10〜25cm、幅4〜10cmです。厚い革質で、表面には光沢があり、裏面には褐色の毛が密生しています。葉柄は、長さ2〜3cm。

芳香がある白い花
花期は6〜7月。タイサンボクの魅力は、花にあります。径15〜25cmの巨大な白い花は見応えがあり、芳香を放ちます。

果実は大きな集合果
果実は、袋果が集まった大きな集合果です。10〜11月に熟し、長さ8〜12cmで、各袋果には赤い種子が0〜2個入っています。

▼芳香があり、魅力ある花

【別　　　名】	ハクレンボク
【科/属名】	モクレン科モクレン属
【樹　　　高】	20〜30m
【花　　　期】	6〜7月
【名前の由来】	大きい花や葉を賞賛して名づけられたといわれています。

葉形：タマゴ形　実形：その他

メモ 束生（そくせい）…花や葉などが1カ所に束になってつく状態。

果実は代々続く

ダイダイ

花色：○

◆特徴◆
中国原産で、ミカンの仲間では、もっとも古く日本に渡来した種類といわれ、各地で栽培されています。庭植で越冬できます。関東南部以南なら、庭植で越冬できます。常緑小高木で、高さ3〜7mです。5〜6月ごろ白色の花が咲き、翌年の4〜5月に熟し、熟しても落下しないのが特徴です。

果実は新旧が同時に結実

寒さや乾燥、高温や多湿に強く、害虫の心配がほとんどない丈夫な樹木です。果実は放置しておけば、3代の果実が見られます。

寒地では鉢植え

赤玉土小粒6、腐葉土3、川砂1の混合土を使い、3〜4月に市販苗を入手したらすぐに植えつけて水やりします。冬季は、室内で保護します。

内部まで日にあてる

枝張りの内部まで日にあたらないと、よい枝やよい実はつきません。込み合うような枝は根元から間引いて、日あたりと風通しをよくします。

▼未熟果。年末から翌年3月までかかって成熟する

◀めずらしいシマダイダイの果実。この品種は葉にも黄色の斑が入る

▲黄色の実。放置すれば次の代の果実も同時に見られる

【別　　名】	カブス
【科/属名】	ミカン科ミカン属
【樹　　高】	3〜7m
【花　　期】	5〜6月
【名前の由来】	果実が落下せず、代々続くことから名づけられました。

葉形：タマゴ形
実形：マル形

View Calendar

月	1	2	3	4	5	6	7	8	9	10	11	12
観葉	━	━	━	━	━	━	━	━	━	━	━	━
開花					白色の花が咲く							
果実				放置しておけば3代の果実が見られる								

タイワンフウ

関東以南に適する暖地性

花色：■■

▲葉は手のひら形に浅く3裂する

【別　　名】	フウ
【科/属名】	マンサク科フウ属
【樹　　高】	20〜40m
【花　　期】	4月
【名前の由来】	中国名が楓で、これの和音読みです。

葉形：手のひら形　実形：マル形

◆**特徴**◆中国南部や台湾が原産で、日本には江戸時代に渡来した暖地性の落葉高木です。高さは一般に20〜25mですが、40mに達するものもあります。葉は手のひら形に浅く3裂し、長さ12〜22cm、幅7〜16cmで、秋には紅葉します。

花は葉と同時につく

花期は4月ごろで、葉がでるのと同時に開花します。雌花は丸くまとまって、1個が下向きにつきます。雄花は、細長い穂のようにつきます。

果実は集合果

小さな果実が多数集まる集合果で、径2．5〜3cmのマル形になります。はじめは緑ですが、褐色に熟し、落葉後も枝に残ります。

近縁種にはモミジバフウがある

タイワンフウの近縁種に、北アメリカ〜中央アメリカ原産のモミジバフウがあります。

タカネバラ

高山〜亜高山に分布

花色：■

【別　　名】	タカネイバラ
【科/属名】	バラ科バラ属
【樹　　高】	1〜2m
【花　　期】	6〜7月
【名前の由来】	高山にあるバラでタカネバラです。

葉形：羽形　実形：マル形

◆**特徴**◆本州、四国の亜高山帯〜高山帯に分布する、日本固有の落葉低木です。高さは1〜2m。葉は長さ6〜10cmの羽形で、ひとつひとつの葉は1〜3cmのタマゴ形。縁には鋭いギザギザがあり、表面は緑で裏面は白色をおびています。枝や花柄には大小の細い刺があります。

淡い紅色の美花が咲く

開花期は6〜7月で、枝先に径4〜5cmの淡紅色の花を1〜2個つけます。花びらは5枚で、多くは花柄に毛があります。果実は8〜9月に赤く熟し、洋ナシに似た長さ約1．5cmです。

タカネバラによく似たオオタカネバラ（オオタカネイバラ）

オオタカネバラ（オオタカネイバラ）は、北海道〜中部地方北部に分布し、タカネバラによく似ていますが小葉がやや大きく先が鋭くとがり、ギザギザが粗いので区別され、花も果実も大きくなります。

◀寒地性で、葉、花、果実とも大きいオオタカネバラ

▲枝先に淡紅色の花を1〜2個つける

タギョウショウ

株立ちになるアカマツ

花色：🔴🟡

▶株立ちで低木に仕立てられたタギョウショウ

◆**特徴**◆ アカマツの園芸品種のひとつで、分枝が多く、横に広がり、低木に仕立てられます。アカマツと同様に葉は細く、ややわらかで、明るい緑色です。雄花は淡黄色で小さな花が新梢の基部にまとまり、穂状の花房をつくって立ち上がり、雌花は赤く1個つきます。果実はマツカサ形で、鱗片（ウロコ）はクロマツより薄くなります。つぎ木で増殖されます。

黄白色の斑入り種もある

タギョウショウの仲間として、黄白色の斑が入るものに、ジャノメタギョウショウがあります。

庭植えでは枝透かしが欠かせない

タギョウショウは、春の芽吹きが盛んで、枝が過密になるため、枝透かし（せん定）が必要です。管理を忘れると、病虫害にやられることがあります。

【別　　名】	―
【科/属名】	マツ科マツ属
【樹　　高】	2〜8m
【花　　期】	4月
【名前の由来】	多行松で、株立ち状に多くの幹が立つことからつけられました。

葉形：針形
実形：マツカサ形

ダケカンバ

シラカバより高地性

花色：🟤🟢

◆**特徴**◆ 北海道〜本州・四国の亜高山帯〜高山帯に分布する落葉高木です。高さは10〜20mですが、多雪地帯などでは低木状になります。葉は三角状のタマゴ形で長さ5〜10cm、幅3〜7cmで先は鋭くとがり、縁には不ぞろいのギザギザがあります。

果実は上向きにつく

秋に熟す果実は長さ2〜4cm、長めのタマゴ状のマツカサ形で色は褐色。上向きにつきます。

花と葉はいっしょに出る

開花期は5〜6月で、花と葉は同時に展開します。雄花は黄褐色をした穂状で長さ5〜7cmになり、枝先からたれ下がります。雌花は、小型の緑色で、直立します。

【別　　名】	ソウシカンバ
【科/属名】	カバノキ科カバノキ属
【樹　　高】	10〜20m
【花　　期】	5〜6月
【名前の由来】	高地に自生するので岳のついた樺の木です。

葉形：タマゴ形
実形：マツカサ形

◀生育期。樹皮はシラカバのように薄くはがれる

タギョウショウ・ダケカンバ・タコノキ

南の島の海岸に分布

タコノキ

花色：●

▶未熟果。まだ緑色が強い

◆特徴◆ 小笠原の特産で、海岸や海岸近くに自生する常緑小高木です。高さは3〜12mになり、幹の途中から太い根を出します。葉は長さ1〜2m、幅8〜10cmで、幹の上部から四方に広がり、縁にはギザギザがあります。寒さに弱く温室で管理します。

花は黄色で果実は赤褐色

開花期は6〜8月。黄色い小さな花が集まって花房をつくります。果実は100個ぐらいの小さな果実が集まる集合果で、最初緑色ですが、熟すと黄赤色になり、完熟するとばらけて落ちます。

奄美や沖縄に分布する近縁種

タコノキの近縁種のアダンは奄美や沖縄などに分布し、高さ3〜6mです。オオタコノキは高木で、樹高30mにまでなります。ヒメタコノキは小型種で樹高30〜60cm。花は上部から直立します。

他に葉が細いイトバタコノキ、葉に黄色の斑が入るサンデリ、大型種のビヨウタコノキ、葉に白色の斑が入るフイリタコノキなどがあります。

▲完熟果。完熟するとばらけて落ちる

▶アダンの葉と果実

▼葉に白色の斑が入るシマタコノキ（パンダヌス・ビーチ）

◀幹の途中から出る根

【別　　名】オガサワラタコノキ
【科/属名】タコノキ科タコノキ属
【樹　　高】3〜12m
【花　　期】6〜8月
【名前の由来】気根を多く出し、その樹形がタコの8本足を連想させるところから。

葉形：舟形
実形：マル形

View Calendar

月	1	2	3	4	5	6	7	8	9	10	11	12
観葉	■	■	■	■	■	■	■	■	■	■	■	■
開花						黄色の小花が多数集まる						
果実						緑の果実は熟すと黄赤色になる						

香りのよい花と果実

タチバナ
花色：○

◆**特徴**◆ 本州中部以西に分布する常緑低木です。高さ2〜6m。葉は長いタマゴ形で先がとがり、長さ3〜10cm、幅2〜4cmです。花期は5〜6月で、径2cmの香りのよい白色の花が枝先や葉のわきにつきます。

果実は食用に不適

果実はミカンと同形で、底にくぼみがあるマル形です。径2〜3cmの黄色い実が10〜12月に熟しますが、苦みと酸味が強く、食用には不向きです。

右近の橘

紫宸殿の右近の橘は有名ですが、神聖な樹木として、古くから神社や仏閣の境内に植えられました。観賞用として鉢植えすることもあります。

▲年末にはミカンを小形にした果実ができる

【別　　　名】	ニッポンタチバナ
【科/属名】	ミカン科ミカン属
【樹　　　高】	2〜6m
【花　　　期】	5〜6月
【名前の由来】	漢名は橘で、和音読みにしたもの。花が上を向いて立つので立花の説などがあります。

葉形：タマゴ形
実形：マル形

分布の広い常緑樹

タブノキ
花色：○

◆**特徴**◆ 北海道を除く日本全国に分布し、海岸沿いに多い常緑高木です。高さ15〜20m。葉は先のほうが広いタマゴ形で先がとがり、長さ8〜15cm、幅3〜7cm。革質で表面には光沢があり、枝先に多くつきます。

花と葉は同時に出る

花期は4〜6月。枝先に新葉と黄緑色の小さな花がまとまって咲きます。7〜8月に径約1cmのマル形の果実がつき、熟すと黒紫色になります。

珍重されるタマグス

タブノキの仲間のタマグスは、材質はクスノキに似ていますが、芳香はありません。老木は木目に特徴があり、珍重されます。

▲小さな花が円錐状に多数つく

【別　　　名】	タブ、イヌグス
【科/属名】	クスノキ科タブノキ属
【樹　　　高】	15〜20m
【花　　　期】	4〜6月
【名前の由来】	朝鮮語の丸木舟をつくる木からの転訛とされています。

葉形：タマゴ形
実形：マル形

タチバナ・タブノキ・タニウツギ

タニウツギ

花色は白、紅、黄

花色：
●○●●（白・黄・紅）

◆**特徴**◆ 北海道と本州の山地に分布する落葉低木で、高さ2〜5mです。葉は先がとがったタマゴ形で、長さ4〜10cm、幅2〜6cm、縁には細かいギザギザがあります。花期は5〜6月で、枝先に紅色の花を2〜3個ずつつけます。

▲山地の日あたりのよい所ではふつうに見られる

花色が変化する仲間が多い

ニシキウツギは、宮城県以南、四国、九州にまで分布し、花色は白から紅に変化していきます。ハコネウツギは本州中部の太平洋沿岸に分布し、花は白〜紅に変化します。ヤブウツギは、東京以西の本州、四国に分布し、花は濃紅色〜暗紅色です。他にツクシヤブウツギ、ウコンウツギ、キバナウツギなどがあります。

果実は翌春まで残る

結実は10月ごろで、長さ1〜2cm、直径数mmの円筒形。熟すと上部が裂けて種子を出し、翌年の芽吹きのころまで残ります。

▲花色が白〜紅に変わるニシキウツギ

▼暗紅色のヤブウツギ

【別　　名】──
【科/属名】スイカズラ科タニウツギ属
【樹　　高】2〜5m
【花　　期】5〜6月
【名前の由来】谷間に多く自生しているので谷のウツギです。

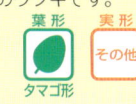

葉形：タマゴ形
実形：その他

▲花色が白〜桃〜紅にかわるハコネウツギ

View Calendar

月	1	2	3	4	5	6	7	8	9	10	11	12
観　葉			━	━	━	━	━	━	━	━	━	
開　花					紅白の花色が美しい							
果　実					実は熟すと裂ける							

両性花の紫色がはえる
タマアジサイ

花色：🟣 ○

◆**特徴**◆ 東北地方以西の山地の谷間や沢沿いに分布する、落葉低木です。高さ1～2m。葉は先がとがった長めのタマゴ形で、長さ10～25cm、幅4～10cm。縁には細かいギザギザがあり、両面にはかたい毛があります。

花は紫色をおびる
中心の両性花は紫色、まわりの装飾花（花びら状）は白色～淡紫色で枝先にまとまり、径10～15cmの花房をつくります。装飾花の萼片は3～5個です。

果実はサヤ形で小さい
果実は径約3mmで、さく果です。先端に花柱のあとが残り、9～10月に褐色に熟すと裂けて開き、小さな種子を出します。

▶両性花が紫色になる　▶つぼみ

【別　　名】	——
【科/属名】	ユキノシタ科アジサイ属
【樹　　高】	1～2m
【花　　期】	7～9月
【名前の由来】	開花前の花は総苞（そうほう）に包まれていて丸い玉のように見えるところから。

葉形：タマゴ形　実形：その他

▼葉に先立って白い花が咲く

コブシに似た細い葉
タムシバ

花色：○

◆**特徴**◆ 北海道を除く日本全国の山地に分布する落葉高木です。高さは3～10m。葉は先がとがった舟形で、長さ6～12cm、幅2～5cm。明るい緑で、裏面には細かい毛があって白色をおび、もむと強い香りがあります。

花には芳香がある
開花期は4～5月。径10cm、花びら6枚の白色の花が咲き、よい香りがします。果実は袋果が集まった集合果で、10月ごろ熟すと割れて、赤い種子が出ます。

コブシとの交雑種'ワダズメモリー'
'ワダズメモリー'はコブシとの交雑種で、和田弘一郎氏の名前に由来して名づけられました。花つきや香りがよい品種です。

▶果実が熟すと背面が割れて赤い種子が出る

【別　　名】	サトウシバ、カムシバ、ニオイコブシ
【科/属名】	モクレン科モクレン属
【樹　　高】	3～10m
【花　　期】	4～5月
【名前の由来】	葉に甘味があり、噛むし葉の転訛です。

葉形：舟形　実形：その他

メモ 両性花…雄しべと雌しべをそなえた花のこと。

タラノメのもと

タラノキ

花色：●

◆**特徴**◆ 日本全国の山地に分布する落葉低〜高木です。高さ2〜10m。葉は大型の羽形で、枝先に多く集まってつき、小葉は長さ5〜12cmの先がとがったタマゴ形。縁にはギザギザがあります。

小さな花がまとまってつく
花期は8〜9月。幹の先端に淡緑白色の小型の花が多くまとまり、径30〜50cmの大きな花房をつくります。花は花びらが5枚で、径約3mmです。

果実はマル形で小さい
実は9〜10月に熟します。径約3mmのマル形をしており、熟すと黒くなります。

タラの芽は山菜
若芽はタラの芽と呼ばれ、山菜として人気があります。芽が伸びるたびに摘まれ、天ぷら、和え物などに利用されます。また、樹皮は薬用にされます。

【別　　名】	タランボ
【科/属名】	ウコギ科タラノキ属
【樹　　高】	2〜10m
【花　　期】	8〜9月
【名前の由来】	朝鮮語からの転訛といわれますが、はっきりしません。

葉形：羽形　実形：マル形

▼花が終わると赤茶色の小さな果実ができる

◀山菜として珍重されるタラノメ

樹皮から鳥もちがとれる

タラヨウ

花色：●

◆**特徴**◆ 静岡県以南の山地に分布する暖地性の常緑高木です。高さ10〜30m。葉は先がとがったタマゴ形で、長さ10〜17cm、幅4〜7cm。表面は革質で光沢があり、縁には鋭いギザギザがあります。ライターの炎などで葉をあぶると、その周囲に死環という黒い輪ができます。

黄緑の花と赤く熟す果実
花期は5〜6月。黄緑色の小さな花が多数集まって丸い花房をつくります。雌株につく果実は径約8mmのマル形で、11月に熟して赤くなります。

寺院によく植えられる
庭木としても利用されますが、仏縁があるとされ、寺院によく植えられます。

【別　　名】	モンツキシバ
【科/属名】	モチノキ科モチノキ属
【樹　　高】	10〜30m
【花　　期】	5〜6月
【名前の由来】	葉に傷をつけると黒くなり、葉に経文を書いた多羅樹にたとえて多羅葉

葉形：タマゴ形　実形：マル形

▼黄緑色の小さな花が枝先にまとまる

▲まだ緑色の果実

タ
タマアジサイ・タムシバ・タラノキ・タラヨウ

ダンコウバイ

早春の黄色を観賞

花色：🟡

▶早春の枝先を飾る黄色い花

◆特徴◆

関東地方以西に分布する落葉小高木です。高さ2～6m。幹は株立ちになり、広いタマゴ形の樹形をつくります。葉は広めのタマゴ形で、多くは先が3裂し、長さ5～15cmですが、先が裂けないでとがる葉も混じります。

黄色い小さな花がまとまってつく

花期は3～4月。黄色い小さな花が数花ずつまとまり、枝先につきます。花びらは6枚あり、長さは2～3cmあります。

果実はマル形で小型

結実は9～10月。径約8mmの丸い果実がつきます。初めは赤色ですが、熟すと黒紫色に変色し、中に褐色の種子ができます。

花と実を観賞

葉に先立ってつく黄色い花は枝を飾り、高い観賞価値があります。果実も、小さいのですが十分観賞できます。木として植えるときは、株立ちする枝幹の数を制限して、小柄に仕立てます。花芽は前年の秋にできるので、枝を切るときは注意します。

▲小さな花がまとまってつく

◀先が3裂するダンコウバイの葉

▲マル形の未熟果。秋には赤色～黒紫色に色づく

【別　　　名】	ウコンバナ、シロヂシャ
【科/属名】	クスノキ科クロモジ属
【樹　　　高】	2～6m
【花　　　期】	3～4月
【名前の由来】	ロウバイの一種で、トウロウバイの漢名を転用したことによります。

葉形：タマゴ形
実形：マル形

View Calendar

月	1	2	3	4	5	6	7	8	9	10	11	12
観葉				■	■	■	■	■	■	■	■	
開花			■	■									黄色の花がまとまって枝先につく
果実									■	■	■		赤色の果実が熟すと黒紫色になる

チャノキ

日常に密着した日本茶

花色：○

▲秋に開花する白色の花

◀花後にできる果実。熟すと3つに裂けて種子が出る

【別　　名】	チャ
【科/属名】	ツバキ科ツバキ属（チャノキ属）
【樹　　高】	2〜3m
【花　　期】	10〜11月
【名前の由来】	中国名が茶で、和音読みにしたものです。

葉形：タマゴ形　実形：マル形

白い花と茶色に熟す果実

花期は10〜11月。枝先や葉のわきに径2〜3cmの白い花が、下向きに咲きます。果実は径1〜2cmのマル形で、熟すと茶色になり、3裂します。

奈良時代に渡来

日本には、中国から奈良時代に渡来しました。当初は薬用でしたが、鎌倉時代から栽培されるようになり、飲用の習慣が広がりはじめ、各地に銘茶の産地が生まれました。

◆特徴◆中国南西部原産で、やや暖地性です。銘茶の産地は関東地方以南に多くなっています。株立ちになる常緑低木で、高さは3mぐらいになりますが、栽培時は1m以内に仕立てられます。葉はタマゴ形で、長さ5〜9cm、幅2〜4cm。縁には細かいギザギザがあります。

チョウセンゴミシ

乾燥した果実は漢方薬

花色：○

▲つるを伸ばして生育する

◀果実酒にすると美味になる果実

【別　　名】	ゴミシ
【科/属名】	マツブサ科（モクレン科）マツブサ属
【樹　　高】	つる性落葉低木
【花　　期】	6〜7月
【名前の由来】	果実は、漢方薬になり、5つの味を含み、五味子と呼ばれるところから。

葉形：タマゴ形　実形：マル形

秋には赤い果実がつく

果実は径約5mm〜1cm弱のマル形で、枝先に数多くまとまって房状になり、初めは白色ですが、熟すと赤くなります。

果実酒が美味

生食には適しませんが、果実酒に向きます。果実はそのままだと生臭くなるので、3〜5日間日干しにしてから利用します。

◆特徴◆日本全国に分布する、やや寒地性のつる性落葉樹です。葉は長さ4〜10cmのタマゴ形で、縁には波状のギザギザがあります。花期は6〜7月で、径約1cmの黄白色の花が短枝からたれ下がって咲きます。

タ

ダンコウバイ・チャノキ・チョウセンゴミシ

ツキヌキニンドウ

花形は細長い筒状

花色：🟠

筒状の朱橙色の花

花期は6～10月で、長さ3～4cmの細長い筒状です。枝先に数花がまとまってつき、外側は朱橙色、内面は黄色で先が5裂します。

果実はマル形で小さい

果実は径5～6mmのマル形で、9～10月には熟して赤くなります。暖地では常緑ですが、寒地では冬に落葉します。

◆特徴◆ 北アメリカ原産で、日本には明治の初期に渡来したつる性常緑樹です。各地に広がり、つるは5mぐらい伸びます。庭木として植えられるほか、鉢植えや切り花にも利用されます。葉は長めのタマゴ形で、長さ4～9cm、幅1～4cmです。

▲細長い筒状で朱橙色の花が咲く

【別　　名】──
【科/属名】スイカズラ科スイカズラ属
【樹　　高】つる性常緑低木
【花　　期】6～10月
【名前の由来】花に近い葉の基部が合着し、茎が葉を突き抜いているように見えるので、この名があります。

葉形：タマゴ形
実形：マル形

ツクバネウツギ

美しい園芸品種が多い

花色：🌸🟡⚪

花は筒状で白色

花期は5～6月で、白色の花ですが、ときには淡黄色や淡い紅色をおびることがあります。長さ2～3cmの細長い筒状の先が開き、やや下向きに咲きます。果実は線形で、長さ約5mm～1.5cm、9～10月に熟します。

芳香のあるものもある

ツクバネウツギの仲間のタイワンツクバネウツギは暖地性で、花は淡紅色をおびた白色で芳香があります。シナツクバネウツギとアベリア・ユニフローラの雑種のハナゾノツクバネウツギ（ハナツクバネウツギ）は半落葉性で、高さ2mになります。そのほかフランシス・メソン、プロストラタ、エドワード・ガウチャーなどがあります。

◆特徴◆ 東北地方以南の山地に分布する落葉低木です。高さは2mぐらい。葉は先がとがったタマゴ形で、長さ2～6cm、幅1～4cm、縁には不ぞろいのギザギザがあります。裏面には白色の短毛が密生します。

【別　　名】コツクバネ
【科/属名】スイカズラ科ツクバネウツギ属
【樹　　高】1～2m
【花　　期】5～6月
【名前の由来】果実の先端に萼片(がくへん)が残り、その形が羽根突きの羽根に似ているので突く羽根ウツギ。

葉形：タマゴ形
実形：その他

▶先が開いた筒状の白い花が咲く

ツゲ

材質は密で細工物に利用

▲クサツゲ　▲セイヨウツゲ

【別　　名】	ホンツゲ、アサマツゲ
【科/属名】	ツゲ科ツゲ属
【樹　　高】	3〜8m
【花　　期】	3〜4月
【名前の由来】	葉が密に段層をなしてつくので次ぐから、また強き目木からの転訛など諸説があります。

葉形：タマゴ形　実形：その他

◆**特徴**◆ 関東地方以西の山地に分布する、やや暖地性の常緑小高木です。高さ3〜8m、タマゴ形で、長さ1〜3cm、幅7〜15mmです。花期は3〜4月で、葉のわきに淡黄色の小さな花を数多くまとめてつけます。

花色：■

株立ち性のクサツゲも仲間

クサツゲは株立ち性で、樹形が丸くなります。チョウセンヒメツゲは、ツゲより小葉で、若枝に毛があります。オキナワツゲは暖地の石灰岩地に自生し、若葉は黄褐色で、葉の長さは2〜6cmと、ツゲよりひとまわり大きくなります。ヨーロッパには、近縁種のセイヨウツゲ（ボックスウッド）があります。

酸性土をきらう

春か秋が、植えつけ適期です。元肥の他に、1m²あたり石灰をひと握り散布します。

ツタ

冬に落葉する

▼生育期

▲落葉前の紅葉

【別　　名】	ナツツタ
【科/属名】	ブドウ科ツタ属
【樹　　高】	つる性落葉低木
【花　　期】	6〜7月
【名前の由来】	伝いはう性質を略してツタになりました。

葉形：手のひら形　実形：マル形

◆**特徴**◆ 日本全国の山野に分布する、つる性落葉低木です。葉は長さ、幅とも5〜15cmの広い手のひら形で、先が3つに裂けます。しばしば高木にからみつき、幹をおおいつくすことがあります。

花色：■

黄緑色の花と黒く熟す果実

花期は6〜7月で、黄緑色の小さな花が多数まとまって、短枝に小さな花房をつくります。果実はマル形で小さく、熟すと黒くなります。

緑の葉や紅葉を楽しむ

巻ひげには吸盤があり、幹や岩盤などをはい上がるので、建物の壁や塀などにはわせて利用します。冬は落葉して枝が残ります。

ツ

ツキヌキニンドウ・ツクバネウツギ・ツゲ・ツタ

人気がある花木

ツツジの仲間

花色：●●●●●●○

◆特徴◆ 北半球の温帯を中心に800種以上が知られ、日本にも数十種が分布しています。さらに園芸品種が多数あり、花形や花色もさまざまです。常緑、半常緑、落葉があり、低木～高木まであります。

ヤマツツジは半常緑低木

ヤマツツジは半常緑低木で、多くの園芸品種があります。ミヤマキリシマは九州の山地に自生します。モチツツジは萼(がく)に粘りがあり、淡紫色の花です。キシツツジは兵庫県以南の渓谷の岸辺に自生します。リュウキュウツツジはキシツツジとモチツツジの交配種で白色の花、ケラマツツジは亜熱帯の山地に自生します。オオムラサキはリュウキュウツツジとケラマツツジの交配種で、径6～7cmの大輪の花がつきます。

関東地方に多いミツバツツジなど

ミツバツツジは関東地方に多く、3～4月、葉が出る前に紅葉色の花が開花します。レンゲツツジは日本全国に広く分布し、橙赤色の花ですが、キレンゲツツジの花は黄色で、八重の桃色の花が開花し、白い花のゴヨウツツジ（シロヤシオ）、紅紫色の花のムラサキヤシオもあります。アカヤシオはツツジの仲間では寒さに強いほうで、一

▶オオムラサキの玉仕立て

▼開花が早いアカヤシオ

▼高山に自生するエゾツツジ

▲紅色の花のオンツツジ

【別　　名】	──
【科/属名】	ツツジ科ツツジ属
【樹　　高】	低～高木
【花　　期】	4～6月
【名前の由来】	花が筒状に咲くので、筒咲からの転訛とされています。

葉形：タマゴ形
実形：タマゴ形
実形：その他

View Calendar

月	1	2	3	4	5	6	7	8	9	10	11	12
観葉												
開花				好みの種類や花色が選べる								
果実	実形と色は品種によってさまざま											

ツ
ツツジの仲間

▲岸辺にはえるキシツツジ

▲桃色の花のウンゼンツツジ

▲落葉性で黄色の花のキレンゲツツジ

▼朱色のキリシマ（クルメツツジ）

▼淡紅色の花のクロフネツツジ

◀紅色花のコバノミツバツツジ

◀落葉性で早咲きのゲンカイツツジ

▲白い花のゴヨウツツジ（シロヤシオ・マツハダ）

▼星形に花開いたサツキ'オオサカヅキ'

▲落葉性のトウゴクミツバツツジ

▶黄色い花のヒカゲツツジ

ツツジの仲間

◀ゲンカイツツジの白花

◀落葉性のレンゲツツジの橙赤色の花

▶九州の山地に自生する紅紫色の花のミヤマキリシマ

▼落葉性で広く本州に分布するミツバツツジ

▼満開のヤマツツジ

ツバキの仲間

花色が豊富な常緑樹

花色：🔴 🟣 ⚪

◆特徴◆ 日本原産のツバキにはヤブツバキ、ユキツバキなど数種あり、園芸品種は世界に200000以上あるといわれます。常緑で低木から高木まであり、種によって花期は10月〜6月で、種によって違いがあります。日本では東北地方以南に分布します。

▲日本原産のヤブツバキ

ヤブツバキ、ユキツバキが主な系統

ツバキの系統には、次のようなものがあります。

●**ヤブツバキ** 常緑高木で高さ5〜6mになり、花期は2〜4月です。基準種は赤色の花ですが、淡紅色や白色の花もあります。花径は5〜10cmで、浅いカップ形に開きます。別名ツバキ、ヤマツバキ。

●**ユキツバキ** 日本海側の山地に自生する常緑低木で、高さ1〜2m。花期は4〜6月で、枝先の葉のわきに赤色の花をつけ、白色花や

▲結実したヤブツバキの果実

八重咲きなど多くの品種があります。花期は4〜6月です。別名サルイワツバキ、オクツバキ。

●**その他の系統** ワビスケは、ヤブツバキと他種との交配種と推定され、その素朴さから、茶人に愛されてきました。

●**サザンカ** 常緑小高木で、高さ2〜6m。花期は10〜12月で、枝先に径5〜8cmの白色の花をつけます。山口県以南の山地に分布する暖地性です。別名オキナワサザンカ。ツバキとの交雑種にハルサザンカがあります。

▲ユキツバキ系 '富樫白'

【別　　名】	——
【科/属名】	ツバキ科ツバキ属
【樹　　高】	1〜6m
【花　　期】	10〜6月
【名前の由来】	葉の特徴から艶葉木、厚葉木、寿葉木などからの転訛とされています。

葉形：タマゴ形　実形：マル形

▶サザンカの白花系園芸品種

ツ

ツバキの仲間

▲ヤブツバキ'大白玉'

▲ユキツバキ系'オトメツバキ'

▲ユキツバキ系'雪小国'

▲ワビスケ系'白侘助'

▲ワビスケ系'太郎冠者'

View Calendar

月	1	2	3	4	5	6	7	8	9	10	11	12
観葉	■	■	■	■	■	■	■	■	■	■	■	■
開花	■	■	■	■	■					■	■	■
果実	品種によって違い、ユキツバキ系はほとんど結実しない											

ツタウルシ

気根で幹をはい上がる

花色：🟡

▼落葉前には紅葉する
▼生育期には樹木の幹をはい上がる

◆特徴◆ 日本全国の山地に分布する、つる性の落葉樹です。落葉樹林内に自生し、つるで樹木の幹をはい上がり、上部の日あたりに出てつるを広げます。葉は3枚が基部から出る羽形で、小葉は長さ5〜15cmで先がとがったタマゴ形。秋には美しく紅葉します。

黄色の小さい花が葉のわきにつく

花期は5〜6月。黄色の小さい花がまとまり、長さ3〜5cmの花房をつくります。果実は径約5mmのマル形で、8〜9月には黄褐色に熟します。

不用意にさわるとかぶれる

ウルシの仲間です。幼木の葉はツタに似ていてつる性なので、ツタと間違えやすいのですが、うっかりふれるとかぶれるので注意しましょう。

【別　　名】	——
【科/属名】	ウルシ科ウルシ属
【樹　　高】	つる性落葉低木
【花　　期】	5〜6月
【名前の由来】	ツタに似たつる性で、幹をはい上がるウルシという意味。

葉形：羽形
実形：マル形

ツリバナ

小さな花がたれ下がる

花色：🟣🟢

果実は赤く熟す

果実は、径1cm前後のマル形です。9〜10月に熟すと赤くなり、5つに裂けて5個の朱色の種子が頭を出します。

花びらが4枚のヒロハツリバナなどもある

ツリバナの近縁種として、オオツリバナ、ヒロハツリバナ、マユミ、ニシキギ、マサキなどがあります。

◆特徴◆ 日本全国の山地に分布する、落葉低木です。葉は先がとがったタマゴ形で、長さ3〜10cm、幅3〜5cm。縁にはギザギザがあります。花期は5〜6月で、葉のわきから緑白色または淡紫色の小さな花が、まとまってたれ下がります。

【別　　名】	——
【科/属名】	ニシキギ科ニシキギ属
【樹　　高】	1〜4m
【花　　期】	5〜6月
【名前の由来】	花が2〜4cmの花茎の先につり下がるようにたれ下がるため。

葉形：タマゴ形
実形：マル形

▼秋に赤く熟して裂けて開く果実
▲5枚の花びらをつけた小さな花が咲く

ツルアジサイ

気根を出してはい登る

花色：○

【別　　名】	ゴトウヅル、ツルデマリ
【科/属名】	ユキノシタ科アジサイ属
【樹　　高】	つる性落葉樹
【花　　期】	6〜7月
【名前の由来】	つる性のアジサイです。

葉形：タマゴ形　実形：その他

▼木に着生したツルアジサイ

◆**特徴**◆ 日本全国の山地に分布する、つる性の落葉樹です。幹や枝から気根を出して、他の樹木や岩をはい登り、長さ10〜20mになります。葉はタマゴ形で、長さ10〜20cmになります。

▶**装飾花は白色**
花期は、6〜7月です。両性花は黄白色、まわりの装飾花は白色で、枝先に両性花がまとまり、径10〜18cmの花房をつくります。

▶**果実はマル形で小さい**
果実は径5mm弱の小さなヤ形で、9〜10月に熟し、中には長さ約1、2mmの偏平な種子ができます。

◀緑の未熟果

ツルウメモドキ

盆栽にも利用される

花色：○

◆**特徴**◆ 日本全国の山野に分布する、つる性落葉低木です。つるは数m伸びます。葉はタマゴ形で長さ4〜10cm、幅2〜8cm。縁には浅いギザギザがあります。花期は5〜6月で、葉のわきに黄緑色で径5mm〜1cmの小さな花をつけます。

▶**果実は黄色に熟す**
結実は10〜12月。径7〜8mmのマル形の実が黄色に熟し、3つに割れて橙赤色の仮種皮に包まれた種子が頭を出します。

◀3つに割れて種子がでる

▼黄緑色の雄花

▶**仮種皮が黄色の品種もある**
仮種皮が黄色のキミツルウメモドキ、葉が肉厚で光沢があるテリハツルウメモドキ、葉に乳頭突起をもつオニツルウメモドキ、イヌツルウメモドキなどがあります。

【別　　名】	ツルモドキ
【科/属名】	ニシキギ科ツルウメモドキ属
【樹　　高】	つる性落葉低木
【花　　期】	5〜6月
【名前の由来】	赤く熟す果実がウメモドキに似て、つる性なので。

葉形：タマゴ形　実形：マル形

ツ
ツタウルシ・ツリバナ・ツルアジサイ・ツルウメモドキ

メモ　乳頭突起…乳頭に似た突起のこと。

湿原に分布する
ツルコケモモ
花色：●

湿原に咲く紅紫色の花

花期は6〜8月で、枝先に1〜5個、淡紅紫色の花が下向きにつきます。花びらは4裂し、開くとそり返ります。果実はマル形で、径約1cm、熟すと赤くなります。

◆特徴◆ 本州中部以北の湿原に分布する、常緑の小低木です。高さ5〜20cm。径約1mmの針金状の茎が水ゴケの中に長く伸び、その先が立ち上がります。葉は長めのタマゴ形で、長さ7〜14mm、幅4〜5mmです。

▲下向きについた花

【別　　名】	——
【科/属名】	ツツジ科スノキ属
【樹　　高】	5〜20cm
【花　　期】	6〜8月
【名前の由来】	枝がつる状に伸び、果実がコケモモに似るところから。

葉形：タマゴ形　実形：マル形

仲間のヒメツルコケモモ

ツルコケモモに似る、仲間のヒメツルコケモモは、北海道と長野県以北の本州に分布し、花形、花色もほとんど同じですが、全体にツルコケモより小さく繊細です。マル形の果実は径6、7mmです。

花形に特徴がある
テイカカズラ
花色：○（黄）

花色は白〜黄に変わる

花期は5〜6月で、径2〜3cmの白い花ですが、後に黄色にかわります。花形は下部が筒状で、上部が大きくプロペラ状に5裂して開きます。

果実は細長い棒状

長さ15〜25cmにもなる、細い円柱状のマメ形です。種子は長さ1〜2cmの線形で、先端に長さ約2.5cmの白い毛が広がります。

◆特徴◆ 北海道を除く全国の山地、岩場などに分布するつる性常緑樹です。つるから気根を出して樹木の幹や岩場をはい上がります。上部の葉は先がとがったタマゴ形で、長さ3〜7cm、幅1〜3cmですが、下部をはうつるの葉は、長さ1〜2cmの小さな葉です。

◀花は白色から淡黄色へと花色を変化させる

【別　　名】	マサキノカズラ
【科/属名】	キョウチクトウ科テイカカズラ属
【樹　　高】	つる性常緑低木
【花　　期】	5〜6月
【名前の由来】	謡曲「定家」に由来し、カズラはつる性をあらわします。

葉形：タマゴ形　実形：マメ形

ツ

ツルコケモモ・テイカカズラ・テーダマツ・テマリカンボク

テーダマツ

北アメリカ原産のマツ

花色：● ●

花は枝先にまとまる

花期は4月頃です。雄花は淡黄色で小さい花が枝先にまとまり、穂状の房をつくって直立します。雌花序は赤色で、1個つきます。

果実はマツカサ形

果実はタマゴ状のマツカサ形で、長さ8〜15cmになります。

◆特徴◆ 北アメリカのテネシー、フロリダ、オクラホマ、テキサスなどに広く分布する常緑高木です。樹皮は赤褐色で若い枝はやや白みがかっています。葉は長さ12〜25cmで3個がまとまってつき、かたい葉先は鋭くとがり、ねじれています。

▼成木は堂々とした姿

◀かたい針形の葉が特徴

◀実は15cmにもなる

【別　　名】	―
【科/属名】	マツ科マツ属
【樹　　高】	10〜15m
【花　　期】	4月ごろ
【名前の由来】	学名のパイヌス・テーダに由来します。

葉形：針形
実形：マツカサ形

テマリカンボク

花は装飾花だけ

花色：○

セイヨウテマリカンボク

テマリカンボクの近縁のセイヨウテマリカンボクは、樹高3〜5mになる落葉低木です。葉は3裂して長さ5〜10cm、秋には紅葉します。

テマリカンボクもセイヨウテマリカンボクも結実しない

装飾花だけなので、観賞価値は高いのですが、果実はできません。両性花のある普通の個体は結実します。

◆特徴◆ 日本全国に分布するカンボクの品種で、落葉低木。高さ2〜4m。葉はタマゴ形で、長さ6〜12cmです。テマリカンボクの花は、両性花のないのが特徴で、白色の装飾花だけが多数集まり、大きな手まり形になります。

▲白い花が丸くまとまるテマリカンボク

【別　　名】	―
【科/属名】	スイカズラ科ガマズミ属
【樹　　高】	2〜4m
【花　　期】	5〜7月
【名前の由来】	花房が丸く手まり状になるカンボクなので。

葉形：タマゴ形

メモ　両性花…1つの花のなかに雄しべと雌しべがある。

テリハノイバラ

つるが地面をはって広がる

花色：○●

【別　名】 ハイイバラ
【科/属名】 バラ科バラ属
【樹　高】 つる性落葉低木
【花　期】 6〜7月
【名前の由来】 葉の表面に光沢があり、照りがよいことによります。

葉形：羽形
実形：マル形

◆**特徴**◆ 北海道を除く全国の海岸から標高1000mまでの山地に分布する、つる性落葉低木です。つるにはカギ形の刺があります。葉は羽形で、小葉はタマゴ形。長さ1〜2cmで、縁には粗いギザギザがあり、革質で厚く、表面は濃緑で光沢があります。

▼テリハノイバラの開花状態

芳香のある白い花が咲く

花期は6〜7月で、枝先に径3〜4cmの芳香のある白い花がつきます。果実は径1cm弱のマル形で、10〜11月に赤く熟します。

リュウキュウテリハノイバラは沖縄にある変種

沖縄には花柄や萼に腺毛が多いリュウキュウテリハノイバラと呼ぶ変種があります。花の色が桃色を帯びるツクシイバラもあります。

テンダイウヤク

暖地では野生化

花色：○（黄）

黄色の小さな花と黒く熟す果実

花期は4月で、葉のわきに黄色の小さな花が多数集まり、丸い花房を並べたようにつけます。10〜11月に長さ7〜8mmのタマゴ形の果実がつき、熟すと黒くなります。

庭植は暖地に限る

寒さに弱いので、地植えは暖地に限ります。やや湿り気のある半日陰を好みます。生育は遅めですが、葉はよく茂り、刈り込みにも耐えるので、庭木や生け垣に利用されます。

根には薬効がある

太った根には芳香があり、漢方薬に用いられ、健胃、腹痛などに薬効があるとされています。

▶小さな花が集まった花房が枝に並ぶ
▶10月に黒く熟す果実

◆**特徴**◆ 中国原産で、享保年間に渡来した暖地性の常緑低木です。高さは4〜5m。葉は先が尾状にとがったタマゴ形で、長さ4〜8cm、幅2.5〜4cm。薄い革質で表面には光沢があり、裏面は粉白色をおびます。

【別　名】 ウヤク
【科/属名】 クスノキ科クロモジ属
【樹　高】 4〜5m
【花　期】 4月
【名前の由来】 中国名が天台烏薬で、薬効のある根の肥大部分の薬名がウヤクです。

葉形：タマゴ形
実形：タマゴ形

ドウダンツツジ

白色の花から色変わり種

花色：○

◆**特徴**◆ 房総半島以西に分布する落葉低木です。高さは1～3m。葉は先がとがったタマゴ形ですが、細くなったり広くなったり変化が多く、縁にはギザギザがあり、長さは2～4cmです。

吊り鐘形の白色の花

花期は早く4月で、スズランに似た形の白色の花が下向きに開きます。長さは1cmに満たないで小さな花ですが、枝先に多くたれ下がり、開花期には見応えがあります。

▲スズランに似た形の白色の花が下向きに開く

寒さに強いサラサドウダン

ドウダンツツジの変種には、花が紅紫色になるベニドウダンがあります。サラサドウダンは、寒さに強く、北海道～本州に分布し、高さ4～5mになります。花期は6月で、淡い紅色～暗い紅色の下部に黄白色が入ります。

▲近縁のサラサドウダンの花。花期は5～6月

▲近縁のアブラツツジの紅葉と果実。花期は5～6月で白色の花

テリハノイバラ・テンダイウヤク・ドウダンツツジ

【別　　名】	ドウダン
【科/属名】	ツツジ科ドウダンツツジ属
【樹　　高】	1～3m
【花　　期】	4～5月
【名前の由来】	燈台の転訛で、枝の出方が燈台の足に似るためといわれています。

葉形：タマゴ形　実形：その他

View Calendar

月	1	2	3	4	5	6	7	8	9	10	11	12
観葉				●	●	●	●	●	●	●		
開花				白色の花が枝先に多数たれ下がる								
果実				実は上向きにつく								

有毒植物として有名

ドクウツギ
花色：●●

◆特徴◆ 近畿地方以北の山野や河原などに分布する落葉低木です。高さ1～2m。葉は先がしだいに細くなるタマゴ形で、長さ6～8cm、幅約3.5cmです。葉は1本の枝に15対以上の葉がつき、羽形に見えます。

小さな花がまとまってつく
花期は4～6月です。前年枝の葉のわきから小さな花をまとめて出し、長さ6～12cmの細長い花房をつくります。

果実は甘いが猛毒
花後、径約1cmのマル形の果実がつきます。8～9月に赤～黒紫色に熟し、汁には甘味があります。しかし猛毒で、食べると死亡することもあります。

▲赤から黒紫色に熟す果実
◀同じ葉のわきから雄花序と雌花序が出る

【別　　名】	イチロベゴロシ
【科/属名】	ドクウツギ科ドクウツギ属
【樹　　高】	1～2m
【花　　期】	4～6月
【名前の由来】	樹形がウツギに似ていて猛毒があるので毒空木(どくうつぎ)です。

葉形：タマゴ形　実形：マル形

土佐（高知県）の原産

トサミズキ
花色：●

◆特徴◆ 高知県に特産する落葉低木です。高さ3～4m。株立ち性で、樹形は自然に丸くまとまります。葉はタマゴ形で、長さ5～10cm前後、幅3～8cm。縁には波状のギザギザがあり、裏面は灰緑色で毛があります。

葉に先立って花が咲く
花期は3～4月です。前年枝の葉のわきから、長さ約1cmの花が、まとまって穂状(すいじょう)の花房をつくり、枝から4cmぐらいの長さにたれ下がります。花色は黄色です。

老化した幹は更新する
古くて太い幹や枝は定期的に切り除き、若い枝に更新するとよいでしょう。

◀葉が出る前に花が咲く
▶トサミズキ（花後期）

【別　　名】	―
【科/属名】	マンサク科トサミズキ属
【樹　　高】	3～4m
【花　　期】	3～4月
【名前の由来】	自生地が土佐（高知県）なので土佐水木です。

葉形：タマゴ形　実形：タマゴ形

メモ 花序…花を含めて花がついている部分全体のこと。

トチノキ

マロニエの名で知られる仲間

花色：🔴🟣🟠⚪

白色の花が直立する

花期は5～6月です。径約1・5cmの白色の花が多数まとまり、長さ15～25cmで穂状の花房をつくり、枝先に直立します。

トチノミはマル形

果実は、径3～5cmのマル形です。9月に熟すと3つに割れて、中からつやのある茶褐色の種子を1～2個出します。

◆特徴◆ 日本全国の山地の沢沿いなど、湿り気のある場所を好んで分布する落葉高木です。高さは20～30mになります。葉は手のひら形で、小葉は長さ15～30cmになり、中央の小葉がもっとも大きく、先は鋭くとがります。

ドクウツギ・トサミズキ・トチノキ

マロニエの名で知られるセイヨウトチノキなど

セイヨウトチノキは、マロニエの名で知られ、淡白色や紅色のやや大きい花をつけます。アカバナアメリカトチノキは北アメリカ原産で、鮮やかな紅色の花です。

ベニバナトチノキは、セイヨウトチノキとアカバナアメリカトチノキの交雑種で、枝先に朱紅色の花が多数まとまり、大きな花房を直立します。

◀みごとに黄葉した晩秋のトチノキ

◀完熟すると3裂して黒い種子が出る

▲まだ未熟のトチノミ

▲セイヨウトチノキ

◀トチノキの花の穂は直立する

▲紅色の花のアカバナトチノキ

【別　　名】──
【科/属名】トチノキ科トチノキ属
【樹　　高】20～30m
【花　　期】5～6月
【名前の由来】トは10で、果実の多い木をあらわします。

葉形：手のひら形
実形：マル形

View Calendar

月	1	2	3	4	5	6	7	8	9	10	11	12
観葉				■	■	■	■	■	■	■	■	
開花				■	■	白色の花が枝先に直立する						
果実			熟すと3つに割れて種子を出す					■	■	■		

メモ　穂状…穂のように長い房をつくっている状態のこと。

トチュウ

杜仲茶が人気

花色：●

▶トチュウの葉は茶の原料

▶あまり目立たない小さな花

◆**特徴**◆ 中国中～南部原産で、雌雄異株の落葉高木です。高さは10～20m。葉は先がとがったタマゴ形で、長さ約8～15cm、幅4～7cm。縁には鋭いギザギザがあります。乾燥した葉は、最近人気がある杜仲茶になります。

花は目立たない
花期は4月ごろで、若葉が出るのと同時に枝先につきますが、葉とあまり色が違わず、小さな花なので目立ちません。

果実がたれ下がる
結実は晩秋。細長いタマゴ形で、長さ4cm前後の果実が、枝先からたれ下がります。果色は暗褐色で、花よりは目立ちます。なお、トチュウは1科1属1種です。

【別　　名】	——
【科/属名】	トチュウ科トチュウ属
【樹　　高】	10～20m
【花　　期】	4月
【名前の由来】	中国名が杜仲で、和音読みにしたものです。

葉形：タマゴ形
実形：タマゴ形

トドマツ

大木になる針葉樹

花色：●

▶新芽。葉は枝に密生する

▶高さ20～35mの大木になる

◆**特徴**◆ 北海道を代表する針葉樹です。寒地性の常緑高木で、高さ35m、幹径80cmになる大木です。葉は長さ約2cmの線形で、表面は青みをおびた緑色です。裏面には白色の気孔帯が2本あり、斜め上向きに伸びる枝に密生します。

花は前年枝につく
花期は6月ごろです。雄花は長さ約7mm、雌花は直立し、前年枝の葉のわきにむらがるようにつきます。

マツカサは軸が残る
果実は長さ5～6cm、径2～3cmの円柱状のマツカサ形で、上向きにつきます。初めは紫緑色ですが、10月ごろに熟すと茶色になり、軸を残して種子とまわりが脱落します。

【別　　名】	アカトドマツ
【科/属名】	マツ科モミ属
【樹　　高】	20～35m
【花　　期】	6月
【名前の由来】	漢字では椴松で、トドはアイヌ語からの転訛です。

葉形：針形
実形：マツカサ形

トネリコ

野球のバットに用いられる

花色：

▲花は紫褐色から黄緑色に変化する

◆特徴◆ 本州中部以北の山地に分布する落葉高木です。高さ10〜15m。葉は長さ18〜35cmの羽形で、小葉は先がとがったタマゴ形。長さ5〜15cm、幅3〜6cmです。縁には浅いギザギザがあり、裏面には白い毛があります。

▲棒状にたれ下がる果実

◀トネリコの樹皮

◀アオダモ（別名コバノトネリコ）の花

花には花びらがない

花期は4〜5月です。花は紫褐色から黄緑色に変化する小さな花が、枝先にまとまってつきます。果実は長さ3〜4cmの細長い形です。

日本全国に分布するアオダモなど

アオダモ（別名コバノトネリコ）、アラゲアオダモ、マルバアオダモは日本全国に分布。シマトネリコは沖縄に自生する暖地性。ミヤマアオダモは関東、中部地方、四国の高地に分布。ヤマトアオダモは本州以南に分布し、日本固有種。ヤチダモは岐阜県以北に分布します。樹高の低いのはミヤマアオダモの5〜12mで、高いのはヤチダモの30mです。

【別　　　名】	サトトネリコ、タモノキ、タモ
【科/属名】	モクセイ科トネリコ属
【樹　　　高】	10〜15m
【花　　　期】	4〜5月
【名前の由来】	共練濃の転訛とされます。樹皮を煮てニカワ状にしたもので練って墨を作りました。

葉形：羽形
実形：タマゴ形

View Calendar

月	1	2	3	4	5	6	7	8	9	10	11	12
観葉			━	━	━	━	━	━	━	━		
開花				花には花びらがない								
果実				細長い実がなる								

門まわりに植える

トベラ

花色：○（白）○（黄）

◆**特徴**◆
東北地方以南の海岸に多く分布する常緑低木です。高さは2～3mですが、まれに8mに達します。葉は先のほうが幅広のタマゴ形で、長さ5～10cm、幅2～3cmです。先は丸く、表面には光沢があります。

花には芳香がある
花期は4～6月。本年枝の先に、径2cmの白色の花がまとまって花房をつくります。花色はしだいに黄色に変わり、芳香があります。

▲花は白～黄色に変わる

▲まだ黄色い未熟果

▲灰褐色に熟した果実は3つに裂ける

果実は熟すと3裂する
果実は、径1～1.5cmのマル形果です。11～12月に熟すと灰褐色になり、3つに裂けて、中から赤い仮種皮に包まれた種子を8～12個出します。

刈り込み仕立てもできる
自然樹形で庭木にできます。刈り込みは3～4月か9～10月で、堆肥や腐葉土を多めにすき込んで、水はけと水もちのよい肥沃地にしておきます。

▲完熟果は中から赤茶色の種子が出る

【別　　名】	トビラノキ、トビラ
【科/属名】	トベラ科トベラ属
【樹　　高】	2～3m
【花　　期】	4～6月
【名前の由来】	扉の転訛です。鬼よけに門まわりに植える風習がありました。

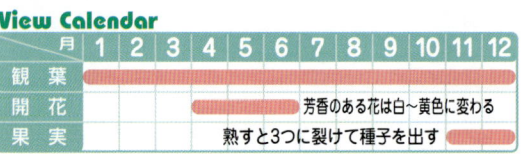

葉形：タマゴ形
実形：マル形

View Calendar

月	1	2	3	4	5	6	7	8	9	10	11	12
観葉	●	●	●	●	●	●	●	●	●	●	●	●
開花				●	●	●						|芳香のある花は白～黄色に変わる
果実										●	●	● |熟すと3つに裂けて種子を出す

ナギ

神社や寺に縁が深い

花色：●

◆**特徴**◆ 本州南部以南に分布する常緑高木です。高さは20〜25mになります。葉はマキの仲間では数少ない幅広い葉で、長さ4〜6cm、幅1〜3cmのタマゴ形です。革質で厚く、表面は濃緑色で光沢があります。

花は前年枝につく

花期は5〜6月です。前年枝の葉のわきに黄色い小さな花が円柱状に集まり、一か所から数本の円柱が出る形になります。

果実は褐色に熟す

花後、マル形の小さな果実がつき、しだいに肥大し、10〜11月ごろには径1.5cm前後のマル形果になります。初めは緑ですが、熟すと褐色になります。

▼光沢がある葉は周年緑を保つ

【別　　名】	チラカンバ、コゾウナカセ
【科/属名】	マキ科マキ属
【樹　　高】	20〜25m
【花　　期】	5〜6月
【名前の由来】	ミズアオイ科のナギ（古名）の葉に形が似ていることに由来します。

葉形：タマゴ形　実形：マル形

ナギイカダ

花のつき方に特徴がある

花色：○

◆**特徴**◆ 地中海沿岸や北アフリカなどが原産の、乾燥や日陰に強い小低木です。高さは20〜70cmです。株立ちになり、自然に丸い樹形をつくります。葉のように見えるのは、枝が変化した葉状枝で、長さ1.5〜3.5cmのタマゴ形です。

花は葉の中に咲いたように見える

花期は3〜5月。中央が紫がかった花びら6枚の小さな花をつけます。一見すると葉の中に咲いたように見えます。

果実は赤く熟す

果実は、径約1cmのマル形果です。10月ごろに熟すと赤く、光沢があり、観賞価値があります。

【別　　名】	──
【科/属名】	ユリ科ナギイカダ属
【樹　　高】	20〜70cm
【花　　期】	3〜5月
【名前の由来】	葉のついている枝がナギの葉に似て、上に花が乗るので筏に見立てました。

葉形：タマゴ形　実形：マル形

▶葉状枝につく果実

メモ 革質…葉に厚みがあり、しなやかで弾力がある葉。

ナシ

より甘い品種に改良

花色：○

◆**特徴**◆ 寒さに強い果樹です。マイナス10℃以下まで耐えられるので、東北地方以南で栽培できます。多くの品種があります。ニホンナシはヤマナシの改良種で、本来は10〜15mになる落葉高木ですが、扱いやすい高さに仕立てて育てます。

時代により人気種が変化

ナシの品種として、明治時代後半から長十郎が広がり、ついで20世紀が開発され、この2種の時代が長く続きました。その後、より甘く果肉のやわらかい幸水、豊水、新高などが広がりました。

一品種では結実しない

結実させるためには、同時期に開花し、親和性のある2品種以上が必要です。

▲春に開く白色の花
▲7〜11月に熟し、品種によって収穫がずれる

【別　　名】アリノミ
【科/属名】バラ科ナシ属
【樹　　高】10〜15m
【花　　期】4〜5月
【名前の由来】中白、奈子、甘しなどからの転訛といわれ、諸説があります。

葉形：タマゴ形
実形：マル形

ナツツバキ

ツバキに似た白い花

花色：○

◆**特徴**◆ 東北地方南部以南の山地に分布する落葉高木です。高さ10〜15m。葉は先がとがったタマゴ形で、長さ4〜10cm、幅3〜5cm。裏面には毛があり、葉柄は長さ3〜15mmです。茶色がかります。

花びらの先に切れ込みがある

花期は6〜7月で、今年枝の葉のわきに径5〜6cmの白い花がつきます。花びらは5枚で、縁にはまばらに切れ込みがあります。果実は径1.5cmのマル形で、秋に熟します。

早咲きや遅咲きの仲間がある

ナツツバキの仲間には、5月に開花するヒメシャラや、7月に開花する遅咲きのヒコサンヒメシャラがあります。

▲9〜10月にできる果実。熟すと先が裂けて種子が出る
▲ツバキのような白い花が咲く

【別　　名】シャラノキ
【科/属名】ツバキ科ナツツバキ属
【樹　　高】10〜15m
【花　　期】6〜7月
【名前の由来】夏にツバキのような花をつけるところから。

葉形：タマゴ形
実形：マル形

メモ 親和性…ここでは種子親の花に花粉をつけて種子ができるとき親和性があるという。

216

ナ

ナシ・ナツツバキ・ナツハゼ・ナツミカン

ナツハゼ

秋には真っ赤に紅葉

花色：●

【別　　名】	──
【科/属名】	ツツジ科スノキ属
【樹　　高】	1〜3m
【花　　期】	5〜6月
【名前の由来】	秋になると真っ赤に紅葉し、葉色がハゼノキに似て、夏に花が咲くのでこの名があります。

葉形　タマゴ形
実形　マル形

◆特徴◆ 日本全国に分布し、岩場を好む高さ1〜3mの落葉低木です。単幹または株立ちになり、枝は横に張り出します。葉は両端がとがるタマゴ形で、長さ3〜8cm、幅2〜4cmです。

▼枝先にまとまってつく鐘形の花

枝先に花房をつくる

花期は5〜6月で、枝先に赤みを帯びた褐色の小さな花を多数つけます。花形は鐘形で径約5mm弱。下向きに先を少し開いてつきます。

果実は食べられる

果実は径約5mm弱のマル形果で、8〜10月には黒く熟します。表面には光沢があり、甘酸っぱい液果で食べられます。

ナツミカン

花も観賞価値がある

花色：○

◆特徴◆ 山口県原産で広く栽培される常緑低木です。高さ4〜6mですが、扱いやすい高さに仕立てられます。葉は先がとがったタマゴ形で、長さ5〜10cm、幅3〜6cmです。革質で厚く、表面は光沢があります。

新甘ナツなどの品種がある

ナツミカンは酸味が強く、さわやかな味です。その後、甘ナツ（川野ダイダイ）が出ました。甘ナツはナツミカンより酸味が低く、食味がよいので人気が出ました。さらにその後、熊本県から新甘ナツが出ました。前2品種より果皮が滑らかな品種です。

果実は寒さに弱い

マイナス5℃以下になると、幼果は落下します。この時期は冬になるので、注意します。

【別　　名】	ナツカン、ナツダイダイ
【科/属名】	ミカン科ミカン属
【樹　　高】	4〜6m
【花　　期】	5月
【名前の由来】	初夏から収穫できるミカンでこの名がつきました。

葉形　タマゴ形
実形　マル形

▲花も美しい甘ナツの白い花

◀収穫期に入った果実

ナツメ

果実は生食や乾果

花色：

淡黄色の小さな花

花期は6～7月です。淡黄色の小さな花が葉のわきから1～3花ずつ小さくまとまってつきます。果実は長さ2～3cmのタマゴ形で、秋に熟し、赤褐色になります。

鉢植えでも楽しめる

5～6号鉢で、主幹形に仕立てます。小枝が多く発生しますが、一か所に2本ずつ残し、他は間引いて樹形を整えます。

◆特徴◆ 中国北部原産ですが、適応力が強く、日本全国で育てられます。落葉小高木で、高さ4～10m。葉は先がとがったタマゴ形で、長さ2～5cm、幅1～3cm。縁には、不ぞろいのギザギザがあります。

【別　　名】——
【科/属名】クロウメモドキ科ナツメ属
【樹　　高】4～10m
【花　　期】6～7月
【名前の由来】芽吹きがおそく、初夏に入ってから芽を出すので夏芽です。

葉形：タマゴ形
実形：タマゴ形

▼熟するにしたがい赤褐色～黒褐色になる

ナナミノキ

花と果実を観賞

花色：

淡紫色の小さな花がつく

花期は6月ごろです。今年枝の葉のわきに、淡紫色で径約5mmの小さな花が数花ずつまとまってつき、花芯は黄色です。

果実は赤く熟す

果期は10月～11月です。長さ約1cmのタマゴ形の果実がつき、熟すと赤色になります。中には核が4～5個あり、その中には種子が1個入っています。

◆特徴◆ 静岡県以西の山地に分布する暖地性の常緑高木です。葉は細長いタマゴ形で、長さ6～12cm、幅2.5～3.5cm。先はとがり、縁には浅いギザギザがあります。葉色は緑ですが、乾燥すると暗褐色になります。

【別　　名】ナナメノキ
【科/属名】モチノキ科モチノキ属
【樹　　高】8～12m
【花　　期】6月ごろ
【名前の由来】果実が多い木であるところから「七実の木」です。

葉形：タマゴ形　実形：タマゴ形

▶たくさんの赤い実がつく

メモ 核…実の内側にある皮（内果皮）が石質化し堅くなったもの。

ナナカマド

高地に生える

花色：○

◆特徴
日本全国の山地〜亜高山帯に分布する落葉高木で、高さ6〜10mです。葉は羽形で、小葉は舟形、長さ約3〜10cm、幅1〜2cmで先がとがり、4〜7対あります。

▲枝先につく花

▼あざやかな赤い実が秋を彩る

▲赤く色づく前の未熟果

白い花が枝先につく

花期は5〜7月です。径5mm〜1cmの白色の花がまとまって枝先につき、白い花房をつくります。果実は径約5mmのマル形で、9〜10月に赤く熟します。

日本やヨーロッパに多いナナカマドの仲間

ウラジロナナカマドは中部地方以北に分布し、葉の裏面は粉白色です。ナンキンナナカマドは関東地方以南に分布し、枝の細い高さ2〜3mの低木です。タカネナナカマドは中部地方以北の亜高山〜高山に分布します。高さ1〜2mの低木で、白い花は赤みをおびます。その他ヨーロッパナナカマドには多くの園芸品種があり、白や黄色の実もあります。

▶ナンキンナナカマドの赤い実。2〜3mの低木

【別　名】——
【科/属名】バラ科ナナカマド属
【樹　高】6〜10m
【花　期】5〜7月
【名前の由来】燃えにくく、7度かまどにいれても燃え残るので「七日(なのか)かまど」からの転訛です。

葉形：羽形
実形：マル形

View Calendar

月	1	2	3	4	5	6	7	8	9	10	11	12
観葉				████████████████████████								
開花					白い小花がまとまる							
果実								まっ赤な実は秋の風物詩				

ナ　ナツメ・ナナミノキ・ナナカマド

日本を代表する花

ナニワズ

花色∶●

◆特徴◆
石川県以北に分布する寒地性の落葉低木です。葉はやや幅広のタマゴ形です。ナニワズの落葉期は一般とは逆で、一般の落葉期が冬なのに対して、ナニワズは秋遅くから翌年の初夏まで葉があり、夏が落葉期になります。

花は黄色
枝先に黄色の花がまとまり、丸い花房をつくります。6月ごろ、長さ約1cm弱のタマゴ形の果実が赤く熟します。

耐寒性に差がある
ナニワズは石川県以北の寒地性ですが、近縁種のオニシバリは福島県以南の暖地性です。見かけはほぼ同じなので、適地に合わせて育てます。

【別　　名】	エゾナニワズ、エゾオニシバリ
【科/属名】	ジンチョウゲ科ジンチョウゲ属
【樹　　高】	1m以内
【花　　期】	3〜4月
【名前の由来】	不明。

葉形：タマゴ形　実形：タマゴ形

▲黄色い小さな花がまとまって丸い花房をつくる

生食やジャムに加工

ナワシロイチゴ

花色∶●

◆特徴◆
日本全国の山野の日あたりに分布する落葉小低木です。枝はつる状になって地面をはって広がります。葉は3〜5枚がまとまってつく羽形で、長さ約8〜15cm、小葉はタマゴ形です。表は緑で、裏には白い毛が密生しています。

紅紫色の小さな花がつく
花期は5〜6月です。紅紫色の小さな花が、枝先や葉のわきから上向きに開きます。花びらは逆タマゴ形で、長さ約5mm〜1cm弱。

▲若枝は20〜30cm立ち上がる

果実は生食できる
果実は小さな実がたくさん集まったような集合果で、一般のイチゴに似ていますが、径1.5cmのマル形です。6〜8月に赤く熟し、生食できます。

【別　　名】	サツキイチゴ
【科/属名】	バラ科キイチゴ属
【樹　　高】	20〜30cm
【花　　期】	5〜6月
【名前の由来】	苗代のころから熟すイチゴで苗代苺です。

葉形：羽形　実形：マル形

▲紫紅色の花が上向きにつく

ナンテン

せき止めの薬に利用される

花色：○

花より果実を利用

花期は5〜6月で、枝先に白い花をまとめてつけます。

果実はマル形で、径約5mm〜1cm弱、11〜12月に赤く熟すと美しくなります。

熟果は切り花や果実酒

実がなった枝は、翌年開花しません。実は果実酒にすれば、せき止めに薬効がある民間薬に利用できます。

◆**特徴**◆ 関東地方以南に分布する常緑低木で、ほとんどが庭木として植えられたものです。高さは2〜3mで、株立ちになります。葉は羽形で、小葉は細長いタマゴ形です。小葉の長さは3〜7cm、革質で表面には光沢があります。多くの葉変わり品種があり、古くから栽培されています。

▲花よりも果実に魅力と薬効がある

▲果実が白くなるシロミナンテン

▲つぼみが少し開きはじめた

【別　名】	―
【科/属名】	メギ科ナンテン属
【樹　高】	2〜3m
【花　期】	5〜6月
【名前の由来】	中国名が南天竹で、乾燥果実の薬名が南天実です。これの和音読みです。

View Calendar

月	1	2	3	4	5	6	7	8	9	10	11	12
観葉	●	●	●	●	●	●	●	●	●	●	●	●
開花					小さな白い花がかわいい							
果実							赤い実には薬効がある					

葉形：羽形　実形：マル形

秋の紅葉が美しい ナンキンハゼ

花色：●

【別　　名】	──
【科/属名】	トウダイグサ科シラキ属
【樹　　高】	12～15m
【花　　期】	7月
【名前の由来】	中国原産で南京の名がついたハゼのような樹木の意味から。

葉形：タマゴ形
実形：マル形

▲熟した実は裂けて白いロウ質に包まれた種子が出る

◆特徴◆ 中国原産で、暖地性の落葉高木です。葉は先が尾状にとがるひし状の幅広タマゴ形で、長さ、幅とも3～4cmです。葉や若枝は淡緑色で、傷をつけると白い乳液が出ます。

黄色の小さな花がつく

花期は7月です。枝先に黄色い小さな花が多数集まり、長さ6～18cmの花房をつくります。花房の基部に雌花、上部に雄花がつきます。

果実は褐色に熟す

果実は、径約1.5cmのやや平べったいマル形です。はじめは緑ですが、10～11月に熟すと褐色になり、裂けて開き、種子を出します。

▲熟す前の実をつけた枝

さわやかな香りがただよう ニオイヒバ

花色：●

【別　　名】	──
【科/属名】	ヒノキ科クロベ属
【樹　　高】	10～20m
【花　　期】	4～5月
【名前の由来】	葉をもむとよい香りがするヒバの仲間なので。

葉形：針形
実形：マツカサ形

▼葉はもむとよい香りがする

◆特徴◆ 北アメリカ東部原産の常緑高木です。高さは20mになりますが、日本では園芸品種の幼木をガーデニングなどに利用します。長さ5mm弱ほどの小さな鱗片葉がたくさんついて独特の形状になります。本来は寒地性ですが、幼木のうちは冬の北風から保護します。

花や果実は目立たない

花期は4～5月です。枝先につきますが、少し変色する程度で目立ちません。秋にマル～タマゴ状のマツカサ形の果実が熟し、長さ約1cm弱で、朱色になります。

葉をもむと香りがただよう

軽く葉をもむと、さわやかな香りがただよいます。園芸品種には、葉の美しいライン・ゴールドやヨーロッパ・ゴールド、サンキストなど多数あります。

ナ

ナンキンハゼ・ニオイヒバ・ニガキ・ニシキギ

ニガキ

にがみは健胃薬や殺虫剤

花色：

▲若葉が出た成木。枝は斜めに立ち上がる

【別　　名】——
【科/属名】ニガキ科ニガキ属
【樹　　高】10〜15m
【花　　期】4〜5月
【名前の由来】樹木全体に強い苦みがあるためです。

葉形：羽形
実形：マル形

◆特徴◆ 日本全国に分布する落葉高木です。葉は羽形で長さ15〜25cm。小葉は先がとがった長細いタマゴ形で、長さ4〜8cm、幅1〜3cm。縁には細かいギザギザがあり、裏には毛がありますが、後に消えます。

黄緑色の花が多数つく
花期は4〜5月です。黄緑色の小さな花が今年枝の葉のわきにまとまって多数つき、長さ5〜10cmの花房をつくります。

果実は黒緑色に熟す
果実は、はじめは緑色のマル形果ですが、9月に熟し、黒緑色になります。核果は2〜3個に分かれ、分かれた実は長さ約5mmのタマゴ形です。

ニシキギ

秋の紅葉を観賞

花色：

▲花は葉と似た色であまり目立たないが、かわいらしい

▲果実は熟すと裂ける

【別　　名】ヤハズニシキギ
【科/属名】ニシキギ科ニシキギ属
【樹　　高】1〜3m
【花　　期】5〜6月
【名前の由来】秋の紅葉が美しく、その姿が錦織に見えるところから。

葉形：タマゴ形
実形：タマゴ形

◆特徴◆ 日本全国の山野に分布する落葉低木です。高さ1〜3m。株立ちになり、若い枝幹は緑色で、四角張ってコルク質の翼が発達します。葉は先がとがったタマゴ形で、長さ2〜7cm、幅1〜3cm。縁には細かく鋭いギザギザがあります。

黄緑色の小さな花がつく
花期は5〜6月。黄緑色で径約5mm〜1cmの小さな花がまとまってつき、長さ1〜3cmの花房をつくります。花びらは4枚です。

果実から橙色の種子が出る
果期は10月〜11月。実は熟すと2つぐらいに裂けます。実は長さ約5mm〜1cmのタマゴ形で、中から橙赤色の皮に包まれた種子が頭を出します。

223

樹皮や根は香料にする

ニッケイ

花色：

◆**特徴**◆ 沖縄に分布する暖地性の常緑高木です。高さ10〜15m。葉は先がとがったタマゴ形で、長さ10〜15cm、幅4〜6cm。初めは灰白色の短毛がありますが、後に表面は消え、裏面にだけ残ります。

淡い黄緑色の小さな花がつく

花期は5〜6月で、葉のわきに、淡い黄緑色の小さな花がつきます。果実は長さ約1cmのタマゴ形で、11月〜12月に紫黒色に熟します。

シナモンの原料

ニッケイの近縁種にはヤブニッケイ、クスノキ、マルバニッケイなどがあります。また、セイロンニッケイはシナモンの原料になります。

【別　　名】	ニッキ
【科/属名】	クスノキ科クスノキ属
【樹　　高】	10〜15m
【花　　期】	5〜6月
【名前の由来】	漢方薬名の肉桂(にっけい)を和音読みにしたものです。

葉形：タマゴ形
実形：タマゴ形

▼数花がまとまり花房をつくる

▲今年枝の葉のわきにつく花

漢方薬にもなる小柄な花木

ニワウメ

花色：

◆**特徴**◆ 中国原産の落葉低木です。高さ1〜2mになります。葉は、先がとがったタマゴ形で、長さ4〜6cm。縁にはギザギザがあります。4月に径1〜1.5cmの淡紅色の花が、枝先に2〜3個ずつかたまって咲きます。

赤色のマル形果

果期は6〜7月で、径1cm前後のマル形の実が濃紅色に熟します。乾燥した完熟果は、漢方薬に利用され、利尿などの薬効があります。

ヒコバエの整理が大切

毎年地際からヒコバエが多数発生し、放置するとヤブ状になることがあるので、整理します。幹が老化したり病虫害で弱ったら、ヒコバエを用いて更新します。

▼マル形の実が6〜7月に赤く熟す

◀若葉と同時につく淡紅色の花

【別　　名】	コウメ
【科/属名】	バラ科サクラ属
【樹　　高】	1〜2m
【花　　期】	4月
【名前の由来】	花と果実をウメにたとえ、小柄で庭植えされることによります。

葉形：タマゴ形
実形：マル形

メモ ヒコバエ…株元から生ずる樹形を乱すような枝のこと。切った根や株から芽が生え出ること。

ニワウルシ

一部で野生化している

緑白色の小さな花がつく

花期は6月です。緑白色の小さな花が多数集まり、枝先に長さ10〜20cmの長細い花房をつくります。花びらは5〜6枚です。

回転しながら風に乗ってとぶ

果実は2〜5個に分かれる翼果で、分果は長さ4〜5cmの細長いタマゴ形。中に平たい種子があり、翼はねじれています。

◆特徴◆ 中国原産で、明治の初期に渡来し、日本全国で栽培される落葉高木です。高さ20〜25m。葉は長さ40〜80cmの羽形で、小葉は細長く先がとがったタマゴ形です。長さ8〜10cm、幅3〜5cmです。

花色：○

【別　　名】シンジュ
【科／属名】ニガキ科ニワウルシ属
【樹　　高】20〜25m
【花　　期】6月
【名前の由来】葉や樹形がウルシに似ていて庭植えされたため。

葉形：羽形
実形：ツバサ形

▼緑白色の小さな花が多数集まって細長い穂のようになる

▲果実はねじれた翼で回転しながらとぶ

ニワザクラ

低木で育てやすい

花は白色または淡紅色

花期は4月ごろで、八重咲きの白色の花が枝先に群がるようにつきます。花色は白が基本種ですが、淡紅色の花もあります。

一般には結実しない

ほとんどが八重咲きで、結実しません。ふやす時は株分け、さし木、とり木などによって増殖します。

◆特徴◆ 中国原産で古く渡来し、室町時代から庭木として植えられていた落葉低木です。高さ1.2〜1.5mです。葉は細長いタマゴ形で、長さ約5〜10cm。縁には波状のギザギザがあります。母種の五弁花は、ヒトエノニワザクラと呼ばれます。

花色：○ ●

【別　　名】――
【科／属名】バラ科サクラ属
【樹　　高】1.2〜1.5m
【花　　期】4月ごろ
【名前の由来】樹高が低く庭植えで楽しみやすいサクラに似たものであるところから。

葉形：タマゴ形

▲八重咲きの白い花が枝いっぱいに咲く。一重咲きもある

▼タマゴ形の葉と淡紅色の花

メモ 翼果（よくか）…果皮の一部が翼状に張り出している果実。

骨折や打ち身の湿布薬にされた

ニワトコ

花色：🟡

◆**特徴**◆
日本全国の山野に分布する。落葉低木〜小高木です。高さ2〜6m。葉は長さ8〜30cmの羽形です。小葉は先がとがった細長いタマゴ形で長さは3〜10cm、幅1〜4cm。縁には細かいギザギザがあり、葉形には変異が多くあります。

花は黄白色で小さい
花期は3〜5月です。今年枝の先に径約5mm弱の黄白色の小さい花が多数まとまって、径3〜10cmの花房をつくります。

茎葉や花は生薬
果実は長さ約5mmのマル形に近いタマゴ形です。初めは緑ですが、6〜8月に熟すと暗赤色になります。茎、葉、花は骨折や打ち身などの湿布薬に利用されます。

斑入り種もある
ニワトコの仲間には、果実が黄色に熟すキミノニワトコ、オオニワトコ、葉に白斑が入るフイリニワトコ、寒地性のエゾニワトコ、キミノエゾニワトコなどがあります。

▲枝先にまとまってつく黄白色の花

▲赤く熟した果実。花房の形がそのまま果房になる。

▲開花前のつぼみ

【別　　名】セッコツボク
【科/属名】スイカズラ科ニワトコ属
【樹　　高】2〜6m
【花　　期】3〜5月
【名前の由来】和名の由来は不明。別名は漢名の接骨木を和音読みにしたもの。

葉形：羽形
実形：タマゴ形

View Calendar

月	1	2	3	4	5	6	7	8	9	10	11	12
観葉			━	━	━	━	━	━	━	━		
開花			━	━	━ 花は丸い花房をつくる							
果実			3〜5mmの小さな実がなる			━	━	━	━	━		

ニワフジ

美しい紅紫色の花

花色：●○

◆**特徴**◆ 本州の中部、近畿地方南部、四国、九州の渓流の岩場などに自生する落葉小低木です。高さは30〜60cm。葉は長さ7〜20cmの羽形で、小葉はタマゴ形、長さ2.5〜4cm、幅1〜1.5cmです。

花は紅紫色まれに白色

花期は5〜6月です。長さ1.5〜2cmの紅紫色の花が枝先に集まり、長さ10〜20cmの花房をつくります。

暖地性で南部に多い

ニワフジの仲間は温暖な気候を好みます。チョウセンニワフジは、九州北部の岩場に自生し、花は淡紅色です。コマツナギは本州以南に自生し、淡紅紫色の花をつけます。

▲枝先につく紅紫色の花。まれに白色花もある

【別　　名】	イワフジ
【科/属名】	マメ科コマツナギ属
【樹　　高】	30〜60cm
【花　　期】	5〜6月
【名前の由来】	岩場に自生し、本来は岩藤でそれが転訛したものです。

葉形：羽形
実形：マメ形

ヌルデ

果実はロウの原料

花色：○

◆**特徴**◆ 日本全国の山野に分布する落葉小高木です。高さ5〜10m。葉は長さ30〜60cmの羽形で、小葉はタマゴ形です。長さ5〜12cm、幅3〜6cm。先はとがり、縁にはギザギザがあります。秋にはあざやかに赤く紅葉します。葉にはしばしば虫えいができ、これを五倍子と呼び、タンニンを抽出して、婦人が歯を黒く染める『おはぐろ』に用いられました。

白色の小さな花が枝先につく

花期は8〜9月。白色の小さな花が枝先に多数集まり、長さ15〜30cmの大きな花房をつくります。軸には淡褐色の毛が密生します。

熟果は白い物質を分泌

果実は平たいマル形で、径約5mmです。10〜11月に黄赤色に熟し、茶褐色の細い毛が密生します。

【別　　名】	フシノキ
【科/属名】	ウルシ科ウルシ属
【樹　　高】	5〜10m
【花　　期】	8〜9月
【名前の由来】	白色の樹液を塗料として使ったところから塗るでとなりました。

葉形：羽形
実形：マル形

▼まだ緑の未熟果。熟すと黄赤色になる

メモ 虫えい…虫の産卵や寄生によって異常発育した部分のこと。

ネーブルオレンジ

4月ごろまで保存可能

花色：○

▲ネーブルオレンジの幼果

【別　　名】ネーブル
【科/属名】ミカン科ミカン属
【樹　　高】3〜6m
【花　　期】6〜7月
【名前の由来】ネーブル(へそ)のあるオレンジという意味です。

葉形　タマゴ形
実形　マル形

日本で改良された品種が有名

ネーブルオレンジの主産地はアメリカです。日本には明治の中期に輸入され、品種改良が国内でも進み、関東地方以南で栽培されています。ワシントンネーブルの枝変わりとされている清家ネーブルは、年内から2月にかけて出荷されます。森田ネーブルは、果実が大きく甘味もあります。その他、白柳、大三島、福一、鈴木などの系統が発表されています。冬の耐寒温度は5℃以上で、年平均温度は15℃以上が要求されます。

◆特徴◆
中国原産の甜橙の枝変わりで、ブラジルで発見された常緑低木です。果実の先端にネーブル(へそ)があるのが特徴です。果径は約8㎝で、12月ごろ橙黄色に熟しますが、2月中下旬まで木成りさせておくと、甘味が増します。

ネズ

鋭い針葉が密生

花色：○

【別　　名】ネズミサシ、ムロ、トショウ
【科/属名】ヒノキ科ビャクシン属
【樹　　高】10〜17m
【花　　期】4月
【名前の由来】葉がかたくとがり、ネズミが通れないの略でネズ。

葉形　針形
実形　マル形

▶とがった葉が密につく枝葉

春に黄褐色の花がつく

花期は4月ごろです。雄花は前年枝の葉のわきにつきます。長さ約5mmのタマゴ形で、黄褐色の花がつきます。

果実は熟すと黒紫色

果実は径約1㎝弱のマル形果です。翌年か翌々年の10月ごろに熟し、緑〜黒紫色に変化し、表面には白いロウ質があります。

◆特徴◆
本州以南の山地や、やせ地にも分布する常緑高木です。高さ17mにもなります。葉はさわると痛いほど先がとがった針形で、長さ1〜2.5㎝。3本ずつ輪生し、表面には深い溝状の白い気孔帯があります。

メモ 輪生…茎の各節に3個以上の花や葉が囲むようにつくこと。

ネ

ネーブルオレンジ・ネズ・ネジキ

冬芽が花材になる
ネジキ

花色：○（白）／●（赤）

◆特徴◆ 東北地方南部以南に分布する落葉低木～小高木です。高さ2～7m。葉は先がとがったタマゴ形で、長さ5～10cm、幅2～6cmです。両面に伏毛がまばらにあり、裏面の一部には白い毛が密生します。

▲白いつぼ形の花が下向きに並んでつく

◀つぼみをつけたネジキ

白い花が下向きにつく
花期は5～7月です。前年枝の葉のわきから、径約1cmの白いつぼ形の花が多数まとまって、下向きにつきます。花色は、ときに淡紅色をおびることもあります。

果実は上向きにつく
果実は径約5mmのマル形果で、5個の筋があります。9～10月に熟すと、筋が裂けて種子を出します。花は下向き、果実は上向きです。

▼株立ちで紅葉する

▲ネジキの新芽

【別　　名】	カシオシミ
【科/属名】	ツツジ科ネジキ属
【樹　　高】	2～7m
【花　　期】	5～7月
【名前の由来】	幹がねじれるので捻子(ねじ)です。

葉形：タマゴ形
実形：マル形

View Calendar

月	1	2	3	4	5	6	7	8	9	10	11	12
観葉				■	■	■	■	■	■	■		
開花					■	■	■						つぼ形の花がまとまって咲く
果実								■	■	■			実は熟すと裂ける

ネズミモチ

果実は健胃に薬効

花色：○

▲黒紫色に熟すトウネズミモチの果実

▶白い花の中心は黄色味をおびる

【別　　名】	タマツバキ
【科/属名】	モクセイ科イボタノキ属
【樹　　高】	4〜5m
【花　　期】	6月ごろ
【名前の由来】	果実の色や形からネズミの糞を連想し、葉がモチノキと似ているため。

葉形：タマゴ形　実形：タマゴ形

◆特徴◆ 関東地方以西に分布するやや暖地性の常緑小高木です。高さ4〜5m。葉は先がとがったタマゴ形で、長さ4〜8cm、幅2〜5cm。肉厚で光沢があり、葉柄は紫褐色をおび、長さ5〜12mmです。

白色の小さな花がまとまってつく

花期は6月ごろです。今年枝の枝先に白色の小さな花がまとまり、長さ5〜12cmの花房をつくります。果実は長さ約5mm〜1cmのタマゴ形です。10月から12月にかけて紫黒色に熟します。

果実は薬用酒に使われる

庭木や生け垣に利用されます。果実は滋養強壮、疲労回復、健胃整腸などに薬効があるとされています。3か月以上熟成させると濃いブドウ色の果実酒ができます。

ネムノキ

夜間は小葉が閉じる

花色：●

【別　　名】	コウカ、コウカギ、ネブノキ
【科/属名】	マメ科ネムノキ属
【樹　　高】	8〜10m
【花　　期】	6〜7月
【名前の由来】	夜間に小葉が閉じて眠るように見えるところから眠之木です。

葉形：羽形　実形：マメ形

◆特徴◆ 本州以南の原野や川岸に多く分布する落葉高木です。高さ8〜10m。葉は長さ20〜30cmの羽形。小葉は長さ約1〜2cm、幅4〜6mmの舟形で、15〜30対あり、夜は葉がたれ下がります。

◀豆果は熟すと褐色になり、裂ける

▼枝先に淡紅色の花がまとまってつく

枝先に淡紅色の花がつく

花期は6〜7月です。長さ1cm弱のじょうごのような形の淡紅色の花が10〜20個、枝先にまとまって花房をつくります。雄しべは長さ3〜4cmで、花外に長く突き出します。

豆果がたれ下がる

10〜12月に長さ10〜15cm、幅1.5〜2cmの豆果が褐色に熟し、下側の線に沿って裂けて開きます。

ノイバラ

乾果は漢方薬

花色：○

花には芳香がある

花期は5～6月です。径約2.5cmの芳香がある白色の花がまとまってつきます。花びらは、先が広いタマゴ形で5枚です。

果実は液果状の偽果(ぎか)

果実に見えるのは、萼筒(がくとう)が肥大した偽果です。径約1cmのマル形で、9～12月に赤く熟します。乾果は利尿に薬効があり、生果は果実酒に用いられます。

【別　　名】	ノバラ
【科/属名】	バラ科バラ属
【樹　　高】	1～2m
【花　　期】	5～6月
【名前の由来】	刺のある低木の総称がイバラで、野に自生するイバラです。

葉形：羽形　実形：マル形

▲赤く完熟すると甘い果実
◀白色の花で芳香がある

◆特徴◆ 日本全国の河原や原野に分布する落葉低木です。高さ1～2m。枝はよく分枝して刺があります。葉は長さ10cmほどの羽葉。小葉は先がとがったタマゴ形で、長さ2～4cm。縁には鋭いギザギザがあり、裏面には軟毛があります。

ノウゼンカズラ

つるは長くはい登る

花色：●

枝先に橙色の花がつく

花期は7～8月。径約6cmの橙色の花が、枝先にまとまってつきます。花形はじょうごのような形で、先が5つに分かれて開きます。

果実はほとんどできない

日本では結実しにくいのですが、着果すると キササゲのように、細長い果実になります。果実は完熟すると縦に裂けて、翼のある多数の種子を散布します。

【別　　名】	──
【科/属名】	ノウゼンカズラ科ノウゼンカズラ属
【樹　　高】	3～10m
【花　　期】	7～8月
【名前の由来】	カズラはつる性をあらわし、ノウゼンは不明です。

葉形：羽形　実形：マメ形

▲つるではい登り、枝先に橙色の花がつく。

◆特徴◆ 中国原産で、平安時代に日本へ渡来したといわれるつる性落葉樹。つるは付着根を出し、長さ10mぐらいで、他の物にはい登ります。葉は長さ20～30cmの羽葉。小葉は先がとがったタマゴ形で、長さ3～7cm。縁には粗いギザギザがあります。

メモ　萼筒(がくとう)…花びらのわきにある雄しべと雌しべを守る萼片(がくへん)が筒状になっていること。

日本原産の花木

ノダフジ

花色：●○

◆特徴◆

北海道を除く全国の山野に分布するつる性落葉樹で、つるが高木に巻きつくと、頂上まで長く巻きつきます。葉は羽形で、小葉は先がとがったタマゴ形。長さ4～10cmで、はじめは毛が密生しますが、後に脱落ちます。

花房が長くたれる

花期は5月ごろです。長さ1.5～2cmの蝶形の花が多数まとまり、枝先から長さ20cm～1mの花房がたれ下がります。

豆果がたれ下がる

10～12月に、長さ10～20cmの豆果が熟します。表面にはビロード状の短毛が密生し、熟して乾燥すると、ひねるように裂けて種子をはじき出します。

花とつるの巻き方

一般にフジといわれているのは、ノダフジです。つるは右巻き（上から見て時計回り）で、花は花房の上から咲きます。改良品種には、花房が2mになるものや八重咲きもあります。ヤマフジはつるが左巻きで、花房がノダフジより短く、花は花房全体がほぼ同時に咲きます。

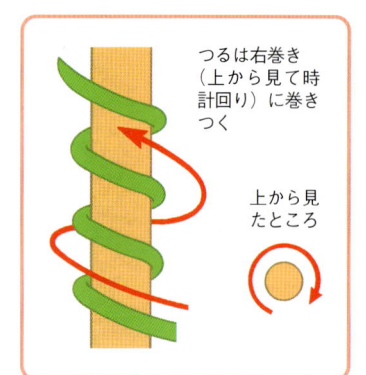

▶ノダフジの改良品種は花房が大きい
▶ヤマフジの白い花

つるは右巻き（上から見て時計回り）に巻きつく

上から見たところ

▼葉と花のコントラストも美しい

▶晩秋に熟すノダフジの豆果

【別　　名】フジ
【科/属名】マメ科フジ属
【樹　　高】つる性落葉樹
【花　　期】5月ごろ
【名前の由来】吹散、房垂花の略など語源は諸説があり、一定しません。

葉形：羽形
実形：マメ形

View Calendar

月	1	2	3	4	5	6	7	8	9	10	11	12
観葉				●	●	●	●	●	●	●		
開花					たれ下がる花房が見事							
果実										実は褐色に色づく		

メモ 萼筒…花びらのわきにある雄しべと雌しべを守る萼片が筒状になっていること。

ノ

ノダフジ・ノリウツギ・バイカウツギ

和紙の糊料に利用

ノリウツギ
花色：○

▼枝先に白色の花がまとまり花房をつくる

◆特徴　日本全国の山地の日あたりのよい場所に分布する落葉低木です。高さ2～5m。葉は対生または3輪生の先がとがったタマゴ形で、長さ5～15cm、幅3～8cm。縁には浅く鋭いギザギザがあり、革質です。

◀つぼみをつけた枝

枝先にまとまり、長さ10～30cmのやや細長い花房をつくります。

緑黄色～褐色に熟す
果期は9～11月で、長さ約5mmの蒴果。先端には花柱が残り、未熟果は緑黄色ですが、熟すと褐色になります。

【別　　名】	ノリノキ、サビタ
【科/属名】	ユキノシタ科アジサイ属
【樹　　高】	2～5m
【花　　期】	7～9月
【名前の由来】	樹皮の内側の粘液（糊）で製紙用の糊をつくったウツギのような植物であることから。

葉形：タマゴ形　実形：その他

世界各地で栽培される人気種

バイカウツギ
花色：○

花は装飾花と両生花の2つ
花期は7～9月です。白色の美しい色彩をもつ装飾花とひとつの花に雄しべと雌しべをそなえた両生花が

◆特徴　本州以南の山地に分布する落葉低木です。高さ2～3m。若枝は赤褐色で、縮れた軟毛があります。葉は先が鋭くとがったタマゴ形で、長さ4～10cm、幅2～4cm。かたい洋紙質で、縁には浅いギザギザがあります。

枝先に白色の花がまとまる

花期は5～6月です。花びら4枚の白色の花が、枝先に5～6花まとまってつきます。萼筒は、長さ約5mmの細長い

果実は熟すと裂ける
果期は9～10月で、径約5mm～1cmのマル形。熟すと褐色になり、4つに裂け、中から細長いタマゴ形の種子が出ます。

【別　　名】	サツマウツギ
【科/属名】	ユキノシタ科バイカウツギ属
【樹　　高】	2～3m
【花　　期】	5～6月
【名前の由来】	白色の花が梅の花を連想させるウツギであることから。

葉形：タマゴ形　実形：マル形

◀白色の花が梅の花を思わせる

メモ　蒴果…成熟後に果皮が裂開する果実のこと。

ハイネズ

鋭い常緑葉が地をはう

花色：●

◆**特徴**◆ 日本全国の海岸の砂地などに分布する常緑低木です。高さは50cmぐらい。枝は地面をはって広がります。葉は針葉で、長さ1〜2cm。3輪生で、さわると痛いほど先が鋭くとがります。5月ごろ、黄褐色でマル〜タマゴ形の花が咲きます。

果実は翌年に熟す

果実は、径約1cmのマル状のマツカサ形。開花した翌年の9〜10月に紫黒色に熟し、表面は白いロウ質におおわれます。

日あたりと水はけをよく

岩上にも自生するほどで、過湿と日光不足をきらいます。庭では、岩組みや斜面に植えて、常緑の葉を観賞します。

▲地面を覆い葉が密生する

【別　　名】	──
【科/属名】	ヒノキ科ビャクシン属
【樹　　高】	50cm
【花　　期】	5月ごろ
【名前の由来】	地をはうネズで、ネズはネズミがきらうほど葉がかたく鋭いネズミサシの略です。

葉形：針形　実形：マツカサ形

▲未熟果。ネズより大きく翌年に紫黒色に熟す

ハイビャクシン

常緑の葉を観賞

花色：●

◆**特徴**◆ 朝鮮南部から対島、壱岐などに特産する常緑低木です。高さ50cm前後。葉はほとんどが針葉で、ウロコのような形の葉（鱗片葉）もたくさんついています。針葉は3本ずつ輪生し、長さ6〜8cmで先がとがります。枝は横にはいますが、先端はいつも上向きになります。

花は目立たない

花期は4月ごろです。枝先に緑色がかった目立たない小さな花がつき、果実は翌年の秋に熟し、径約1cm弱のマル状のマツカサ形です。

斑入りや青葉種もある

ハイビャクシンの仲間には、イブキ、フィリビャクシン、ミヤマビャクシンの他、カイヅカイブキなどがあります。

【別　　名】	イワダレネズ、ソナレ
【科/属名】	ヒノキ科ビャクシン属
【樹　　高】	50〜60cm
【花　　期】	4月ごろ
【名前の由来】	柏槇は中国名の和音読みで、地をはうように育つビャクシンです。

葉形：針形　実形：マツカサ形

▼常緑の葉が密生し、地をはって広がる

ハ

ハイネズ・ハイビャクシン・ハイマツ

▲枝が横にはって広がる

高山性の針葉樹

ハイマツ

花色：

◆特徴◆ 中部地方以北の高山に分布する、寒地性の常緑低木です。枝が長く地をはうように横に伸び、ところどころから根を出して、風下に向かって広がります。葉は五葉性の針葉で、長さ4〜8cm。丈夫で太く、断面は三角形です。

花は紅色〜紫紅色

花期は6〜7月で、新枝の下部に紅色の雄花が多数つきます。雌花は枝先に1〜3個つき、紫紅色です。果実は翌年の夏〜秋に熟し、長さ3〜6cmのタマゴ形です。

葉は5本まとまってつく

ハイマツの仲間は葉が5本まとまってつく特徴があります。エゾハイマツは、北海道以北に分布し、幹が立ち上がりハイマツより高くなり、葉も長くなります。ハイマツと同じ五葉性のマツには、ゴヨウマツがあります。東北地方南部以西に分布し、幹は直立して高さ20〜30mになります。枝は横に広がり、葉は濃緑色です。園芸品種にはジャノメゴヨウ、ネギシゴヨウ、ツマジロゴヨウ、フイリゴヨウ、ゴヨウニシキなどがあります。

▲雄花のつぼみ。鮮やかな紅色である

▶開花した翌年に熟す果実

【別　　　名】──
【科/属名】マツ科マツ属
【樹　　　高】1m前後
【花　　　期】6〜7月
【名前の由来】枝が地面を横にはうマツという意味です。

葉形：針形
実形：マツカサ形

View Calendar

月	1	2	3	4	5	6	7	8	9	10	11	12
観葉	●	●	●	●	●	●	●	●	●	●	●	●
開花						●	●						紅色の雄花が美しい
果実								●	●	●			果実は開花の翌年に熟す

235

秋の七草のひとつ ハギの仲間

花色：●●

◆**特徴**◆ 日本全国の山野に分布する多年草または落葉低木です。高さは1～3mのものが多く、種類によって、分布や高さが多少違います。葉は羽形で、少数の小葉がつきます。

【別　　名】	―
【科/属名】	マメ科ハギ属
【樹　　高】	1～3m
【花　　期】	6～10月
【名前の由来】	秋を代表する花の1つで萩の字は日本でつくられました。

葉形：羽形　実形：マメ形

●ヤマハギ　ヤマハギは全国に分布

日本全国に分布し、高さ1～2mで、小葉は長さ2～4cmのタマゴ形。花期は7～9月で紅紫色の花が咲きます。

●ミヤギノハギ

本州に分布する半低木。枝先はたれ下がり、小葉は長さ2～6cm。花期は8～10月で、紫紅色の花が咲きます。

●マルバハギ

北海道を除く全国に分布し、高さ1～2mで花期は8～10月。小葉は長さ2～4cmのタマゴ形で、先が少しへこみます。その他、淡黄白色の花のキハギやツクシハギなどがあります。

▶8～10月に紫紅色の花が咲くミヤギノハギ

▲7～9月に紅紫色の花が咲くヤマハギ

花期には白い花が群がる ハクウンボク

花色：○

◆**特徴**◆ 日本全国の山地に分布する、落葉小高木です。高さ6～15m。若枝は緑色ですが、2年枝から暗い紫褐色になります。葉は先がとがった逆タマゴ形で、長さ10～20cm、幅6～20cm。縁にはギザギザがあります。

白い花が枝にたれ下がる

花期は5～6月です。花びら5枚の小さな白い花が、枝先に20個ぐらい細長くまとまり、8～17cmの長さでたれ下がります。

果実には毛がある

果実は、先が小さくとがるタマゴ形で、径約1.5cm。短毛が密生します。熟すと果皮が裂け、褐色の種子を1個出します。

▼優美さと気品を兼ね備える

【別　　名】	オオバヂシャ
【科/属名】	エゴノキ科エゴノキ属
【樹　　高】	6～15m
【花　　期】	5～6月
【名前の由来】	白い花が群がるように咲くのを、白雲にたとえたところから。

葉形：タマゴ形　実形：タマゴ形

ハクサンボク

白い花と赤い果実を観賞

花色：○

▲枝先にまとまってつく白色の花の花房

◆特徴◆ 山口県と九州以南の海岸などに多く分布する常緑低木～小高木です。高さ3～6m。葉は先がとがったひし形状のタマゴ形で、長さ5～20cm、幅4～15cm。光沢がある革質で、縁の上部だけ粗いギザギザがあります。

花には悪臭がある
花期は3～5月です。花は径約5mm～1cmの白色ですが、今年枝の枝先にまとまってつき、径6～15cmの花房をつくります。

果実は秋に赤く熟す
果期は10月～12月で、長さ1cm弱のタマゴ形。花房の形がそのまま果房になり、光沢がある赤色に熟します。

【別　　名】	イセビ
【科/属名】	スイカズラ科ガマズミ属
【樹　　高】	3～6m
【花　　期】	3～5月
【名前の由来】	実際には分布しないが、石川県の白山に産すると誤って思い込まれ、そのまま和名になりました。

葉形　タマゴ形
実形　タマゴ形

▲光沢がある赤い果実

ハクチョウゲ

生育地で常緑～半常緑

花色：○

◆特徴◆ 沖縄に分布する常緑低木です。寒い地方では、冬に落葉する半常緑になります。高さは60cm～1mで、株立ちになります。葉は小形の舟形で、長さ5～20mmです。よく分枝し、枝を折ると、特有のにおいがあります。

斑入り種や八重咲きがある
ハクチョウゲの品種には、葉に白い斑が入るフイリハクチョウゲやフタエハクチョウゲ、八重咲きのヤエハクチョウゲ、ムラサキハクチョウゲなどがあります。

生け垣に向く
花期は5～7月。短枝の先に1～2個小さな花をつけ、花色は紫がかった白色が多く、他に紅色をおびたものや白い花もあります。刈り込みに耐え、生け垣に利用されます。

【別　　名】	——
【科/属名】	アカネ科ハクチョウゲ属
【樹　　高】	60cm～1m
【花　　期】	5～7月
【名前の由来】	中国名の白丁花を和音読みにしたものです。

葉形　舟形
実形　その他

▼花は淡紫白色が多く、他に紅色がかかった色や白色の花もよくある

ハ

ハギの仲間・ハクウンボク・ハクサンボク・ハクチョウゲ

ハグマノキ

花後に特徴が出る

花色：⬤ ⬤

▼煙状になった花柄

▲開花直前の花

花後に花柄が煙状になる

花期は5〜6月で、薄い褐色に近い紫紅色の小さな花が枝先にまとまってつき、長さ20〜30cmの花房をつくります。花後に特徴があり、花柄が伸びて長い毛に覆われ、煙状になります。

ハグマノキは変異がいろいろある

ハグマノキの変異には葉がたれ下がるもの、葉が紫色をおびるもの、花房が暗紫色になるもの、若枝に細い軟毛のあるものなどがあります。

◆特徴◆ 南ヨーロッパ、中国、ヒマラヤ、北アメリカに広く分布する落葉低木です。高さ3〜8mの株立ちになります。葉は先がとがったタマゴ形で、長さ4〜8cm。表面は暗緑色で裏面は灰緑色。落葉前の秋には美しく紅葉します。

【別　　名】	ケムリノキ、カスミノキ、スモークツリー
【科/属名】	ウルシ科ハグマノキ属
【樹　　高】	3〜8m
【花　　期】	5〜6月
【名前の由来】	花後の形が、白熊（ヤク）の白い毛でつくられる払子に似ているため。

葉形　タマゴ形

ハゴロモジャスミン

花に芳香があるつる性低木

花色：○

▲芳香の強い白色の花のハゴロモジャスミン

花には強い芳香がある

花期は2〜4月で、上部の枝先に30〜40花がまとまってつきます。つぼみは淡紅色です。花は白色ですが、強い芳香があります。

200種の近縁種がある

ジャスミンの仲間には白色の花をつけるソケイやマツリカのほか、黄色い花のキソケイやオウバイなど200種ほどあります。

◆特徴◆ 中国原産のつる性常緑低木です。寒さにはかなり強いのですが、1〜2月のつぼみのつく時期に強い寒気にあうと、開花しません。葉は羽形で、小葉は先がとがった細長いタマゴ形です。つるは2〜3m伸びるので、垣根や支柱などに誘引できます。

【別　　名】	ジャスミナム・ポリアンサム
【科/属名】	モクセイ科ソケイ属
【樹　　高】	つる性常緑低木
【花　　期】	2〜4月
【名前の由来】	白色の花を羽衣にたとえ、園芸会社が市販するときに名づけたといわれます。

葉形　羽形

メモ　花柄…花と枝をつなぐ部分の柄のこと。

暖地性の花木

ハシカンボク

花色：●

◆特徴◆ 九州南部以南に分布する暖地性の常緑低木です。高さは1m以内。若枝には毛がありますが、後には落ちます。葉は先がとがったタマゴ形で、長さ4〜10cm、幅2〜5cm。5〜6本の平行脈があり、縁には細かいギザギザがあります。

▲淡紅色の可憐な花をつける

淡紅色の花が枝先につく

花期は7〜9月で、枝先に径約1.5cmの淡い紅色の花がつきます。花びらは4枚で、雄しべは長短があり、長いほうは淡紅色、短いほうは黄色です。果実は長さ1cm弱のタマゴ形で、熟すと4つに裂けます。

近縁種のミヤマハシカンボクは白い花

ハシカンボクの近縁種ミヤマハシカンボクは、高さ2〜3mになり、全体に黄色の毛があり、花は白色です。

【別　　名】ハシカン
【科/属名】ノボタン科ハシカンボク属
【樹　　高】1m
【花　　期】7〜9月
【名前の由来】古くから沖縄で波志干(はしかん)と呼ばれていたものに木がつきました。

葉形：タマゴ形　実形：タマゴ形

初夏に芳香がある白色の花

ハシドイ

花色：○

◆特徴◆ 日本全国の山地や石灰岩地にも分布する落葉高木です。高さ6〜12m。葉は先がとがった広めのタマゴ形で、長さ6〜15cm、幅5〜8cm。基部は円形で、裏面には脈に沿って短い毛があります。

芳香がある白色の花

花期は6〜7月で、径約5mmのじょうろ形の白い花が前年枝の枝先にまとまり、芳香がある大きな花房をいくつもつくります。果実はタマゴ形。

ライラックも仲間

ハシドイの仲間として、ヨーロッパ東南部原産のライラック(ムラサキハシドイ)は広く栽培され、他にペルシャライラックなどがあります。

▼前年枝の枝先に群がってつく白色の花

【別　　名】キンツクバネ
【科/属名】モクセイ科ハシドイ属
【樹　　高】6〜12m
【花　　期】6〜7月
【名前の由来】ハシドイはギリシア語で笛・パイプの意で、髄が柔らかくて抜くと管になることから。

葉形：タマゴ形　実形：タマゴ形

ハ

ハグマノキ・ハゴロモジャスミン・ハシカンボク・ハシドイ

ハシバミ

枝から雄花がたれ下がる

花色：🟡🟤

◆特徴◆
沖縄を除く日本全国の山地に分布する落葉低木で、高さは5mです。葉は先が鋭くとがった広めのタマゴ形で、長さ6〜12cm、幅5〜12cm。縁には不ぞろいのギザギザがあり、紫褐色の斑の入るものもあります。

▲垂れ下がったハシバミの雄花序（開花後）

▲葉が出る前に枝先からたれ下がるツノハシバミの雄花序

花は葉の出る前につく
花期は3〜4月で、新葉の出る前に前年枝の枝先につきます。雄花は小さな花が集まり、黄色または黄褐色で長さ3〜7cmの細長い花房をつくり、枝先からたれ下がります。雌花は目立ちません。

総苞につつまれた堅果
果期は9〜10月。長さ2.5〜3.5cmの鐘形になる総苞につつまれ、径1.5cmのマル形の堅果ができます。

◀総苞につつまれたツノハシバミの果実

食用のヘーゼルナッツもある
ハシバミの仲間のツノハシバミ（別名ナガハシバミ）は、果実の形がハシバミと異なります。総苞は長さ3〜7cmで、先がツノのようにとがります。堅果もハシバミのマル形に対しタマゴ形です。セイヨウハシバミ（別名ヨーロッパヘーゼル）の実は、食用のヘーゼルナッツです。

▶若葉

【別　　名】	オオハシバミ
【科/属名】	カバノキ科ハシバミ属
【樹　　高】	1〜5m
【花　　期】	3〜4月
【名前の由来】	葉皺（はしわみ）、榛柴実（はりしばみ）などの転訛（てんか）とされています。

葉形：タマゴ形　実形：マル形

View Calendar

月	1	2	3	4	5	6	7	8	9	10	11	12
観葉				■	■	■	■	■	■	■		
開花			■ 小さな花が集まってたれ下がる ■									
果実					実は厚めの皮に包まれる ■	■	■	■	■	■		

メモ　総苞（そうほう）…花や実を包む苞（皮）のことで葉が変化したもの。

ハゼノキ

秋の紅葉が美しい

ハ　ハシバミ・ハゼノキ

◆**特徴**◆ 関東地方以西の山野に広く分布する、落葉低木です。高さ7〜10m。葉は長さ20〜30cmの羽形。小葉は先がとがった舟形。長さ5〜12cm、幅2〜4cmです。表面は緑色で、裏面は粉白色です。秋には美しく紅葉します。

黄緑色の小さな花がつく

花期は5〜6月です。黄緑色の小さな花が枝先に多数まとまって、長さ5〜10cmの花房をつくります。

果実は褐色に熟す

果期は9〜10月です。1〜1.5cmで、少し偏平のマル形の果実が、褐色に熟します。表面は光沢があり、後に外皮がはがれて、白いロウ質の中果皮が露出します。

栽培種が広がる

室町時代に輸入して九州に植えたものが、野生化して広がったという説があります。古くは、果実からロウをとるために栽培し、材質は辺材が灰白色、心材が淡黄色〜黄色で、寄木細工などに利用されます。

▲盆栽や鉢植えでも楽しめる

◀未熟果。後に光沢のある褐色となる

【別　　　名】	ハゼ、ロウノキ、リュウキュウハゼ
【科/属名】	ウルシ科ウルシ属
【樹　　　高】	7〜10m
【花　　　期】	5〜6月
【名前の由来】	古語のハジから転訛したとされています。

葉形 羽形
実形 マル形

View Calendar

	月	1	2	3	4	5	6	7	8	9	10	11	12
観葉					━━━━━━━━━━━━━								
開花					長さ5〜10cmの花房をつくる								
果実									実は少し平たいマル形				

ハスノハギリ

熱帯の海岸に多い

花色：○(黄)

▲総苞につつまれた果実。中の種子は黒く熟す

◆特徴◆
沖縄、小笠原などの海岸に分布する熱帯性の常緑高木です。高さ10～20m。葉は先がとがった長めのタマゴ形で、長さ20～40cm。やわらかい革質で、表面は緑の中に白い葉脈が目立ちます。

花は白色～黄白色
花期は7～9月で、径約5mm弱の白色～黄白色の花が3個ずつ並んでつきます。中央の1個が雌花で、左右の2個が雄花です。

熟した実は透きとおった皮につつまれる
果実は肉質で、透明な皮につつまれます。花後、肥大してやや平たいマル形になります。中の種子は、熟すと黒いタマゴ形になります。

【別　　名】	ハマギリ
【科/属名】	ハスノハギリ科ハスノハギリ属
【樹　　高】	10～20m
【花　　期】	7～9月
【名前の由来】	長い葉柄がハスに、材質が軽くキリに似ていることによります。

葉形：タマゴ形　実形：マル形

ハッサク

果実は甘酸っぱく香りもよい

花色：○(白)

▲果実は400gになる大果

◆特徴◆
広島県の寺の境内で発見された暖地性ミカン類の1品種です。常緑低木で、高さ3～5m です。葉は先がとがったタマゴ形で、光沢がある革質。葉柄には翼があります。花期は5月で、ミカンに似た白色の花がつきます。

果実はマル形の大果
果実は350～400gになります。一般には12月に収穫して2～4月に出荷しますが、木成りで越冬させ、2～4月に収穫すると、甘味が増します。

生育適温は高い
年平均温度16～17℃、最低温度は4℃必要なので、良品の生産地は暖地に限られます。

【別　　名】	ハッサクザボン、ハッサクカン
【科/属名】	ミカン科ミカン属
【樹　　高】	3～5m
【花　　期】	5月
【名前の由来】	旧暦の八朔（8月1日）ごろから食べられ、ハッサクザボンと名づけられ、後にザボンがとれました。

葉形：タマゴ形　実形：マル形

ハナイカダ

熟果は甘味がある

花色：🟢

◆特徴◆ 日本全国に分布する落葉低木です。高さ1～2m。葉は先が尾状に長くとがるタマゴ形で、長さ6～12cm、幅3～6cm。縁には浅いギザギザがあり、表面には光沢があります。葉の基部は、くさび形になります。

▼葉の中央につく淡緑色の花。若葉は山菜、果実は甘味があり生食、ジャム、果実酒などにできる

葉の中央に花がつく

花期は4～6月です。径約5mm弱の淡緑色の小さい花が、葉の中央部分に1～数個つきます。葉とほとんど同色で、あまり目立ちません。

果実は黒く熟す

果期は8～10月です。雌株には径1cm弱のマル形の果実が、葉の中央につきます。熟すと黒紫色になり、花よりはるかに目立ちます。果肉には甘みがあり、ジャムや果実酒などに利用されます。

【別　　　名】	ヨメノナミダ、ママッコ
【科/属名】	ミズキ科ハナイカダ属
【樹　　　高】	1～2m
【花　　　期】	4～6月
【名前の由来】	葉の中央につく花や果実の形を筏(いかだ)に見立てたものです。

葉形：タマゴ形　実形：マル形

ハナズオウ

葉より先に花が咲く

花色：🟣⚪

◆特徴◆ 中国原産の落葉低木です。高さ2～4m。葉は広めのタマゴ形で、長さ5～10cm、幅4～10cm。先はとがり、基部はハート形です。表面は光沢があり、葉脈が手のひら状に走ります。

▼満開期。葉はまだなく花だけが枝を飾る

葉が出る前に開花

花期は4月ごろで、葉が出る前に花が咲きます。前年枝～古枝の先に紅紫色の花がまとまってつき、全体が紅紫色に染まります。

豆果がたれ下がる

長さ5～7cm、幅1～1.5cmの豆果が、枝から数個ずつまとまってたれ下がり、中には1～8個の種子ができます。

▲秋に豆果が枝からたれ下がる

【別　　　名】	スオウバナ、スオウギ、ハナスオウ
【科/属名】	マメ科ハナズオウ属
【樹　　　高】	2～4m
【花　　　期】	4月ごろ
【名前の由来】	花色が染め色の一種、蘇芳(すおう)染めの紅紫色に似ていることから。

葉形：タマゴ形　実形：マメ形

ハ　ハスノハギリ・ハッサク・ハナイカダ・ハナズオウ

ハナカイドウ

古くから花を観賞

花色：…

◆**特徴**◆ 中国原産の落葉小高木です。高さ5～8m。葉は先がとがったタマゴ形で、長さ3～8cm、幅2～5cm。質は固く光沢があり、縁にはギザギザがあります。若枝には毛が見られますが、後に脱落します。

淡紅色の花は古くから観賞用

花期は4月ごろで、あざやかな淡紅色の花は、中国で古くから園芸種として観賞され、日本には江戸時代以前に渡来したといわれます。花は径3～4cmで、枝先に4～6個集まり、たれ下がります。

ハナカイドウの近縁種ミカイドウ

ハナカイドウの近縁種にミカイドウ（別名ナガサキリンゴ）があり、径1～2cmのマル形果が10～11月に黄褐色に熟します。

大輪八重咲きもある

花が八重咲きになるヤエカイドウ、枝がたれるシダレカイドウ、葉に白い斑が入るフイリカイドウ、八重大輪咲きのオオヤエカイドウなどがあります。

▼ハナカイドウの開花期。淡紅色花が美しい

▼ミカイドウの開花期

▲ハナカイドウの葉と花

◀ミカイドウの未熟果。この後黄褐色に熟す

【別　　名】	ナンキンカイドウ
【科/属名】	バラ科リンゴ属
【樹　　高】	5～8m
【花　　期】	4月ごろ
【名前の由来】	中国名は海棠で、和音読みにして花をつけたものです。

葉形：タマゴ形
実形：マル形

View Calendar

月	1	2	3	4	5	6	7	8	9	10	11	12
観葉				■	■	■	■	■	■	■		
開花				あざやかな淡紅色の花が咲く								
果実				ミカイドウは黄色の実がなる								

ハナミズキ

日本を代表する花

花色：○●

◆**特徴**◆ 北米原産の落葉高木です。日本では高さ5～6mですが、原産地では10m以上になります。葉は先がとがったタマゴ形で、長さ8～15cm。枝先に多く集まり、秋には美しく紅葉します。

ハ　ハナカイドウ・ハナミズキ

【別　　名】	アメリカヤマボウシ
【科/属名】	ミズキ科ミズキ属
【樹　　高】	5～10m
【花　　期】	4～5月
【名前の由来】	花の美しいミズキという意味です。

葉形：タマゴ形
実形：マル形
実形：タマゴ形

▲秋に暗紅色に熟す果実 　　▲葉と同時につく白い花

▲覆輪斑入り 　　▲中心に小さな花がある

▲斑入り葉のハナミズキ

花に見えるのは総苞
花期は4～5月で、新葉が出るのとほとんど同時に開花します。花は枝先につきますが、花びらに見えるのは総苞で、長さ4～6cmの総苞片が4枚つきます。

果実は暗紅色に熟す
果期は9～10月。果実は長さ1cm前後のマル～タマゴ形で、1～数個が集合します。

紅色の花の品種もある
ハナミズキの品種には、紅色のチェロキー・チーフ、枝がたれ下がるシダレハナミズキ、淡黄色の葉に覆輪斑が入るトリカラーなどがあります。暗紅色に熟し、中の種子は褐色または黒褐色で、中央に溝があります。

View Calendar

月	1	2	3	4	5	6	7	8	9	10	11	12
観葉				■	■	■	■	■	■	■	■	
開花				新葉の出と同時に開花								
果実			小さな実がまとまってつく									

メモ 総苞…花などを保護するための葉が変化したもので、花の基部につくもの。

春の新葉と秋の紅葉

ハナノキ

花色：●

▲秋には黄葉する

▲葉の多くは3つに裂けるが、切れ込みがないものもある

【別　　名】	ハナカエデ
【科／属名】	カエデ科カエデ属
【樹　　高】	25〜30m
【花　　期】	4月ごろ
【名前の由来】	花が紅色で、続いて出る新葉も桃色で全体が色づき、美しいところから。

葉形：手のひら形　実形：ツバサ形

◆特徴◆ 長野県南部、岐阜県東南部、愛知県北部だけに限定されて分布する落葉高木です。高さ25〜30m。葉は先がとがった手のひら形で、長さ4〜10cm、幅3〜6cm。浅く3つに裂けますが、切れ込みのないものもあります。

4月に紅色の花がつく

花期は4月ごろで、葉が出る前に花がつきます。前年枝の葉のわきに、紅色の小さな花が4〜10個ずつまとまって花房をつくります。

ハナノキと近縁のベニカエデ

ハナノキは紅葉か黄葉し、時にはベニカエデの変種として扱われることもありますが、別種です。和名ベニカエデ（別名アメリカハナノキ）は北米原産の落葉高木で、秋の紅葉が美しく、逆にハナノキの変種とされるぐらいよく似ており、レッドサンセット、スカンロン、シマレジンゲリなどの園芸品種があります。ハナノキは大気汚染にやや弱く、アメリカハナノキは丈夫です。

花を観賞する品種

ハナモモ

花色：●　●（薄ピンク）　○

▲葉に先立って開花した淡紅色の花

▲5月中旬の未熟果

【別　　名】	モモ
【科／属名】	バラ科サクラ属
【樹　　高】	3〜8m
【花　　期】	4月
【名前の由来】	花を観賞するモモの品種の総称。

葉形：舟形　実形：マル形

◆特徴◆ 果実の収穫を主にするモモに対して、花を観賞する品種群の総称で、基本的にはモモと変わりません。実モモを生育するところなら、どこでも栽培できます。葉は広〜細の舟形で、先がとがり、長さ7〜16cm。長さ1〜1.5cmの葉柄がつきます。

花は芳香がある

花期は4月で、葉の出る前につきます。花は径2.5〜3.5cmで芳香があります。花色は白色、淡紅色、紅色などがあります。

八重咲きや菊咲き

ハナモモの品種には、花が八重咲きの黒川矢口、菊咲きの菊桃のほか、枝がたれるしだれ性や、ほうき立ちになるものなどがあります。

ハナユ

果汁は食酢に利用

花色：○

◆特徴◆ ユズの仲間で、食酢用のカンキツ類です。常緑低木で、高さ1.5m前後になり、ユズより低木性です。葉は細みのタマゴ形で、やや色が薄く波状になります。日本では古くから栽培されていますが、中国からの渡来や日本で発生したなどの説があり、起源は不明です。

【別　　　名】	ハナユズ、トコユ
【科/属名】	ミカン科ミカン属
【樹　　　高】	1.5m
【花　　　期】	5月ごろ
【名前の由来】	中国名は花柚で、花の香りを料理に使ったことに由来します。

葉形：タマゴ形　実形：マル形

▼7〜8月から利用でき、樹上での果実の寿命が長いのが特徴

花には香気がある

花期は5月ごろです。葉のわきに純白で香気のある花が咲き、観賞用に鉢植えにされることもあります。

果汁はクエン酸が豊富

果実は70〜80gでユズの香りがあります。表面の凹凸が激しく、10月〜11月に黄変し、同時に多汁になります。11月上旬から収穫し、出荷されます。

ハマギク

太平洋岸に分布する

花色：○

◆特徴◆ 茨城県から青森県にいたる太平洋岸に分布する落葉小低木です。高さは1m前後で、基部からよく分枝します。葉はへら形で、長さ5〜9cm。古くから庭植えや鉢植えにされています。

秋に白色の花がつく

花期は9〜11月です。葉の中央から長い花柄を伸ばし、先端に径約6cmの頭花をつけます。頭花の外側を白色の舌状花が囲み、中央部は黄色になります。

短日処理で開花

短日処理をはじめると、40〜50日で開花します。処理したものは8月下旬から鉢植えが出荷され、出まわります。

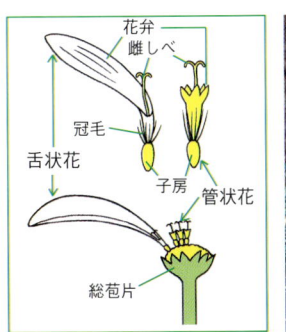

▼ヘラ形の葉と花

花弁・雌しべ・冠毛・舌状花・子房・管状花・総苞片

【別　　　名】	——
【科/属名】	キク科キク属
【樹　　　高】	1m前後
【花　　　期】	9〜11月
【名前の由来】	海岸の浜に自生するキクということです。

葉形：ヘラ形　実形：その他

メモ　舌状花…キク科など頭状花につく小花のうち花びらの一部がよく発達したもの。

トロピカルフルーツの代表

パパイア

花色：🟡

◆特徴◆ 熱帯アメリカ原産の果樹で、沖縄以南以外では温室栽培になります。常緑小高木で高さ7～10mになり、成長が早く単幹で直立します。鉢植えでも、大きい鉢にしたがって、ひとまわり大きい鉢に植え替えていくと育てられます。

葉は手のひら形

葉は手のひら形で、ヤツデの葉のように7～11に深く切れ込み、長い葉柄があります。古い葉は自然に脱落して新しい葉とかわり、通常10～11枚の葉がついています。

花は幹に直接つく

花は乳白色で花びらが厚く、トロピカルフルーツとして有名な果実は先が太いタマゴ形で、黄色く熟し、甘い香りがします。

日本での生育環境

生育適温は25～30℃で、冬は15℃以上を保ちます。12℃ぐらいまでは耐えますが、生育が止まります。

▲房になってつく果実。木成りで黄色く熟したものは甘味も香りもよい

▼葉表。5～11に深く切れ込む

▶葉裏。長い葉柄の先につく

▲乳白色の花と未熟果

【別　　名】	チチウリ、モクカ
【科/属名】	パパイア科パパイア属
【樹　　高】	7～10m
【花　　期】	周年
【名前の由来】	原産地の呼び名がそのまま世界に広がったものとされています。

葉形：手のひら形
実形：タマゴ形

View Calendar

月	1	2	3	4	5	6	7	8	9	10	11	12
観葉	■	■	■	■	■	■	■	■	■	■	■	■
開花			花びらは肉厚									
果実					実は甘い香りがする							

ハマナス

紅紫色の花が浜に咲く

花色：🔴 🟣 ⚪

◆特徴
◆茨城県以北（太平洋側）、島根県以北（日本海側）の海岸に分布し、株立ちになる落葉低木です。高さ1〜1.5m。地下茎を伸ばして広がり、ときには大群落をつくります。枝には刺が密生します。葉は長さ9〜11cmの羽形で、小葉は長さ2〜3cmのタマゴ形です。先は丸く、縁には鈍いギザギザがあります。

あざやかな大輪の花
花期は5〜8月で、紅色〜紅紫色、まれに白色の花が枝先に1〜3個ずつつきます。径5〜8cmの大輪で、花びらはふつう5枚つきます。

果実は赤く食べられる
果実は偽果で、やや平たいマル形。8〜9月に赤く熟します。先端には萼片が残ります。中には長さ約5mmの種子が入っています。果実は食用になり、ビタミンCが多く含まれています。

▼鮮やかな紅紫色の花

▶白色の花の品種もありシロバナハマナスと呼ぶ

◀果実はビタミンCが多く、赤く熟すと食用になる

【別　　名】	ハマナシ
【科/属名】	バラ科バラ属
【樹　　高】	1〜1.5m
【花　　期】	5〜8月
【名前の由来】	果実をナシにたとえ、浜にできるナシでハマナシになり、その転訛です。

葉形：羽形
実形：マル形

View Calendar

月	1	2	3	4	5	6	7	8	9	10	11	12
観葉				■	■	■	■	■	■	■		
開花					■ 大輪の花が咲く ■							
果実			実はビタミンCを多く含む									

八　パパイア・ハマナス

ハマゴウ

浜辺に咲く淡青紫色の花

花色：🟣

▲枝先にまとまる淡青紫色の花

▲未熟果。この後褐色に熟す

◆**特徴**◆ 北海道を除く、日本全国の海岸の砂地に分布する落葉小低木です。茎は地面をはって広がり、枝は立ち上がって高さ30〜70cmになります。葉は先が鈍くとがるタマゴ形で、長さ3〜6cm、幅2〜4cmです。

小さい花がまとまって咲く

花期は7〜9月。花は淡青紫色で、径約1.5cm。基部が細く先が広がる小さな花が枝先にまとまり、長さ4〜6cmの細長い花房が直立します。

果実は黄緑色〜灰褐色

果実は、径6〜7mmのマル形です。未熟果は黄緑色ですが、熟すと灰褐色に変わり、下部は花後大きくなった萼(がく)につつまれます。

【別　　名】	ハマハイ
【科/属名】	クマツヅラ科ハマゴウ属
【樹　　高】	30〜70cm
【花　　期】	7〜9月
【名前の由来】	ホウやハマホウと呼ぶ方言があり、それが転じてハマゴウになったという説があります。

葉形：タマゴ形　実形：マル形

ハマニンドウ

花には香りがある

花色：⚪🟡

▶開花後白〜黄色に変わる花

▶枝先についたタマゴ形の葉

◆**特徴**◆ 西日本の海岸近くに分布する、つる性の半常緑低木です。よく分枝して茂ります。葉は先が鈍くとがるタマゴ形で、長さ4〜10cm、幅2〜6cm。質は厚く、はじめ白い毛がありますが、後に消えます。

芳香がある白〜黄色の花

花期は5〜7月です。枝先の葉のわきから長さ約5mm〜1cmの花柄を伸ばし、先端に芳香がある花を2個ずつつけます。花色は最初白ですが、後に黄色に変わります。

マル形の実が黒く熟す

果期は10〜11月です。径1cm弱のマル形の実が熟すと黒くなり、中には長さ約5mmのタマゴ形の種子が入っています。

【別　　名】	イヌニンドウ
【科/属名】	スイカズラ科スイカズラ属
【樹　　高】	つる性半常緑低木
【花　　期】	5〜7月
【名前の由来】	浜辺近くに自生するニンドウで漢字では忍冬。つる性で冬を耐え忍ぶという意味があります。

葉形：タマゴ形　実形：マル形

メモ 萼(がく)…雄しべと雌しべを保護するカバーで、内側のものを花弁、外側のものを萼という。

ハ

ハマゴウ・ハマニンドウ・ハマヒサカキ・ハリエンジュ

海岸に自生する
ハマヒサカキ

【別　　名】	マメヒサカキ
【科/属名】	ツバキ科サカキ属
【樹　　高】	2〜6m
【花　　期】	10〜2月
【名前の由来】	浜姫サカキの転訛(てんか)で、浜は自生地、姫は小さいことをあらわします。

葉形：タマゴ形
実形：マル形

花色：

花は淡黄緑色で臭気がある

花期は10〜2月です。葉のわきに径約5mmの鐘形で淡黄緑色の花が、2〜4個下向きにつきます。花には独特の臭気があります。

◆特徴◆ 関東地方以西の海岸に分布する常緑低木です。高さ2〜6m。葉は先がまるいタマゴ形で、長さ2〜4cm、幅1〜1.2cm。縁には浅いギザギザがあり、厚い革質で表面に光沢があります。葉柄は約1cmです。

果実は黒紫色に熟す

果実は径約5mmのマル形です。11〜12月には黒紫色に熟し、中には10〜20個の種子が入っています。

◀淡黄緑色の小さな花が下向きにつく

浅根性で強風に弱い
ハリエンジュ

花色：○

▲枝先に白色の花がまとまってつく

▼美しい花房

香りのよい白色の花

花期は5〜6月です。長さ約2cmの白色の蝶形の花が枝先にまとまってつき、長さ10〜15cmの香りのよい花房をたらします。

◆特徴◆ 北アメリカ原産で、明治時代初期に日本に渡来し、各地で砂防用に植栽されて広がった落葉高木です。高さ15〜25m。枝はもろく、太い枝でも折れやすい性質です。葉は長さ12〜25cmの羽形で、小葉はタマゴ形をしていて、長さ3〜5cm。

果実からは3〜10個の種子が出る

果実は長さ5〜10cm、幅1.5〜2cmの豆果(とうか)です。10月ごろ熟すと、2つに裂けて3〜10個の種子を出します。

【別　　名】	ニセアカシア
【科/属名】	マメ科ハリエンジュ属
【樹　　高】	15〜25m
【花　　期】	5〜6月
【名前の由来】	エンジュに似ていて刺(針)があることから。

葉形：羽形
実形：マメ形

251

▲ミニバラ系の赤い小輪の花

▲ハイブリッド・ティー系'クリスチャン・ディオール'
（1978フランス）

'チンチン'（1978フランス）

バラの仲間

花形、花色ともに多彩

花色：●●○○

◆**特徴**◆ 北半球に100〜200種あり、日本にも10数種が自生しますが、観賞用に栽培される多くは、複雑な種間・品種間交雑により成立してきた株立性のバラとつるバラです。
株立性のバラには四季咲き大輪（ハイブリッド・ティー）、中輪房咲き（フロリバンダ）、小輪房咲き（ポリアンサ）、ヒメバラ（ミニチュア）などがあります。
つるバラには一季咲きと四季咲きがあり、つるが長く伸びるクライマー、つるが3m前後で半つる性のシュラブ、小輪房咲きで、枝が細く地面をはうランブラーなどがあります。いずれも、葉は羽形で、小葉は先がとがったタマゴ形です。

【別　名】──
【科/属名】バラ科バラ属
【樹　高】1〜4m
　　　　　（低木、小低木、つる性半落葉低木など種や品種によって異なる）
【花　期】5〜11月
　　　　　（種や品種によって異なる）
【名前の由来】刺のあるイバラの略です。

葉形：羽形
実形：マル形

八 バラの仲間

代表的な日本の自生種ノイバラ

サンショウバラは箱根、富士周辺に多く自生し、5～6月に淡紅色の花が咲きます。ナニワイバラは四国、九州に野生化している常緑の半つる性で、6～7月に白色で一重の花が咲きます。

タカネイバラは高山帯に多く紅色の花でほかにハマナスなどがあります。古くから栽培されているモッコウバラは、江戸時代に中国から渡来した白～黄色の花です。

◀大輪紅花 "宴"（1979日本）

◀フロリバンダ系・綿絵（1981日本）

▼ハイブリッド・ティー系・天津乙女（1961日本）

View Calendar

月	1	2	3	4	5	6	7	8	9	10	11	12
観葉				━	━	━	━	━	━	━	━	
開花					━	━	━	━	━	━	━	
果実			マル形の実がなる									

※落葉／常緑／半常緑／開花期／結実期など品種によって変化

参考 花が咲き終わったら、ふつうは花柄を摘み取って管理します。

ハリブキ

枝と葉に刺がある

花色：

◆特徴◆
中部地方以北の本州と北海道、四国の高山帯に分布する落葉低木です。高さ1m以内。枝にはほとんど分枝することはなく、枝には鋭い刺が密生します。葉は5〜9に裂ける手のひら形で、果実は径20〜40cmのタマゴ形です。

花は緑白色で小さい
花期は6〜7月です。径約5mm弱の緑白色の花が多数枝先にまとまり、細長い穂状の花房をつくり、直立します。

果実は熟すと赤くなる
果実はやや平たいタマゴ形です。径約5mm〜1cmの小さな果実が枝先に多数まとまり、はじめは黄緑色ですが、熟すと赤くなります。

▲果実は熟すと赤くなる

▲葉にも鋭い刺がある。刺なしもあり、メハリブキという

▶黄緑色の小さい花がつく

【別　　　名】	—
【科/属名】	ウコギ科ハリブキ属
【樹　　　高】	1m以内
【花　　　期】	6〜7月
【名前の由来】	葉がフキの葉に似て大きく、刺（針）があるので。

葉形：手のひら形
実形：タマゴ形

View Calendar

月	1	2	3	4	5	6	7	8	9	10	11	12
観葉						■	■	■	■	■		
開花			小さな花が枝先にまとまる ■									
果実			平たいタマゴ形の実がなる ■									

ハ
ハリブキ・ハリギリ・ハルサザンカ

ハリギリ
若葉は香りのよい山菜

花色：🟡 🟣

小さな花が丸くまとまる

花期は7～8月で、花びら5枚の小さな花が枝先に丸くまとまります。花はタマゴ形で長さ約5mm弱。葯は赤紫色です。

◆**特徴**◆ 日本全国に広く分布する落葉高木です。高さ20～25mになります。老木の樹皮は黒褐色で、マツのように深い割れ目があります。葉は手のひら形で、5～9に裂け、長さ、幅ともに10～30cmです。葉の先はそれぞれとがり、縁にはギザギザがあります。

果実は黒く熟す

果実は径約5mmのマル形です。はじめは赤褐色ですが、後に熟すと黒くなり、中には長さ3～4mmの種子ができます。

▲手のひら形に大きく裂ける葉

【別　　名】	センノキ
【科/属名】	ウコギ科ハリギリ属
【樹　　高】	20～25m
【花　　期】	7～8月
【名前の由来】	材質がキリに似ていることと刺（針）があるので針桐です。

葉形：手のひら形　実形：マル形

ハルサザンカ
ツバキとサザンカの雑種

花色：🔴 🌸 ⚪

花は紅色系が多い

花はツバキとサザンカの、中間的特徴があります。開花は一般に遅いほうで、12月～翌年の4月ごろまでが多くなります。花色は紅色や桃色系が多く、白色の品種は少数です。

◆**特徴**◆ ツバキとサザンカの雑種群をハルサザンカと呼び、約50品種あります。樹形は上に高く伸びるものから広く横に枝を張るものまであり、さまざまです。葉の大きさや形もいろいろですが、基本的には先がとがったタマゴ形です。

日本で改良した品種

ハルサザンカは、江戸時代から改良が進み、多くの品種が作り出されました。春日野、沖の浪、羽衣、銀竜、笑顔、春の台、和歌浦などの品種があります。

【別　　名】	──
【科/属名】	ツバキ科ツバキ属
【樹　　高】	3～10m
【花　　期】	12～4月ごろ
【名前の由来】	早春に花の咲くものが多いサザンカ系のツバキなので。

葉形：タマゴ形　実形：マル形

◀桃色で大輪の花が咲く '昭和の輝'

▼'絞り笑顔'の花と葉

▲白いハンカチをたれ下げたように見える総苞片

【別　　名】	ハトノキ、オオギリ
【科/属名】	ダビディア科（ヌマミズキ科、ハンカチノキ科）ダビディア属（ハンカチノキ属）
【樹　　高】	15〜20m
【花　　期】	4〜6月
【名前の由来】	白くたれ下がる総苞がハンカチをたれ下げたように見えるところから。

葉形　タマゴ形
実形　タマゴ形

◆特徴◆ 中国原産で、自生地は標高2000mの高地ですが、適応力があり、日本では本州以南、九州、四国までたいていの場所で育ちます。葉は、先がとがったタマゴ形で、長さ9〜15cmです。

ハンカチノキ

白い布のような総苞がたれ下がる

花色：○

◀黄色〜褐色に熟す
タマゴ形の果実

▼花は球形（つぼみの状態）

白い総苞が目を引く

花期は4〜6月で、花は径約2cmのタマゴ形です。白い花びらのように見えるのは総苞で、大きなものは長さ20cm、幅も5cmぐらいあります。

果実は黄褐色に熟す

果実は径3〜4cmのタマゴ形で、9〜10月に熟し、黄褐色になります。中の核は、長さ2〜3cmの長タマゴ形で、縦に深い溝があります。

1属1種のめずらしい樹木

1属1種の樹木ですが、葉柄の赤いものや緑色の変異があり、葉の形にも大きな変異が見られます。

View Calendar

月	1	2	3	4	5	6	7	8	9	10	11	12
観葉				■	■	■	■	■	■	■	■	
開花				■ 白いハンカチがたれているように見える ■								
果実							■ 実は黄褐色になる ■					

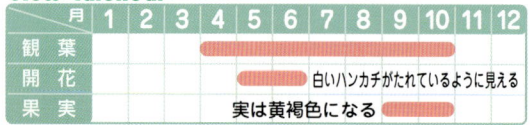

メモ　総苞…花などを保護するための葉が変化したもので、花の基部につくもの。

256

ハンノキの仲間

花穂が枝からたれ下がる

花色：■■●

◆特徴◆
日本全国の湿地帯に分布する落葉高木です。高さは5〜20m。葉は先がとがった長めのタマゴ形で、長さ5〜13cm、幅2〜5.5cmです。縁には浅いギザギザがあり、質はややかたく、裏面には赤褐色の毛があります。

▶ヤマハンノキの雄花

地域により開花期が違う

暖地では11月に開花し、寒地では新葉がでる前の4月に開花します。雄花は黄褐色の小さな花が細長く集まり、長さ4〜7cmで、枝から2〜5個たれ下がります。雌花序は小さく、あまり目立ちません。

果実は褐色に熟す

長さ1.5〜2cmのタマゴ状のマツカサ形で、10月に成熟し、緑色から褐色にかわり、長さ5〜6cmで扇状のウロコがついたようになります。

暖地性〜寒地性まである

ハンノキの仲間は全国に分布し、地域によってさまざまです。ヤシャブシは2〜4月に開花し、花穂はハンノキより太く、タンニンを多く含みます。オオバヤシャブシはヤシャブシより葉や果実の大きいのが特徴です。ヒメヤシャブシは高さが2〜10mで、葉幅が狭く舟形になります。ミヤマハンノキは、東北地方の高山〜北海道に分布する寒地性で、5〜7月に開花します。サクラバハンノキは、関東以西に分布し、2〜3月に開花します。果実は上向きにつくのが特徴です。

▲サクラバハンノキの果実と花

▲枝からたれ下がるヤシャブシの雄花と立ち上がる雌花

【別　　　名】	ハリノキ
【科/属名】	カバノキ科ハンノキ属
【樹　　　高】	5〜20m
【花　　　期】	4〜5、11〜2月
【名前の由来】	ハリノキの転訛。ハリノキの語源は不明。

葉形：タマゴ形
実形：マツカサ形

▶ミヤマハンノキの葉と若い果穂

View Calendar

月	1	2	3	4	5	6	7	8	9	10	11	12
観葉				■	■	■	■	■	■	■		
開花	■	■	寒地							暖地	■	■
果実				熟すと緑から褐色にかわる								

ハ ハンカチノキ・ハンノキの仲間

ヒイラギ

香りがよい花が咲く

花色：○

▶香りのよい白色の花

◆**特徴**◆ 東北地方南部以南に分布する常緑小高木です。高さ4～8m。葉は先がとがったタマゴ形で、長さ3～7cm、幅2～4cm。革質で厚く、表面には光沢があり、若木の葉には、先が刺状になる大形のギザギザがあります。

芳香がある白色の花
花期は、11～12月です。径約5mmで白色の小さい花ですが、葉のわきに多数まとまって花房をつくり、よい香りがします。

果実は黒紫色に熟す
果実は、開花翌年の6～7月に熟します。長さ1・5cmのタマゴ形で、熟すと紫色になり、中には核が1個できます。

【別　　名】	──
【科/属名】	モクセイ科モクセイ属
【樹　　高】	4～8m
【花　　期】	11～12月
【名前の由来】	葉の刺にふれるとヒリヒリ痛むことを「ひびらぐ」と表現し、それが転訛してヒイラギです。

葉形：タマゴ形　実形：タマゴ形

ヒイラギモクセイ

原産地不明の雑種

花色：○

◆**特徴**◆ ヒイラギとギンモクセイの交雑種と考えられており、原産地不明の常緑小高木です。高さ3～7m。葉は先がとがったタマゴ状で、長さ4～9cm。ヒイラギより大形で、縁には刺状のギザギザが8～10対あり、表面の光沢はヒイラギに劣ります。

▲葉の光沢はヒイラギに似る

白色の花がまとまってつく
花期は9～10月です。径約1cm弱の白色の小さな花が、葉のわきにまとまって花房をつくり、芳香があります。

庭木や公園樹にむく
栽培が容易で、庭園樹や公園の植栽などに用いられます。

▼10月ごろ径1cm前後の白色の花がまとまってつく

【別　　名】	──
【科/属名】	モクセイ科モクセイ属
【樹　　高】	3～7m
【花　　期】	9～10月
【名前の由来】	ヒイラギとギンモクセイの雑種なので両種の名がまとめてつきました。

葉形：その他

ヒ

ヒイラギ・ヒイラギモクセイ・ヒイラギナンテン

ナンテンの仲間

ヒイラギナンテン

花色：●

◆**特徴**◆ 中国原産で、17世紀ごろ日本に渡来し、庭木として広く植えられています。常緑低木で、高さは1〜3mです。葉は長さ30〜40cmの羽形で、小葉は細長いタマゴ形です。冬に黄赤褐色を帯びます。

春に黄色い花が咲く

花期は3〜4月です。黄色い小さな花が、枝先に多数まとまってつき、長さ10〜15cmほどの花房をつくり、たれ下がります。

果実は黒紫色に熟す

果実は、径約5mm〜1cm弱のマル形で、6〜7月に熟すと黒紫色になり、表面には白粉をおびます。

◀ しばしば葉が紅色を帯びる

▲マホニア・メディア（ヒイラギナンテンとマホニア・ロマリーフォリアの交雑種）

▲羽形の葉と未熟果

【別　　　名】	トウナンテン
【科／属名】	メギ科ヒイラギナンテン属
【樹　　　高】	1〜3m
【花　　　期】	3〜4月
【名前の由来】	小葉の刺がヒイラギに、羽形の葉がナンテンに似ているため。

葉形：羽形　実形：マル形

View Calendar

月	1	2	3	4	5	6	7	8	9	10	11	12
観葉	■	■	■	■	■	■	■	■	■	■	■	■
開花			■	■	長い花房がたれ下がる							
果実						■	■	実は黒色に熟す				

モチノキの仲間

ヒイラギモドキ

花色：◯

▶特徴◀ 中国から朝鮮半島南部にかけて分布する常緑低木です。高さ2～5m。葉は革質で、幼木では、ほとんど四角形に近い形。角に鋭い刺状になったギザギザがありますが、成木になると刺は消えていきます。刈り込みに耐えるので、生け垣にも利用されます。

▲光沢のある葉と黄色の小さな花

【別　　名】	ヒイラギモチ
【科/属名】	モチノキ科モチノキ属
【樹　　高】	2～5m
【花　　期】	4～6月
【名前の由来】	ヒイラギに似た葉をもつため。

葉形：その他　実形：マル形

黄色の花が咲く

前年枝に、黄色の花がまとまってつきます。クリスマスホーリーの名で一般に市販されています。

雌株には美しい赤色の果実がつく

果実はマル形で径約1cm。10～1月に赤く熟した果実が枝先にまとまってつき、色彩のとぼしい冬を飾ります。

▲冬を彩る赤色の果実

ヒトツバタゴ

花色：◯

白色の花が樹冠を飾る

▶特徴◀ 本州中部と対島に分布する落葉高木です。高さ10～30m。葉は先がとがったタマゴ形で、長さ4～10cm、幅2・5～6cmです。

▶満開時には雪が降り積もったように全体が花に覆われる

今年枝に白い花が咲く

花期は5月です。今年枝の先に白い小さな花が多数まとまり、長さ7～12cmの花房をつくります。

果実は黒紫色に熟す

果実は長さ約1cmのタマゴ形です。はじめは緑色ですが、9～10月に黒紫色に熟し、表面は粉白色を帯びます。

▼秋には果実が黒紫色に熟す

【別　　名】	ナンジャモンジャ
【科/属名】	モクセイ科ヒトツバタゴ属
【樹　　高】	10～30m
【花　　期】	5月
【名前の由来】	タゴはトネリコの別名で複葉ですが、本種は単葉なので一つ葉のタゴです。

葉形：タマゴ形　実形：タマゴ形

ヒサカキ

庭木や生け垣に向く

花色：

◆特徴◆
岩手・秋田県以南に分布するやや暖地性の常緑低木〜小高木で、高さ3〜6mです。葉は先がにぶくとがるタマゴ形で、長さ3〜7cm、幅1.5〜3cm。厚い革質で光沢があり、縁には浅いギザギザがあります。

花は黄白色で鐘形
花期は3〜4月で、径5mm弱の黄白色の小さな花が葉のわきにつきます。花形は鐘形で、1〜3個まとまり、下向きになります。

果実はマル形
雌株には径5mm弱のマル果が、10〜11月に黒紫色に熟します。中には長さ約2mmほどの種子が多数入っています。

神事にも使われる樹木
刈り込みに耐えるので、庭木や生け垣に仕立てられるほか、関東地方ではサカキの代用として神事にも使われます。伊豆諸島で葉の細かい品種が栽培されています。

◀花は黄白色の鐘形

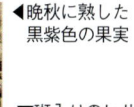

◀晩秋に熟した黒紫色の果実

▼斑入りのヒサカキ

【別　　名】	──
【科/属名】	ツバキ科ヒサカキ属
【樹　　高】	3〜6m
【花　　期】	3〜4月
【名前の由来】	サカキより小形で姫サカキになり、その転訛です。

葉形：タマゴ形　実形：マル形

▶ヒサカキの園芸品種・ホソバヒサカキ・の斑入り

View Calendar

月	1	2	3	4	5	6	7	8	9	10	11	12
観葉	●	●	●	●	●	●	●	●	●	●	●	●
開花			● 鐘形の小さな花が咲く									
果実				枝に多数の黒い実がつく							●	●

ヒ　ヒイラギモドキ・ヒトツバタゴ・ヒサカキ

芳香がある針葉樹

ヒノキ

花色∴

◆**特徴**◆ 福島県以南の山地に広く分布する常緑高木です。高さ30〜40m。風あたりの強い岩上などでは横にはい、低木状になることもあります。葉は鱗片葉で、長さ1〜3mm。表面は濃緑色です。

【別　　名】――
【科/属名】ヒノキ科ヒノキ属
【樹　　高】30〜40m
【花　　期】4月
【名前の由来】火の木です。古代にはこの木をこすって発火させたといわれます。

葉形　針形
実形　マツカサ形

▼径約1cmのマル状の果実

雄花はタマゴ形、雌花はマル形

花期は4月で、枝先につきます。雄花は長さ2〜3mmのタマゴ形で赤味をおび、雌花は径5mm弱のマル形です。実は褐色のマツカサ形です。

葉の美しい品種が多い

ヒノキの品種カマクラヒバ（別名チャボヒバ）は幹が直立し、自然に円錐樹形に整います。実は褐色でマル状のマツカサ形です。カナアミヒバは高さ3〜5mで、枝が左右にクジャクの尾のようになります。オオゴンクジャク（別名オオゴンクジャク）は秋〜冬にかけて黄金葉が美しい品種です。その他に矮性のボールバードなど、数多くの品種がつくられています。

ヒ
ヒノキ

▲園芸品種'グロボーサ・バリエガータ'

▲'カマクラヒバ'のマツカサ形の果実

▲'カナアミヒバ'（別名'チリメンヒバ'）は一部の枝が石化して鶏冠状になる

▶ヒノキ林

View Calendar

月	1	2	3	4	5	6	7	8	9	10	11	12
観葉	●	●	●	●	●	●	●	●	●	●	●	●
開花						丸い緑色の花がつく						
果実	割れ目が入ったような丸い実がつく											

樹形と葉が美しい

ヒマラヤスギ

花色：🟡

▲自然樹形のヒマラヤスギ

▲こまめに手入れされて作られた樹形

▲葉は約4cmの針葉

◆**特徴**◆ ヒマラヤなどが原産の常緑針葉樹で、日本には明治のはじめごろに渡来しました。日本では高さ20〜25mですが、原産地では50mになるものもあります。葉は長さ約4cmの針葉で、長枝には、らせん状につきます。

雄花は黄色で小さい

花期は10〜11月です。雄花は短枝の先に黄色の小さな花が多数まとまり、長さ2〜5cmの円筒形の花房をつくります。雌花は円錐形です。

果実はマツカサ形

果実は長さ6〜12cmのタマゴ状のマツカサ形です。翌年の秋〜晩秋に熟し、長さ1〜1.5cmの種子を出します。種子を全部落とすと、軸だけが枝に残ります。

【別　　名】	ヒマラヤシーダー
【科/属名】	マツ科ヒマラヤスギ属
【樹　　高】	20〜50m
【花　　期】	10〜11月
【名前の由来】	葉がスギに似ているので、ヒマラヤのスギです。

葉形：針形 ／ 実形：マツカサ形

高山の湿地が自生地

ヒメシャクナゲ

花色：🔴 ⚪

▼葉は暗緑色で細長い

▶小さな花は下向きにつく

▲シャクナゲに似た愛らしい花

◆**特徴**◆ 本州中部以北の高層湿原などに分布する常緑小低木です。高さは15〜30cmにしかなりません。葉は暗緑色で、長さ1〜3cm、幅3〜5mmの細長いヘラ形で、裏面は白色の毛に覆われています。

花は壺状で下向きにつく

花期は4〜5月で、長さ5mm前後の壺状の花が、枝先の葉のわきからまとまって下向きに咲きます。花色は淡紅色か白です。

白色の花もある

ヒメシャクナゲの品種には、白色の花のシロバナヒメシャクナゲ、花つきのよい丈夫な日光産系統、樹高の低い至仏産系統、淡紅色の花の早池峰産系統などがあります。

【別　　名】	ニッコウシャクナゲ
【科/属名】	ツツジ科ヒメシャクナゲ属
【樹　　高】	15〜30cm
【花　　期】	4〜5月（自生地は6〜7月）
【名前の由来】	葉の形がシャクナゲに似ており、また、小型であることからつけられました。

葉形：ヘラ形 ／ 実形：その他

ヒョウタンボク

赤く熟した果実がヒョウタン形

花色：○（白）○（黄）

◆特徴 ◆北海道南西部、本州、四国の山地に分布する落葉低木です。よく分枝して茂り、高さは1～2mです。枝は中空で、葉は先がとがった長めのタマゴ形。長さ2～6cm、幅1～3cmで基部は広いくさび形になり、両面には毛があります。

▼白色から黄色にかわったヒョウタンボクの花

花は白～黄色にかわる

花期は4～6月で、枝先の葉のわきに長さ約1.5cmの5裂花がつきます。花色ははじめ白色ですが、後に黄色にかわります。

ヒョウタンの形をした実は有毒

花が白色の場合は、枝先に2個ずつ並んでつき、7～9月には赤く熟します。果実は有毒なので、注意します。

果実が黒紫色に熟す種類もある

ヒョウタンボクの仲間のハナヒョウタンボクは本州北部に分布し、高さ2～5mになります。クロミノウグイスカグラは、本州中部地方以北に分布し、黒紫色の果実をつけます。そのほか、スイカズラやウグイスカグラなどがあり、ヒマラヤスギ・ヒメシャクナゲ・ヒョウタンボク

▼ヒョウタンボクの葉と赤い果実

【別　　名】	キンギンボク
【科/属名】	スイカズラ科スイカズラ属
【樹　　高】	1～2m
【花　　期】	4～6月
【名前の由来】	マル形果が2個並んでつき、その形がヒョウタン形になるので。別名は白色の花を銀、黄色の花を金にたとえたもの。

葉形：タマゴ形
実形：マル形

▲チシマヒョウタンボクの赤い果実

▼ハナヒョウタンボクの開花期

View Calendar

	月	1	2	3	4	5	6	7	8	9	10	11	12
観葉					●	●	●	●	●	●	●	●	
開花					●	●	● 花は白から黄色に変わる						
果実				実は有毒なので注意			●	●	●	●			

早春に黄色い花が咲く

ヒュウガミズキ

花色：○

◆特徴◆ 本州の石川県以南～兵庫県以北の日本海側で、やせた岩地に分布する落葉低木です。高さは2～3m。葉は先がとがった幅広のタマゴ形で、長さ2～3cm、幅1.5～2.5cm。基部は浅いハート形にくぼみ、縁にはギザギザがあります。

▲葉に先立って枝を飾る黄色い花

花は葉が出る前につく
花期は3～4月で、葉が出る前につきます。長さ1.5cmほどの黄色い花で、1～3花ずつまとまって、小枝につきます。

果実は黄緑色
果実は径約5mmのタマゴ形で、熟すと黄緑色になり、中に長さ5mm弱の種子ができます。種子は黒色で光沢があります。

▼タマゴ形の葉と果実

【別　　名】	ヒメミズキ
【科/属名】	マンサク科トサミズキ属
【樹　　高】	2～3m
【花　　期】	3～4月
【名前の由来】	原産地を宮崎県の日向地方と誤認表記されたためです。

葉形：タマゴ形　実形：マル形

花も実も見どころ満点

ピラカンサ

花色：○

◆特徴◆ ヨーロッパ南西部～小アジア原産の常緑低木です。高さ2～4m。葉は舟形で長さ3～5cm、幅1～2cm。濃緑色で光沢があります。花期は5～6月。果実は径約5mmで赤いマル形果です。

▼白い花が盛り上がるように咲く姿は迫力がある

▲赤熟期は枝全体が赤くなる

▶黄色の実と葉

鉢植えや生け垣で楽しみたい
花は小型で白色。多数の花が集まり、半球状に群れて咲きます。秋に熟す果実は鮮紅色または黄色で美しく、鉢のや生け垣に用いられて、楽しまれています。

黄色に熟す果実もある
ピラカンサの品種として、赤い果実の千代田紅、黄色果実のゴールデン・チャーマーなどがあり、そのほか6種の近縁種が知られています。

【別　　名】	トキワサンザシ
【科/属名】	バラ科トキワサンザシ属
【樹　　高】	2～4m
【花　　期】	5～6月
【名前の由来】	同属のいくつかの品種の総称で、属名のラテン語読みに由来します。

葉形：舟形　実形：マル形

ヒ

ヒロハヘビノボラズ

葉元や縁に刺がある

花色：●

◆**特徴**◆ 日本全国の山地に分布する落葉低木です。高さ1～3m。葉はタマゴ形で、長さ3～10cm、幅1～2cm。枝には刺があり、葉の縁にも刺状のギザギザが密生します。

黄色の花がたれ下がる

花期は6月です。径約5mmの黄色の花が、短枝の先に10個以上、まとまって花房をつくり、たれ下がって開花します。

果実は赤く熟す

果実は径約5mmほどのタマゴ形で、10～11月に赤く熟します。中の種子は茶褐色で、片面が平らのタマゴ形です。

ミヤマシロチョウの食草

高山蝶のミヤマシロチョウの食草として知られています。

ヒュウガミズキ・ピラカンサ・ヒロハヘビノボラズ・ビワ

▼10数個の花がまとまって咲く

【別　　名】	ヒトハリヘビノボラズ
【科/属名】	メギ科メギ属
【樹　　高】	1～3m
【花　　期】	6月
【名前の由来】	葉が広く、また枝に鋭い刺があり、蛇も登れないという意味です。

葉形：タマゴ形　実形：タマゴ形

ビワ

暖地で栽培の果樹

花色：○

◆**特徴**◆ 東海地方以西に分布し、暖地では果樹として栽培されています。常緑高木で、高さ6～10mです。葉は、先がとがった舟形で、長さ15～20cm。基部がしだいに狭くなります。

芳香がある白色の花

花期は11月～翌年1月です。花は径約1cmの白色ですが、多数がまとまり、長さ10～20cmの花房をつくります。

生食を楽しむ果実

果実は径3～4cmのタマゴ形で、5～6月に熟すと、黄橙色になります。熟果は、生食用果実として市販されます。ふつう、実生から育ったものは、実が小さくなります。

▼黄橙色に熟した果実

▼花だけ小さく、花びらは5枚で中心に褐色の腺毛が密生する

【別　　名】	ビワ
【科/属名】	バラ科ビワ属
【樹　　高】	6～10m
【花　　期】	11月～翌年1月
【名前の由来】	葉や果実の形が、楽器の琵琶に似ているためといわれています。

葉形：舟形　実形：タマゴ形

▲紅色系の'サンデイゴ'

花期の長い熱帯花木
ブーゲンビレアの仲間

花色：○○○○○○

◆**特徴**◆ 中央アメリカ、南アメリカ原産の熱帯花木で、14種の原種と交雑種があります。半つる性の常緑低木～小高木で、茎はつる状で、よくのびます。葉は先がとがったタマゴ形。花びらに見えるのは葉が変形した苞です。花は大きな苞上につき、花びらはありません。苞は紫、赤、橙、白など変化があります。萼は管状で淡紅色、黄色などで、先が5つに裂けて開きます。実もなりますが、あまり観賞価値はありません。

多彩な花色が楽しめる

ブーゲンビレアの園芸品種として、ミセス・バットは交雑品種で、もっとも多く栽培されています。花色は苞、萼ともに深紅色です。

▼紅紫色の'メアリーパーマー'

【別　　名】	イカダカズラ
【科/属名】	オシロイバナ科ブーゲンビレア属
【樹　　高】	つる性常緑樹
【花　　期】	10月～翌年5月
【名前の由来】	フランスの科学者「ブーゲンヴィユ」の名にちなみます。

葉形：タマゴ形
実形：マル形

フ ブーゲンビレアの仲間

▲白色の花の'シマ'

▲細長いタマゴ形の葉と花

◀明紫色の'エリザベス・アンガス'

▲紫紅色の花で斑入り

▶白色の花の'レジーホワイト'

◀白紅の花の'ブライダルブーケ'

また、明紫色のエリザベス・アンガスは、さし木でふやすことが難しい品種ですが、苞が大きめで美しさも目を引きます。

そのほか、紅色のサンディゴ、白色のシマ、薄紅色のブライダルブーケなど、品種によって、色とりどりの花が楽しめます。

冬は室内で育てる

5℃以上で越冬します。春～秋まで戸外の直射日光下で管理し、冬は室内に入れて温度管理をします。花が終わったら、つる枝は2～3節残して先を切り戻します。

View Calendar

月	1	2	3	4	5	6	7	8	9	10	11	12
観葉	■	■	■	■	■	■	■	■	■	■	■	■
開花	■	■	■	熱帯地方の代表花						■	■	■
果実			■	■	■	実は観賞価値がうすい						

冬の赤い果実を観賞

フウトウカズラ

花色：●

▲冬に赤い果実が集まってたれ下がる

【別　　名】	──
【科/属名】	コショウ科コショウ属
【樹　　高】	つる性常緑低木
【花　　期】	4～6月
【名前の由来】	中国名は風藤葛で、そのまま和音読みにしたもので、カズラはつる性をあらわします。

葉形：タマゴ形　実形：マル形

◆特徴◆ 関東地方南部以西の海岸近くに分布する雌雄異株のつる性常緑低木です。つるは節から気根を出して、岩や木をはい登ります。葉は先がとがったタマゴ形で、長さ6～12cm。基部は浅いハート形ですが、特に辛味はありません。コショウの仲間ですが、特に辛味はありません。

小さな花が細長くまとまる

花期は4～6月で、葉と対生する位置につきます。花色は黄色で、小さな花が集まり、長さ5～15cmの細長い花房をつくって、たれ下がります。

果実は赤く熟す

径約5mm弱のマル形の果実が、花房の形のまま11月～翌年3月に熟します。はじめは黄色ですが、熟すと赤くなります。

寒さに弱い樹木

フェイジョア

花色：○●

▼花の中心に暗赤色の花柱が直立する

▶タマゴ形の果実は多汁で甘く芳香がある

【別　　名】	アナナスガヤバ
【科/属名】	フトモモ科フェイジョア属
【樹　　高】	3～5m
【花　　期】	6月ごろ
【名前の由来】	学名の属名に由来。

葉形：タマゴ形　実形：タマゴ形

◆特徴◆ ブラジル南部、ウルグアイ、アルゼンチン原産の熱帯果樹です。日本で育てるときは、温度管理が必要になります。常緑低木で、高さは3～5mです。葉は長めのタマゴ形で、長さ5～7cm。革質で表面には光沢があり、裏面には綿毛があります。

白色の花で内側は紫色

花期は、6月ごろです。径約4cmほどの白色ですが、内側は紫色をおび、中心に暗赤色の雄しべと雌しべが直立し、目立ちます。

芳香がある多汁果

果実は、長さ5～10cmのタマゴ形で、表面は緑。内部は黄白色の多汁肉質で、独特の芳香と甘味があり、完熟して落果したものを収穫します。

フ

フウトウカズラ・フェイジョア・フクシア

フクシア

2000種以上もある園芸品種

花色：

◆**特徴**◆ 南アメリカを中心に、100種以上が分布し、それらの交雑により、現在2000以上の園芸品種があるといわれています。それらを総合して「フクシア」と呼んでいます。花形や花色はさまざまですが、多い花色は濃淡の紅系で、花形は下向きに開くものが多いようです。

耐寒性でも幅がある
温帯の戸外で越冬できるほど寒さに強いものから、暖地でないと育たないものまであります。常緑〜落葉、低木〜小高木、葉は単葉〜輪生、対生〜互性、花びらは普通4枚ですが、退化、消失するものもあります。

冬は保温、夏は涼しく
冬は保温し、夏は涼しく空気中の湿度が高い環境を好みます。夏の高温と用土の過湿はきらいます。

▲園芸品種フクシア'シェルアン'

▲園芸品種フクシア'ブリティッシュ・スターリング'

◀筒状が白く花びらが淡紅色で下向きに咲くフクシア'ピンクコメット'

【別　　名】	ホクシャ、ツリウキソウ
【科/属名】	アカバナ科フクシア属
【樹　　高】	1〜7m
【花　　期】	多くは4〜7月
【名前の由来】	ドイツの植物学者「フックス」の名にちなみます。

葉形：タマゴ形　実形：タマゴ形

View Calendar

月	1	2	3	4	5	6	7	8	9	10	11	12
観葉												
開花										筒状の花形が特徴的		

※常緑のものもある。

早春の花を観賞

フジモドキ

花色：●

▲葉より早く花が見られる

▼タマゴ形の若葉と花

◆特徴◆ 朝鮮半島南部、台湾などが原産の暖地性の落葉低木で、高さは約1mです。葉は細めのタマゴ形で、3月下旬〜4月に、葉に先立って花びら4枚の淡紫色の花をまとまって枝先につけます。半日陰でも育つので、高木の下にも向きます。

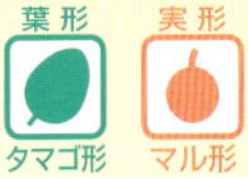

サクラでもフジでもない
呼び名にはフジやサクラといった名称がつき、それらの仲間と間違われそうですが、まったく別のジンチョウゲの仲間です。

性質は弱い
耐寒性はあるものの、風や乾燥をきらい、やや湿り気のある土を好みます。過湿に弱く、生育条件が合わないと、すぐ枯死してしまいます。

【別　　名】	チョウジザクラ、サツマフジ
【科/属名】	ジンチョウゲ科ジンチョウゲ属
【樹　　高】	1m
【花　　期】	3月下旬〜4月
【名前の由来】	花色などが、フジやサクラに似ているため。

葉形：タマゴ形　実形：マル形

日本の固有種

ブナ

花色：●

▲青々とした若葉
▲ブナの着果状況
▲黄葉も美しい

◆特徴◆ 北海道南部以南に広く分布する落葉高木です。高さ25〜30m。葉はひし形状のタマゴ形で、長さ5〜8cm、幅3〜5cmです。一般に日本海側は葉が大きく幹が直立し、太平洋側は葉が小さく、ずんぐりした樹形になります。

雄花は下向き雌花は上向き
花期は5月ごろです。雄花は軟毛が密生する花柄の先に、黄緑の小さな花が6〜15個集まって葉のわきにたれ下がり、雌花は上向きにつきます。

野生動物の好物
殻につつまれた果実は、10月ごろ熟すと割れて、中から長さ1.5cmで先がとがった堅果が出てきます。栄養豊富で、野生動物の貴重な食料になります。

【別　　名】	シロブナ、ソバグリ
【科/属名】	ブナ科ブナ属
【樹　　高】	25〜30m
【花　　期】	5月ごろ
【名前の由来】	ブンナリノキの転訛といわれます。ブンナリとはブナ林を渡る風の音からきたとされています。

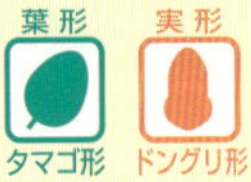

葉形：タマゴ形　実形：ドングリ形

ブッドレア

園芸品種が多い樹木

花色：●●○

◆**特徴**◆ 中国原産の落葉低木です。高さ3〜5mですが、多くは2mぐらいに仕立てられます。葉は先がとがった舟形で、長さ12〜36cm、幅3〜13cm。裏面は白色のフェルト状です。

▼ホワイト系の園芸品種

▲花が房状になる

花には芳香がある

花期は5〜10月です。園芸品種が多くあり、好みで楽しめます。花色は白、ピンク、紫紅など変化が多くあります。今年枝の枝先に小さな花がまとまり、長さ15〜20cmの花房をつくり、芳香があります。

花が紅紫色のフジウツギ

ブッドレアの仲間であるフジウツギは本州と四国に分布し、高さ1〜2m。7〜9月に紫紅色の花が咲きます。ウラジロフジウツギは四国、九州に分布し、高さ1〜2m。7〜10月に紫色の花がつきます。

◀紅紫色の花の園芸品種、ハンホーパープル

【別　　名】	フサフジウツギ
【科/属名】	フジウツギ科フジウツギ属
【樹　　高】	3〜5m
【花　　期】	5〜10月
【名前の由来】	別名のフサフジウツギは花房がフジに似ているので房藤空木です。

葉形：舟形　実形：マル形

View Calendar

月	1	2	3	4	5	6	7	8	9	10	11	12
観葉				■	■	■	■	■	■	■	■	
開花					花色が多様							
果実							丸い小さな実がなる					

▲大粒になる'巨峰'（房作りされている） 　▲園芸品種'甲州'　▼黒紫に熟す'ベリーA'

改良品種が多い

ブドウ

花色：●

◆特徴◆　もっとも古くから栽培されている果樹で、アメリカ系ブドウとヨーロッパ系ブドウを元にしてつくられた改良品種が、世界中の適地でつくられています。つる性の落葉樹で巻きひげがあり、他のものにからみついて、つるを伸ばします。葉は角張りますがハート形に近く、長さ10～30cm、幅10～25cmで、縁に浅いギザギザがあります。

花は黄緑色で小さく、果実はマル形かタマゴ形

　花期は5月。黄緑色の小さい花が多数集まり、長さ15～20cmの花房をつくります。果実は9月ごろ熟し、マル形かタマゴ形で、品種により色や果房の大きさが違います。

庭植えはアメリカ系

　現在つくられている多くは、ヨーロッパ系とアメリカ系です。ヨーロッパ系は開花適温が高く、小雨乾燥を好むので、日本ではハウス栽培が主になります。アメリカ系は開花適温が17℃と近く、寒さにも強いので、日あたりのよい場所を選べば、東北地方以南で広く栽培できます。

鉢植えで5～6房収穫

　7～8号鉢にあんどん仕立てで育てれば、5～6房は収穫できます。摘粒、摘房を適時に行います。

【別　　　名】	──
【科／属名】	ブドウ科ブドウ属
【樹　　　高】	つる性落葉樹
【花　　　期】	5月
【名前の由来】	漢名が葡萄で、それを和音読みにしたものです。

葉形：ハート形　実形：マル形　実形：タマゴ形

▶タマゴ形の実がなる'リザーマート'

View Calendar

月	1	2	3	4	5	6	7	8	9	10	11	12
観葉												
開花					黄緑色の小さな花がつく							
果実						実は品種により特徴がある						

274

フユサンゴ

冬に赤く熟す果実が見られる

花色：○

◆特徴◆ 中近東及び地中海地方原産の常緑低木です。高さ50cm～1m。葉は長さ5～10cmのタマゴ形で、質はやや厚く、縁は波状になり、表面には光沢があり、りします。国内の栽培では、春まきの1年草として取り扱われています。

白い花が下向きにつく

花期は5～10月までと長く、径1.5cmの鐘形で白色。花冠は深く5裂し、下向きに咲きます。

マル形の果実が赤く熟す

果実はマル形果で径約1cmあります。はじめは緑ですが、熟すと黄色から赤色になり、長期間落下しないので、長く観賞することができます。園芸品種もあります。

▲赤く熟した果実が鈴なりにつき、長く観賞できる

【別　　　名】	タマサンゴ、リュウノタマ、タマヤナギ
【科 / 属名】	ナス科ナス属
【樹　　　高】	50cm～1m
【花　　　期】	5～10月
【名前の由来】	果期が冬で、マル形で赤い果実をサンゴにたとえたものです。

葉形：タマゴ形　実形：マル形

フヨウ

大輪の淡紅色の花を観賞

花色：●○●

◆特徴◆ 日本の南部に分布する低木で、寒地では冬に地上部が枯れ、地下部だけで越冬し、春に再生します。高さは1～4mです。葉は浅く裂ける五角形状で長さ、幅とも10～20cmです。

▼淡紅色の大輪が咲く

▲葉は手のひら形の五角形

花は白か淡紅で大輪

花期は、7～10月です。上部の葉のわきに、白色または淡紅色の径10～14cmの大輪を咲かせます。八重咲きのスイフヨウは、白色から紅色に花色が変化します。

マル形の実がなる

花後2カ月ぐらいにできる果実は、径約2.5cmのほぼマル形で、表面には多くの毛があり、熟すと裂けて種子を出します。

【別　　　名】	モクフヨウ
【科 / 属名】	アオイ科フヨウ属
【樹　　　高】	1～4m
【花　　　期】	7～10月
【名前の由来】	漢名のひとつが芙蓉で、これの和音読みです。

葉形：手のひら形　実形：マル形

ブラシノキの仲間

あざやかな紅色に金粉が光る花

花色：🔴⚪🔴

◆特徴◆ オーストラリア原産の常緑高木～低木です。高さは一般に2～3mですが、5mになるものもあります。葉は舟形で長さ7～10cm、幅約5mmで、25種があります。

鮮紅色や白色のブラシ状の花

花期は3～7月ごろで、鮮紅色または白色です。花房の形に特徴があり、小さな花が外側に向かって数多く直立し、ブラシのような状態になります。

マキバブラシノキは花房が大きい

マキバブラシノキは、花房が大きくつき、雄しべは濃赤色で花期は3～7月です。

ハナマキ（別名キンポウジュ）は、若枝には絹状の毛があり、濃赤色で穂状の花房は長さ約10cm。花期は5月で、秋にも咲きます。切り花用によく栽培され、種子から芽が出やすく、園芸品種が多くあります。

エンデヴァーは赤色多花性、ピンククラスターは桃赤色、スプレンデンスはしだれ性。シロバナブラシノキは白色の花で、1～2mの低木です。

▲ハナマキ'エンデヴァー'

▼マキバブラシノキの花房

◀マキバブラシノキの果実

▲花つきがややまばらなシロバナブラシノキ

【別　　　名】	カリステモン
【科/属名】	フトモモ科ブラシノキ属
【樹　　　高】	2～5m
【花　　　期】	3～7月
【名前の由来】	花房の形に由来します。英名もボトムブラシ（びん洗いブラシ）です。

葉形：舟形
実型：その他

View Calendar

月	1	2	3	4	5	6	7	8	9	10	11	12
観葉	■	■	■	■	■	■	■	■	■	■	■	■
開花			■	■	■	■	■					
果実												

ブラシそっくりの花姿

参考　ブラシノキの果実は山火事にあうまでは木についたままで、種子を出さない性質があります。

ブルーベリー

ジャムや生食にされる人気者

花色：○ ●

▲ハイブッシュ系の鐘形の花

▲ハイブッシュ系の若い果実

▲ラビットアイ系の花

▶ラビットアイ系の品種 'ウッダード'

◆特徴◆
北アメリカ原産で、半常緑性の品種もありますが、日本で育てる多くは落葉低木です。秋に紅葉し、冬には落葉します。高さは1〜3mで、株立ちになります。葉は先がとがったタマゴ形で、長さ約6cmです。緑葉と紅葉が美しく、観賞用にも利用されます。

白〜淡紅色の鐘形の花が咲く
花期は品種により多少異なり、4〜6月です。長さ1cm前後の鐘形の花が、枝先にまとまって下向きにつきます。

2種類の系統がある
ブルーベリーの系統として、アメリカで改良されたハイブッシュ系とラビットアイ系が、現在の主流です。
ハイブッシュ系は耐寒性が強く、東北地方など夏涼しい場所に適します。園芸品種には、アーリーブルー（青果）、ウェイマス（暗青果）、コリンズ（早生種）、レイトブルー（晩生種）などがあります。
ラビットアイ系は寒さに弱く、マイナス10℃以下にならない関東地方以南に適しています。園芸品種にはホームベル（晩生種）、ティフブルー（中生種）、ウッダード（早生種）などがあります。

【別　　名】	ヌマスノキ
【科/属名】	ツツジ科スノキ属
【樹　　高】	1〜3m
【花　　期】	4〜6月
【名前の由来】	英名の和音読みで、同属果樹の総称です。

葉形：タマゴ形
実形：マル形

View Calendar

月	1	2	3	4	5	6	7	8	9	10	11	12
観葉				■	■	■	■	■	■	■	■	
開花				■	■	■	花は1cm前後で小ぶり					
果実		実は食用に利用される				■	■	■	■			

フ　ブラシノキの仲間・ブルーベリー

ブンタン

暖地栽培の大形ミカン

花色：〇

▶熟す前の土佐ブンタンの果実

▼タマゴ形の葉

◆特徴◆ 原産はインド東北部。日本に渡来したのは、江戸時代初期と推定されています。常緑小～高木で、平均気温18℃以上の暖地が生育に適します。日本では、長崎県や鹿児島県などの暖地で栽培されています。葉は一般に大きく、縁にギザギザがあります。

◆果実はミカン類で最大◆
花は黄白色～白色で、数個がまとまってつきます。果実はミカンの仲間では最大で、完熟すると淡黄色または黄色になり、重さ1～2kgになります。

◆果色や大きさはいろいろ◆
ブンタンの品種には、果実が最も大きくなるバンペイユ（晩白柚）や、果実が濃紅色のホンダブンタン（本田文旦）、12月に収穫されるヒラドブンタン（平戸文旦）、高知の土佐ブンタンなどがあります。

【別　　名】 ザボン、ボンタン、ジャボン、ジャガタラカン、ウチムラサキ
【科/属名】 ミカン科ミカン属
【樹　　高】 3～7m
【花　　期】 5～6月
【名前の由来】 漢名が文旦でこれを和音読みにしたものです。

葉形　タマゴ形
実形　マル形

ベニゴウカン

長い雄しべが花びらに見える

花色：●●〇

◆特徴◆ 南アメリカ北部原産の常緑低木です。高さ1～1.5m。葉は羽形。小葉は先がとがったタマゴ形で、長さ5mm以下です。

◆花は赤紫色で実は豆果◆
花期は春～秋です。枝先はマル形の赤紫色の花がつきます。花弁に見えるのは雄しべで、基部が合着し、先が長くつき出ます。果実は平たい豆果で、縁は厚くなり、中に種子ができます。

◆白色の仲間もある◆
南ブラジル原産で雄しべが赤色になるトウィディー、ボリビア原産で、赤色と白色の花があるポルトリケンシスなどがあります。

【別　　名】 ヒネム
【科/属名】 マメ科ベニゴウカン属
【樹　　高】 1～1.5m
【花　　期】 5～10月
【名前の由来】 属名も同じで、ギリシア語の美しい雄しべに由来します。

葉形　羽形
実形　マメ形

▲雄しべが長くつき出して花びらに見える

ホオノキ

花も果実も大きい

花色：

▲大きな花の中心に雄しべと雌しべが盛り上がる

◀実は刺のある集合果

◆特徴◆ 日本全国の山地に分布する、落葉高木です。高さ25～30m。葉は枝先に集まってつき、先が広がったタマゴ形で長さ20～40cm、幅10～25cm。表面は緑色、裏面は軟毛が散生し、白色をおびます。

花は黄白色で芳香がある
花期は5～6月で、枝先に径約20cmの芳香がある黄白色の大きな花が開きます。中心に雄しべと雌しべが集まり、雄しべは赤色になります。

果実は集合果
袋状の果実が集まった集合果で、長さ10～15cmのタマゴ状です。9～11月に熟すと赤褐色になり、中に1～2個の種子ができます。

【別　　名】	ホオガシワ、ホガシワ
【科/属名】	モクレン科モクレン属
【樹　　高】	25～30m
【花　　期】	5～6月
【名前の由来】	大きな葉に食物を含んだことから「包の木」の名がつきました。

葉形　タマゴ形
実形　タマゴ形

ボダイジュ

寺院などに多く植栽

花色：

◆特徴◆ 中国原産の落葉高木です。高さ10～20m。インドボダイジュの代わりに、よく寺院などに植えられています。葉は先がとがった三角に近いタマゴ形で、長さ5～10cm、幅4～8cmです。縁には鋭いギザギザがあります。

黄色の小さな花が葉のわきにつく
花期は6月ごろです。葉のわきに淡黄色の花が10～20個まとまり、長さ8～11cmの花房をつくり、たれ下がります。

果実には毛が密生する
果実はマル形で、径1cm弱。短い星状の毛が密生し、長い果柄の先に数個ずつ、まとまってつきます。

▲枝先にまとまって花開く

◀開花直前の花房

【別　　名】	──
【科/属名】	シナノキ科シナノキ属
【樹　　高】	10～20m
【花　　期】	6月ごろ
【名前の由来】	釈迦がその木の下で悟りを開いたことで有名なインドボダイジュの代わりに、寺院などに植えられたことによります。

葉形　タマゴ形
実形　マル形

フ　ブンタン・ベニゴウカン・ホオノキ・ボダイジュ

果実は甘い香りがする
ボケ

花色：●●●○

◆特徴◆ 中国原産で、平安時代に日本に渡来して各地に広がり、多くの園芸品種がある落葉低木です。高さは1～2mです。葉は先がとがった長めのタマゴ形で、長さ4～8cm、幅2～4cm。縁には鋭いギザギザがあります。

▲葉に先立って咲く紅色の花

▶淡黄色の花が咲く園芸品種

▶ボケの未熟果。上部の一部がくびれ、黄色に熟す

花は葉が出る前に咲く

花期は3～4月。品種が多く、花色は赤、淡紅、白。1本の株に紅と白の花をつけるものなどがあり、径約6cmになる大きな花もあります。

果実は西洋ナシ形

果実は8～9月です。長さ8～10cmのタマゴ形ですが、上部にくびれがあり、西洋ナシに似た形になります。

花が朱赤色のクサボケ

ボケの仲間であるクサボケは、北海道を除く日本全国に分布する落葉低木で、高さ30～60cmです。花期は4～5月で、花色は朱赤色。果実は径3～4cmのマル形で、10～12月に熟します。ボケとクサボケの交雑種にスペルバがあり、多くの品種が作られています。

ボケ

【別　　名】	カラボケ。クサボケはノボケ、シドミ、コボケ
【科/属名】	バラ科ボケ属
【樹　　高】	1～2m、クサボケは30～60cm
【花　　期】	3～4月
【名前の由来】	中国名の木瓜が転訛(てんか)して和音読みになったもので、クサボケは小形で草がついたものです。

葉形　タマゴ形
実形　タマゴ形

▲クサボケの花は朱赤色

▲クサボケの果実はマル形

▲園芸品種の白色の花

View Calendar

月	1	2	3	4	5	6	7	8	9	10	11	12
観葉				■	■	■	■	■	■	■	■	
開花			■	■	春先には葉より早く花が咲く							
果実			洋ナシに似た実がつく					■	■	■		

ボタン

日本に渡来して1000年以上

花色：●○●●●●●

◆**特徴**◆ 中国原産の落葉低木で、高さ1〜2m。葉は羽形の小葉がさらに集まった複雑な形です。小葉は先がとがったタマゴ形で長さ8〜10cm。表面は緑色で、裏面は淡緑色に白粉をおびます。葉柄は10cm以上です。

花は枝先に単生
花期は4〜5月。径10〜30cmの一重や八重などの花が枝先に単生します。花びらは一般に多数つき、花色は白、桃、紅、紫などです。

果実は熟すと裂ける
果実は袋果で、6月ごろ熟すと裂けて開きます。中には少数の種子があります。

花色や咲き方は好みで選べる
現在、日本で一般に流通し

▲黄色で大輪の '金晃（きんこう）'

▲白色で大輪の '天衣（てんい）'

【別　　名】――
【科/属名】ボタン科ボタン属
【樹　　高】1〜2m
【花　　期】4〜5月
葉形　羽形
実形　その他
【名前の由来】中国名が牡丹で、その和音読みです。

参考　ボタンの苗はシャクヤクにつぎ木してふやされます。

ホ
ボタン

ているのは50品種ぐらいといわれています。淡紅色で重弁の大極殿(たいごくでん)、濃紅色で重弁大輪の花王(かおう)、黄色で八重咲きの金晃(きんこう)など多様です。

▼冬咲き（寒ボタン）はこもなどで囲い花を保護する

▲紫紅色で大輪の'大棕紫(たいそうむらさき)'

▶中国・洛陽王城公園に咲く淡紅色の花の品種

▲緑色で小輪の'豆緑'（Dóulǜ）

View Calendar

月	1	2	3	4	5	6	7	8	9	10	11	12
観葉				━━━━━━━━━━━━━━━━━━━━━								
開花				一重や八重の花が枝先につく								
果実			熟すと裂ける									

283

ホツツジ

日本固有のツツジ

花色：🌸

▲淡紅色の花房が直立する

◆特徴◆ 北海道南部以南の全国に分布する落葉低木で、株立ちになります。高さ1〜2m。葉は枝先に集まってつき、先が短くとがる長めのタマゴ形で、長さ2〜6cm、幅1〜3cm。基部はくさび形で、しだいに細くなります。

淡紅色の花が枝先につく
花期は8〜9月です。淡紅色の小さな花がまとまって枝先につき、長さ5〜10cmの細長い花房をつくって、直立します。

果実はマル形で小さい
径約5mm弱のマル形の果実が、枝先に数個ずつまとまり、果柄を上に向けてつきます。10〜11月に熟すと、3つに裂けます。

【別　　名】	ヤマボウキ、マツノキハダ
【科/属名】	ツツジ科ホツツジ属
【樹　　高】	1〜2m
【花　　期】	8〜9月
【名前の由来】	花房が穂のような形になるツツジで穂ツツジです。

葉形：タマゴ形　実形：マル形

ポプラ

樹形が美しい

花色：🟢

▶幹が直立し枝が立ち上がる樹形がよく、並木などに利用される

◆特徴◆ ポプラ並木などで親しまれている南ヨーロッパ原産の樹木で、直立する幹とほうき状の樹形が美しい落葉高木です。高さは25〜30mになります。葉は先がとがったタマゴ形で、長さ7〜15cm、幅4〜8cm。縁には波状のギザギザがあります。

円柱形にたれ下がる
花期は3〜4月で、葉が出る前に咲きます。小さな花がまとまって、長さ約5cmの円柱形の花房をつくり、枝からたれ下がります。

種子は白い綿毛があり飛ぶ
5月になるとタマゴ形の果実が熟し、2〜4つに裂けます。種子は白い綿毛がついて、風に乗って広い範囲にとび散ります。

【別　　名】	セイヨウハコヤナギ
【科/属名】	ヤナギ科ハコヤナギ属
【樹　　高】	25〜30m
【花　　期】	3〜4月
【名前の由来】	学名の属名のポプルスに由来します。

葉形：タマゴ形　実形：タマゴ形

ホ

ホツツジ・ポプラ・ポポー

甘い香りの果実

ポポー

花色：🟢 🟣

◆特徴◆ 北アメリカ東部原産の果樹で、明治の中ごろ日本に導入されました。暖地性ですが、寒さに強く、関東以南では戸外でも越冬できます。落葉小高木で、高さ6〜15mになりますが、一般に庭木として育てられているのは、3〜4mです。

葉はたれ下がる

葉は先がとがったタマゴ形で、先寄りのほうが幅広になります。長さ10〜30cm、幅8〜10cm。外側に表面をさらす形でたれ下がります。

花は暗紫色の鐘形

花期は4〜5月で、花色ははじめ緑色ですが、暗紫色にかわり、径3〜4cmの鐘形に開花し、中心は黄色です。

▶未熟果。10月ごろ成熟すると落下するので追熟して生食
▼暗紫色の鐘形の花が平開する

▲葉は表面を外側に向けてたれ下がる（幼木）

【別　　名】	アケビガキ
【科/属名】	バンレイシ科アシミナ属
【樹　　高】	3〜15m
【花　　期】	4〜5月
【名前の由来】	原地名の発音が、そのまま世界に広がったといわれています。

葉形：タマゴ形　実形：タマゴ形

熟した実は食べられる

果実はアケビに似た形で、10月ごろ成熟すると黄色になり、甘く粘り気がある特有の香りをもちます。成熟果は約100gです。成熟すると落下しますが、数日間追熟させて果肉がやわらかくなり、強い芳香を出すようになってから生食します。

View Calendar

月	1	2	3	4	5	6	7	8	9	10	11	12
観葉				■	■	■	■	■	■	■		
開花				■ 花色は暗紫色でめずらしい							
果実									熟した黄色い実は甘い香り			

マサキ

全国の山野に自生

花色：

◆特徴◆ 日本全国に分布します が、暖地に多い常緑低木です。 高さ2～6m。葉は先がとがっ たタマゴ形で、長さ3～8cm、 幅2～4cm。質は厚く、縁には 浅いギザギザがあります。葉柄 は長さ約1cmで、若枝は緑です。

花は黄緑色で小型

花期は6～7月。径5mm～ 1cm弱の黄緑色の花が、葉の わきに7～15個まとまり、花 房をつくります。花びらは4 枚です。

果実は熟すと裂開する

果実は径5mm～1cm弱のマ ル形で、11～1月に熟すと黄 白色になり、4裂します。種 子は橙赤色の仮種皮に包まれ

▶葉のわきにたくさんの花をつける

◀種子は落ちずにぶら下がる

▼ツルマサキの赤い実

マサキによく似たツルマサキ

マサキの近縁種のツルマサ キはつる性常緑樹で、気根を 出して樹や岩によじ登ります。 葉はマサキに似ていますが、 少し小型です。分布、花期、 花形、花色、果期、果形など はマサキとほとんど同じです。

【別　　名】	——
【科/属名】	ニシキギ科ニシキギ属
【樹　　高】	2～6m
【花　　期】	6～7月
【名前の由来】	常緑なので真青木からの転訛です。

葉形 タマゴ形　**実形** マル形

View Calendar

月	1	2	3	4	5	6	7	8	9	10	11	12
観　葉	●	●	●	●	●	●	●	●	●	●	●	●
開　花						●花は7～15個まとまってつく						
果　実	●実は1cm以下で小型									●	●	●

マタタビ

つるは工芸品に利用

花色：○

◆特徴◆ 日本全国の山地に分布するつる性落葉樹です。若枝は淡褐色で軟毛がありますが、後に脱落します。葉は先が鋭くとがった広めのタマゴ形で、長さ6〜15cm、幅3.5〜8cm。上部につく葉は、花期に表面が白くなります。

白色の花は芳香がある

花期は6〜7月。径2〜2.5cmの白色の花が、今年枝の中ほどの葉のわきに下向きにつき、芳香があります。

果実はタマゴ形の液果

果実は長さ2〜2.5cmで、先がくちばし状に細くなるタマゴ形です。10月ごろ橙紅色に熟し、中に種子が多数できます。しばしば昆虫の寄生により虫えいが形成され、漢方薬として用いられます。

▼花期には葉の表面が白くなる

▲花が下向きにつく

▲近縁種のウラジロマタタビの果実

【別　　名】	ナツウメ
【科/属名】	マタタビ科マタタビ属
【樹　　高】	つる性落葉樹
【花　　期】	6〜7月
【名前の由来】	アイヌ語の果実の形をあらわすマタタンプに由来します。

葉形　タマゴ形
実形　タマゴ形

マテバシイ

果実は食用になる

花色：●

◆特徴◆ 紀伊半島、九州、沖縄に自生する暖地性の常緑高木です。高さ10〜15m。葉は先が短くとがった舟形で、長さ5〜20cm、幅3〜8cm。四方へ向かってらせん状につきます。

黄色の小さな花が枝先に集まる

花期は6月ごろです。雄花は黄色で小さく、多数集合して、長さ5〜9cmの細長い花房をつくり、斜め上に向かって今年枝の葉のわきから、斜め上に向かってつきます。雌花も集合してつきますが、目立ちません。

果実はドングリ

果実は長さ1.5〜2.5cmのドングリで、翌年の秋に成熟します。表面は茶褐色で先がとがります。煎って食べることができます。

▲斜上するマテバシイの花房

【別　　名】	マタジイ、サツマジイ
【科/属名】	ブナ科マテバシイ属
【樹　　高】	10〜15m
【花　　期】	6月ごろ
【名前の由来】	果実の形がマテ貝に似るから、九州地方の方言からなどの諸説があります。

葉形　舟形
実形　ドングリ形

メモ　液果…トマトやブドウのように実の内側に水分を多く含んでいる果実。

果実が観賞される

マユミ

花色：🟢

◆**特徴**◆ 日本全国の山野に分布する落葉小高木です。一般には高さ3～5mですが、まれには10mに達するものもあります。葉は、先がとがった長めのタマゴ形で、長さ5～15cm、幅2～8cm。縁には細かいギザギザがあります。

▼径1cmの緑白黄色の花が小さく集まって咲く

花は緑白黄色で小型

今年枝の途中から、径約1cmの緑白黄色の花がつきます。花期は5～6月で、1～7個がまとまってつきます。花びらは4枚です。

果実は横から見ると倒三角形

果実は横から見ると、径約1cmの倒三角形で、上から見ると4個の角があります。10～11月に紅色に熟し、4裂して橙赤色の仮種皮に包まれた種子が出ます。

▲橙赤色の種子が出る果実の成熟期

【別　　　名】	ヤマニシキギ
【科／属名】	ニシキギ科ニシキギ属
【樹　　　高】	3～5m
【花　　　期】	5～6月
【名前の由来】	枝に弾力があり、弓に利用したところから真弓です。

葉形：タマゴ形　実形：マル形

果実は加工して利用

マルメロ

花色：○🔴

◆**特徴**◆ 中央アジア原産で、日本には中国を経て渡来しました。やや寒地性で、日本では東北地方や中部地方、長野県などで栽培されています。落葉小高木で、高さは3～8mです。葉は先がとがったタマゴ形で、長さ5～15cmです。

【別　　　名】	カマクラカイドウ、マルメ
【科／属名】	バラ科マルメロ属
【樹　　　高】	3～8m
【花　　　期】	4～5月
【名前の由来】	ポルトガル語の名を和音読みにしたものです。

葉形：タマゴ形　実形：マル形

白色または淡紅色の花

花期は4～5月です。径4～5cmの白色または淡紅色の花が、短枝の先に1個ずつつきます。

果実は末広がりの楕円形かりンゴ形

径約6cmほどの果実が9～10月には黄色に熟します。表面は綿毛に覆われています。木質でかたく、生食できませんが、ジャムやシロップ漬けにして利用します。

▲末広がりの楕円形の実

▶淡い紅色の花

マユミ・マルメロ・マルバノキ

マルバノキ

紅葉の頃に花が咲く

花色：●

◆特徴◆
中部地方以西の本州と四国の一部に分布する落葉低木です。高さ1〜4m。葉は先がとがったマル形に近く、基部はハート形で、長さ5〜10cm、幅4・5〜10cmです。裏面は緑白色で秋には美しく紅葉します。

▲早くからはじまる紅葉

花は紅葉後につく
紅葉した葉が落ちるころの10〜11月が、花期です。葉のわきから短い柄を出し、径1・5cmぐらいの暗紫赤色の花が、2個背中合わせに開花します。花弁は5枚。

果実は翌年の秋に熟す
長さ1・5cmほどの両端がまるい果実がつき、翌年の秋に成熟すると2裂して、光沢がある黒い種子を出します。

▲2つに裂けて種子を出した後の果実

半日陰でもよく育つ
耐寒性があり、半日陰でもよく育つので管理は楽です。

▲両端が丸い果実。成熟すると2つに裂ける

▲マル形に近いハート形の葉

【別　　名】	ベニマンサク
【科/属名】	マンサク科マルバノキ属
【樹　　高】	1〜4m
【花　　期】	10〜11月
【名前の由来】	葉が丸いことから丸葉の木です。

葉形　ハート形
実形　その他

View Calendar

月	1	2	3	4	5	6	7	8	9	10	11	12
観葉			●	●	●	●	●	●	●	●		
開花									紅葉後に花が咲く	●	●	
果実				●	●	●	●	実は翌年の秋になる	●	●		

食用果実で広く利用

マンゴー

花色：🟡🩷🔴

◆**特徴**◆ インド北東部〜ビルマ北部原産の熱帯果樹で、多くの改良品種が作り出されています。常緑高木で、高さ10〜30mになります。葉は舟形で、長さ8〜40cm、幅2〜10cm。若葉は赤く、後に緑色になります。

▲まだ小さいマンゴーの未熟果。後に黄色く熟す

◀花房が穂状になるマンゴーの花

果実は大きく多汁で甘味がある
果実は長さ10〜25cm、径5〜10cmになります。実形はマル形、タマゴ形などで、果肉は甘く、多汁で風味があります。

花には芳香がある
花色は、黄白色の他に淡紅色などもあります。小さな花が200〜7000個も集まり、長さ10〜60cmの細い花房をつくります。

▲果実の断面

【別　名】	──
【科/属名】	ウルシ科マンゴー属
【樹　高】	10〜30m
【花　期】	2〜5月
【名前の由来】	原産地の地名がそのまま広がり定着しました。

葉形：舟形　実形：マル形　実形：タマゴ形

花色は黄と赤

マンサクの仲間

花色：🟡🔴

◆**特徴**◆ 本州以南に分布する落葉低木〜小高木です。高さ2〜6m。葉はひし形状タマゴ形で、長さ5〜10cm、幅4〜7cm。左右不対称に少しゆがみ、縁には波状で粗いギザギザがあります。

黄色い花が葉より前に咲く
花期は2〜4月です。前年枝の葉のわきから出た短枝の先に、黄色い花が数個まとまってつきます。花びらは長さ約2cmの線形です。

果実には褐色の短毛がある
果実は径約1cmでタマゴ形です。表面には褐色の短毛が密生し、熟すと2つに裂けて、黒い2個の種子が飛び出します。

赤い花の仲間もある
マンサクの仲間には、次のようなものがあります。

花びらが1本の線のような形をしている黄色い花▼

●**マルバマンサク**　北海道〜東北地方の日本海側に多く、花の赤いものをアカバナマンサク、花びらの基部だけ赤いものをニシキマンサクと呼びます。

●**シナマンサク**　中国原産で開花期が早く1〜3月で芳香があります。
そのほか、アテツマンサクなどがあります。

【別　名】	──
【科/属名】	マンサク科マンサク属
【樹　高】	2〜6m
【花　期】	2〜4月
【名前の由来】	花が多いので豊年満作から、春まっ先に咲くからなど諸説があります。

葉形：タマゴ形　実形：タマゴ形

▲実のまわりには短い毛が密生する

マンリョウ

正月飾りにされる

花色：○

◆特徴◆
関東地方以南に分布するやや暖地性の常緑低木です。高さは1m以内。葉は先がとがった舟形で、長さ4～13cm、幅2～4cm。質は厚く、縁には波状のギザギザがあります。裏面には細い点がまばらにあります。

白色の花がまとまってつく
花期は7～8月で、径約8mmの白色の花が10数個まとまって花房をつくります。花びらは5枚で、そり返るように開きます。

果実は赤く熟す
果実は径約5mm～1cm弱のマル形で、まとまってつき、11月ごろには赤く熟して目立ちます。果実は3月ごろまで残り、床飾りなどに利用されます。

鉢植えでも楽しめる
小低木なので、鉢植えにして果実を観賞することができます。寒さにあまり強くなく、強い直射日光もきらうので、管理しやすい鉢植えのほうが有利な場合もあります。乾燥もきらうので、適度に水やりして管理します。

▲果実はこの後さらに赤く熟す

▲果実が白く熟すシロミノマンリョウ。黄色に熟すキミノマンリョウもある

▲咲きはじめたマンリョウの花

【別　　名】――
【科/属名】ヤブコウジ科ヤブコウジ属
【樹　　高】1m以内
【花　　期】7～8月
【名前の由来】果実が美しく千両より価値が高いので万両です。

葉形：舟形
実形：マル形

View Calendar

月	1	2	3	4	5	6	7	8	9	10	11	12
観葉	●	●	●	●	●	●	●	●	●	●	●	●
開花							数十花が細長くたれ下がる					
果実	●	●	●				小さなマル形の果実がなる			●	●	●

ミズキ
枝張りに特徴がある

花色：○

◆特徴◆
日本全国の山地や水辺に多く分布する落葉高木です。高さ10～20m。若枝は紫紅色で毛があり、特徴がある階段状の樹形をつくります。葉は先がとがった広めのタマゴ形で、長さ6～15cm、幅3～8cmです。

白色の花が枝先にまとまる
花期は5～6月で、幅約5mmの小さな白色の花が枝先に多数まとまり、花房をつくります。花柄は果期に赤くなります。

果実は黒紫色に熟す
果実は径5mm～1cm弱のマル形で、10～11月には赤色～黒紫色に熟します。中の核はマル形で、縦に浅い溝があります。

▶枝先に小さな花がまとまる

▶マル形の果実が黒紫色に熟す

【別　　名】	クルマミズキ
【科/属名】	ミズキ科ミズキ属
【樹　　高】	10～20m
【花　　期】	5～6月
【名前の由来】	樹液が多く、早春に枝を切ると水がしたたり落ちるところから水木となりました。

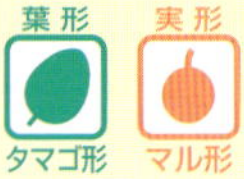

葉形：タマゴ形　実形：マル形

ミズナラ
ドングリは野生動物の餌

花色：●

◆特徴◆
沖縄を除く日本全国に分布し、暖地では亜高山帯などに自生する落葉高木。高さ30mです。切られた後の再生林では株立ちになります。葉は先がとがったタマゴ形で、長さ7～15cm。縁には粗いギザギザがあります。

花房は長くたれ下がる
花は緑黄色で小型です。雄花は数十花が新枝の下部につき、6～8cmの花房をつくり、細長くたれ下がります。

果実はドングリ
果実は長さ2～3cmのタマゴ状で、茶色のドングリです。下部は鱗片（りんぺん）がかわら状に重なって覆い、ドングリが上半を出した形です。

▶ミズナラの黄色い葉は年による当たり外れが少ないといわれる

▲ミズナラの芽吹き

▲頂芽のまわりに側芽がつく

【別　　名】	オオナラ
【科/属名】	ブナ科コナラ属
【樹　　高】	30m
【花　　期】	5～6月
【名前の由来】	幹や枝に水分を多く含み、燃えにくいことによります。

葉形：タマゴ形　実形：ドングリ形

ミ

ミズキ・ミズナラ・ミツバアケビ・ミツマタ

ミツバアケビ

若芽は山菜、つるは細工物

花色：■

◆特徴◆日本全国の山野に広く分布する、つる性落葉樹です。葉は小葉が3枚ずつまとまってつく手のひら形で、小葉は長さ2〜6cm、幅1.5〜4cmのタマゴ形。縁には大きな波状のギザギザがあります。

▲つるを伸ばすミツバアケビ
◀アケビより大きくなる果実

花は茶色を帯びた濃紫色

花期は4〜5月で、花びらに見えるのは変形した濃紫色の萼です。葉のわきについた花はいくつか集まり、細長い花房をつくり、下向きにたれ下がります。

アケビより大きな果実

果実は、長さ約10cmのタマゴ形です。10月ごろ紫色に熟し、裂けて中の果肉と黒い種子が見えるようになります。アケビとミツバアケビの雑種のゴヨウアケビのように、果実ができないものもあります。

【別　　名】——
【科/属名】アケビ科アケビ属
【樹　　高】つる性落葉樹
【花　　期】4〜5月
【名前の由来】葉が3枚の複葉になるアケビで三葉アケビです。

葉形：手のひら形
実形：タマゴ形

ミツマタ

花には黄色と赤色がある

花色：●●

◆特徴◆中国原産で、日本には室町時代に渡来し、繊維植物として各地に広がりました。やや暖地性で、中国地方〜四国で多く栽培されます。落葉低木で、高さ2〜3mです。葉は先がとがった舟形で、長さ5〜20cm、幅2〜5cm。両面に毛があります。

果実は緑色で毛がある

果実は緑色ですが、萼筒が残ってまわりを包むので、奇妙な形になります。内果皮に包まれた核の中には、種子が1個できます。

花は葉より前に咲く

花期は3〜4月です。長さ約1cmの筒状の小さな花が枝先に30〜50個まとまって丸い花房をつくり、芳香があります。赤い花の品種もあります。

▲赤色の花になるアカバナミツマタ

【別　　名】——
【科/属名】ジンチョウゲ科ミツマタ属
【樹　　高】2〜3m
【花　　期】3〜4月
【名前の由来】枝が必ず3本に分かれて出るので三又です。

葉形：舟形
実形：マル形

移植をきらう花木

成木の移植は枯らす心配があるので、最初から場所を選んで植えます。幼木のうちは半日陰で、樹高が伸びたら日あたりになる位置が適地です。

▲満開のミツマタ。葉はまだ出ていない

1日花が次々に開花

ムクゲ

花色…○ ● ●

◆**特徴**◆ 中国原産の落葉低木です。高さ3〜4m。葉はひし形状のタマゴ形で、先がとがり、縁には不ぞろいの粗いギザギザがあります。長さは4〜10cm、幅3〜5cmです。浅く3つに裂けるものもあり、短毛が密生します。

▲淡紅色の花。ムクゲは1日花だが、次々と長期間咲き続ける

平開する鐘形の花

花期は7〜10月。花は本年枝の葉のわきにつき、平開して径5〜10cmになります。花びらは5枚で、花色は白、紅紫色などさまざまです。

果実は黄褐色に熟す

果実は径1.5〜2cmのタマゴ形で黄褐色です。表面には星状の毛が密生します。10月ごろ熟すと5裂して有毛の種子を出します。

▲中心に紫紅色が入った白い花

▲美しい純白の花

【別　　　名】	ハチス、キハチス
【科/属名】	アオイ科フヨウ属
【樹　　　高】	3〜4m
【花　　　期】	7〜10月
【名前の由来】	中国名は木槿でその転訛とか、韓国名の無窮花の和音読みなどの説があります。

葉形　タマゴ形
実形　タマゴ形

View Calendar

月	1	2	3	4	5	6	7	8	9	10	11	12
観葉			■	■	■	■	■	■	■	■		
開花					花は平開する							
果実							熟すと5つに裂ける					

メモ 両性花…ひとつの花の中に雄しべと雌しべがある花。

ムクロジ

仲間は亜熱帯〜熱帯に多い

黄緑色で小さな花が花房を形成する

花色…〇

花期は6月です。径約5mm弱の黄緑色の小さな花が枝先に多数まとまり、長さ20〜30cmの花房をつくります。

果実はマル形の核果

果実は径2〜3cmのマル形です。10〜11月に熟し、果皮は半透明のあめ色になります。中にある核は径1cmで黒色です。

◆**特徴**◆ 関東以西に分布するやや暖地性の落葉高木です。高さ15〜20m。葉は長さ30〜70cmの羽形です。小葉は先がとがった舟形で、長さ7〜15cm、幅3〜5cmで、左右が少しずれてつきます。

▼黄緑色の小さな花が枝先にまとまってつく

▲未熟果。この後あめ色に熟す

【別　　名】	ムクロ
【科/属名】	ムクロジ科ムクロジ属
【樹　　高】	15〜20m
【花　　期】	6月
【名前の由来】	同科他種の木欒子(もくげんじ)が誤用されてムクロジになりました。

葉形 羽形　実形 マル形

ムシカリ

葉はよく虫食いになる

花色…〇

花期は4〜6月です。枝先に白色の花が集まってつき、径6〜14cmの花房をつくります。中心部には小さな両性花が集まり、そのまわりに径2〜3cmの装飾花がつきます。

花びらは5枚で白色の装飾花

果実は赤〜黒に熟す

果実は核果で長さ1cm前後のタマゴ形です。8〜10月に赤くなり、完全に熟すと黒くなります。中の核は長さ約5mm〜1cmです。

◆**特徴**◆ 沖縄を除く日本全国の山地に分布する、落葉小高木です。高さ4〜6m。葉は先がとがったマル形に近い広めのタマゴ形で、長さ、幅とも6〜20cm。基部はハート形で、縁には不ぞろいの小さなギザギザがあります。

▲中心は両生花で、まわりは5弁の装飾花

【別　　名】	オオカメノキ
【科/属名】	スイカズラ科ガマズミ属
【樹　　高】	4〜6m
【花　　期】	4〜6月
【名前の由来】	葉がよく虫食いになるので、虫食われからの転訛(てんか)という説があります。

葉形 タマゴ形　実形 タマゴ形

メモ　装飾花…雄しべと雌しべが退化して花びらだけになったもので、とくに美しい色彩をもつ花。

秋に赤紫色の果実を観賞

ムラサキシキブ

花色：

◆**特徴**◆ 日本全国の山野に分布する落葉低木です。高さ2～3m。葉は先がとがった長めのタマゴ形で、長さ6～13cm、幅2.5～6cm。基部は狭いくさび形になり、縁には細かいギザギザがあります。裏面には淡黄色の点が散在します。

花は淡紅紫色の小さな花

花期は6～8月。花は径5mm弱で淡紅紫色ですが、葉のわきに数個まとまって花房をつくります。花びらは4枚で平開します。

赤紫色に熟す果実を観賞

果実は径5mm弱のマル形ですが、熟すと赤紫色になり、観賞価値があります。白く熟すシロシキブもあります。

コムラサキの葉は先の半分がギザギザ

ムラサキシキブの仲間のオオムラサキシキブは、東海地方以西に分布し、葉も花房もひとまわり大きくなります。コムラサキ（別名コシキブ）は、葉のギザギザが上半分にしかないことでムラサキシキブと区別できます。トサムラサキは、四国、九州などに分布し、葉の両面に腺点があります。他にヤブムラサキ、ビロードムラサキなどがあります。

▲赤紫色に熟したムラサキシキブの果実

▲淡紅色の花は可憐である

296

ムラサキシキブ

▲コムラサキの花。葉の上半部だけにギザギザがあるのでムラサキシキブと区別できる

▲コムラサキの赤紫色果

▲コムラサキの白果種

【別　　名】	ミムラサキ、コメゴメ
【科/属名】	クマツヅラ科ムラサキシキブ属
【樹　　高】	2～3m
【花　　期】	6～8月
【名前の由来】	ムラサキシキミの転訛。または平安時代の女流作家紫式部の名にちなんだという説もあります。

葉形：タマゴ形　実形：マル形

View Calendar

月	1	2	3	4	5	6	7	8	9	10	11	12
観葉				●	●	●	●	●	●	●		
開花	小花がかわいらしい					●	●	●				
果実	実は径5mm弱の大きさ						●	●	●	●		

ムベ

果実は熟しても開かない

▶花びらに見えるのは6個の萼片

花色：…

◆特徴◆ 関東地方南部以西の山地の樹林などに多く分布するつる性常緑樹です。つるは径8cmぐらいまで太くなります。葉は手のひら形で小葉は5〜7枚つき、先がとがったタマゴ形で、長さ5〜10cm、幅2〜4cm。革質で光沢があります。

【別　　名】	ウベ、トキワアケビ
【科/属名】	アケビ科ムベ属
【樹　　高】	つる性常緑樹
【花　　期】	4〜5月
【名前の由来】	朝廷への献上品を苞苴（おおにえ）と呼び、果実を献上したところからウベ、ムベと転訛しました。

葉形：手のひら形　実形：タマゴ形

淡黄白色の花が開く

花期は4〜5月で、葉のわきに淡黄白色で内面が赤茶を帯びた萼片をもつ花を、3〜7個下向きにつけます。花びらはなく、開くのは雄しべと雌しべを守る器官である萼片のみで、6枚あります。

果実は紫色に熟す

▶果実は紫色に熟すが、アケビのように開かない

果実はタマゴ形で、長さ5〜8cmです。10〜11月に熟すと紫色になります。アケビに似ていますが、熟しても開きません。

ムラサキハシドイ

ライラックやリラの名で有名

花色：…

◆特徴◆ ヨーロッパ東南部原産で、日本には明治中期に渡来し、北部に多く栽培されます。落葉低木で、高さ2〜5mです。和名より『ライラック』や『リラ』の名でよく知られている花木です。葉は三角状で、広めのタマゴ形です。先がとがり、長さ4〜12cm、幅3〜6cmです。

▲リラやライラックの名のほうが知られている

【別　　名】	ライラック、リラ
【科/属名】	モクセイ科ハシドイ属
【樹　　高】	2〜5m
【花　　期】	4〜5月
【名前の由来】	紫色の花が咲くハシドイの仲間です。

葉形：タマゴ形　実形：タマゴ形

花房は大きく芳香がある

花期は4〜5月です。長さ約1cmの白色〜淡紫色の花が、枝先にまとまってつき、長さ10〜20cmの芳香がある大きな花房をつくります。

果実は目立たない

果実は長さ1.5cmほどで、先が開いたタマゴ形で上向きにつき、枝と同じような褐色で、あまり目立ちません。

▲うすい紫色の花もある

ムレスズメ

黄色で蝶形の花が咲く

花色：🟡🟠

【別　　名】	キンケイジ
【科/属名】	マメ科ムレスズメ属
【樹　　高】	1〜2m
【花　　期】	4〜6月
【名前の由来】	群雀の意味で、枝上に密集して並んで咲く花を雀の群れにたとえたものです。

葉形：羽形　実形：マメ形

◆**特徴**◆中国原産で、江戸時代に日本に渡来した落葉低木です。高さ1〜2m。枝には托葉が変化した鋭い刺が、節ごとに2個ずつあります。葉は羽形で、小葉は長めのタマゴ形。長さ2〜2.5cmで、長枝には互生してつきます。

花は黄色から黄赤色に変化する蝶形

花期は4〜6月です。花は蝶形で葉のわきに単生し、黄色で長さ2〜3cmです。本来、果実は豆果で、枝からたれ下がりますが、日本では結実しないようです。

大形種と小形種がある

オオムレスズメは、直立して4〜5mの高さになり、花期は5月です。コバノムレスズメは、葉が小さく小葉は長さ約5mm〜1cm弱しかありません。

▲晩春に鮮やかな黄色の花が咲く

メグスリノキ

樹皮を煎じて目薬にした

花色：🟢

◆**特徴**◆東北地方以南の山地に分布し、関東地方では標高500〜1500mの高地に多く自生します。落葉高木で、高さ10〜20mです。葉は羽形で、小葉3枚がまとまってつき、小葉は長さ5〜12cm、幅2〜6cmで先がとがるタマゴ形です。

花は淡黄色のマル形

花期は5月ごろで、淡黄色の小さな花が数個ずつまとまり、長い花柄の先にたれ下がります。花柄には粗毛が密生します。

▼雄花。花がついている柄の部分は毛深い

◀葉は生長にしたがって少しずつ開いていく

黄褐色の毛が密生する

果実は果皮の一部が翼状に張り出している形で、初めは緑色ですが、8〜10月には黄褐色に熟します。分果は長さ4〜5cmで毛が密生し、ツバサは直角〜鈍角に開きます。種子は乾燥に弱く、乾くと発芽力が低下します。

【別　　名】	チョウジャノキ
【科/属名】	カエデ科カエデ属
【樹　　高】	10〜20m
【花　　期】	5月ごろ
【名前の由来】	樹皮を煎じて目の薬に利用したことによります。

葉形：羽形　実形：ツバサ形

▲カエデの仲間らしく秋には美しく紅葉する

ム

ムベ・ムラサキハシドイ・ムレスズメ・メグスリノキ

メモ 互生（ごせい）…ひとつの節に葉が1枚ずつ、左右互い違いにつくこと。

メギ

葉色が変化した改良種が多い

花色：🟡

▶スズランのような形をした花が密生する

◆特徴◆

東北地方以南の山野に分布する落葉低木です。かつて、樹皮や葉を煎じて目薬に使われたという樹木で、高さは1～2m。葉は先が広いタマゴ形で、基部はしだいに細くなって葉柄のようになります。長さは1～5cm、幅5～15mmで、裏面は白色をおびます。

枝に黄色い小さな花がつく

花期は4月です。花は径約5mmで黄色。短い枝の先に2～4個まとまり、たれ下がってきます。花びらは6枚で、基部には黄色い蜜腺が2個あります。

果実は赤く熟す

長さ約5mm～1cmのタマゴ形です。10～11月に明るい赤色に熟し、先端には太い花柱が残ります。

やや暖地性のオオバメギも有名

メギの仲間のオオバメギ（別名ミヤマメギ、ミヤマヘビノボラズ）は、関東地方以西に分布し、花期はメギより遅く5～6月です。他にヘビノボラズやヨーロッパで改良された園芸品種があります。

▲メギの葉と下向きにつく花

◀晩秋に赤く熟した果実

【別　名】	コトリトマラズ
【科/属名】	メギ科メギ属
【樹　高】	1～2m
【花　期】	4月
【名前の由来】	葉や木部を煎じて目の薬にしたので目木です。

葉形：タマゴ形
実形：タマゴ形

View Calendar

月	1	2	3	4	5	6	7	8	9	10	11	12
観 葉				●	●	●	●	●	●	●		
開 花				●	黄色の花が2～4個まとまってつく							
果 実									タマゴ形の赤い実がなる			

メモ 蜜腺…虫を誘うための蜜を出す器官。

メ
メギ

▲葉が黄色〜淡緑色に変わる園芸品種'オーレア'

◀葉が紅紫色の園芸品種'ローズグロー'

▶実はきれいなタマゴ形

▼矮性(わいせい)の園芸品種'アトロプルプレア・ナナ'

メタセコイア

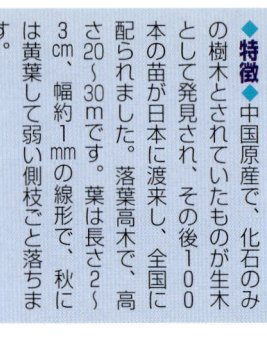

落葉するスギ科の生きた化石

花色：●●

◆特徴◆
中国原産で、化石のみの樹木とされていたものが生木として発見され、その後100本の苗が日本に渡来し、全国に配られました。落葉高木で、高さ20〜30mです。葉は長さ2〜3cm、幅約1mmの線形で、秋には黄葉して弱い側枝ごと落ちます。

▲美しい樹形が目を引きつける

花は枝先にたれ下がる
花期は2〜3月です。雄花は長さ約5mmのタマゴ形ですが、多数まとまって長い花房をつくり、枝からたれ下がります。雌花は枝先に1個ずつつきます。

果実は果柄の先につく
果実は径約1.5cmの長いマルい状のマツカサ形です。10〜11月に熟すと、果鱗が開いて種子を出します。その後もます。

公園樹や街路樹に利用される
果実は枝に残りきている化石で、珍しいなどの理由で利用されています。生長が早く樹形が美しい生やや湿った場所を好み、適地ではよく育ちます。材質はやわらかく、利用範囲は限られます。

▲青々とした細身の葉

◀黄葉期。この後落葉する

▶果実

▶落葉後の樹形も美しい

【別　　名】	アケボノスギ
【科/属名】	スギ科アケボノスギ属
【樹　　高】	20〜30m
【花　　期】	2〜3月
【名前の由来】	化石の発見者三木茂博士の命名によります。

葉形：針形　実形：マツカサ形

View Calendar

月	1	2	3	4	5	6	7	8	9	10	11	12
観葉					●	●	●	●	●	●		
開花			●	●		雄花はまとまって花房をつくる						
果実									丸いマツカサのような実			

メモ　果鱗…マツカサのような木質のウロコ状の器官。

メヒルギ

根が海水中でも生育

花色：○

葉のわきに白色の花がつく

花期は6〜8月です。葉のわきから二又状に花柄を出し、白色の花を4〜9個つけます。花びらは5枚ですが、先が細かく糸状に切れ込みます。

胚軸が長く伸びる

果実は長さ2〜3cmのタマゴ形ですが、めずらしいことに種子は樹上で発芽し、長さ15〜40cmの長い円柱状の胚軸を伸ばします。その後脱落して、土砂に刺さって生育を始めます。

◆特徴◆

九州南部以南の海岸や河口の、マングローブと呼ばれる場所の湿地〜水中に分布する常緑小高木です。高さ4〜7m。葉は先がまるい長めのタマゴ形で、長さ5〜12cm、幅3〜5cm。質は厚く、表面には光沢があります。九州には沖縄から移植されたともいわれます。

【別　　名】リュウキュウコウガイ
【科/属名】ヒルギ科メヒルギ属
【樹　　高】4〜7m
【花　　期】6〜8月
【名前の由来】雌ヒルギで、オヒルギに比べて胚軸がほっそりしていることによります。

葉形：タマゴ形
実形：その他

▼たくさんの実をつけたメヒルギ

◀花びらのような萼片がそり返って残る果実

モチノキ

樹皮から鳥もちがとれる

花色：

◆特徴◆

東北地方以南の全国の海岸に近い山地に多く分布する雌雄異株の常緑高木です。高さ6〜10m。葉は先も基部もとがるタマゴ形で、長さ4〜7cm、幅2〜3cm。耐火性が強く、昔から高生け垣など防火樹として用いられています。

黄緑色の小さな花がまとまって咲く

花期は4月ごろで、葉のわきに黄緑色の小さな花がまとまり、花房をつくります。花びらは4枚で、長さ約5mm弱のタマゴ形です。

果実は赤く熟す

果実は、径約1cmのマル形です。10〜12月に熟すと赤くなり、中に核があります。

【別　　名】モチ
【科/属名】モチノキ科モチノキ属
【樹　　高】6〜10m
【花　　期】4月
【名前の由来】樹皮から鳥モチがとれることによります。

葉形：タマゴ形
実形：マル形

▼赤く熟す果実

▶黄緑色の小さな花が花房をつくる

メモ　胚軸…種子から伸び出す双葉と根の間の茎。

モクレン

紅紫色の花が咲く春の花木

花色∴ ● ● ○

◆**特徴**◆ 中国原産の落葉低木〜小高木です。高さ4〜6m。枝が下部から分かれ、一見株立ち状になります。葉は先がとがったタマゴ形で、長さ8〜20cm、幅4〜10cm。葉柄は1〜1.5cm。

▲花びらの内側が白っぽい近縁のトウモクレン

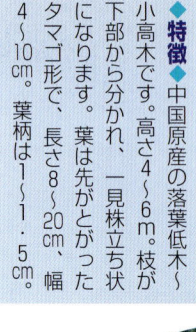

▶赤い種子が出る集合果

花は葉と同時につく

花期は3〜4月で、葉と同時につきます。花色は紅紫色で径約10cm。外側は濃く、内側は淡紫色です。花びらはあまり開かず、半閉じのような形です。

袋状の実が集まる集合果

果実は、長さ10cmほどの袋状の果実が多数集まる集合果です。長めのタマゴ状になり、9〜10月ごろ中に赤いマル形の種子ができ、実は熟すと開いて種子を出します。

ハクモクレンは高木になる

モクレンの仲間のハクモクレンは樹高15mぐらいになる高木で、白い花が早春の葉の出る前につきます。トウモクレン（別名ヒメモクレン）は、モクレンより全体に小柄で、花の内側はやや白っぽい花色です。その他多くの原種・園芸品種があります。

▲葉より先に花が咲くハクモクレン

【別　　名】シモクレン
【科/属名】モクレン科モクレン属
【樹　　高】4〜6m
【花　　期】3〜4月
【名前の由来】中国名は木蘭、木蓮で、和音読みにしたものです。

葉形：タマゴ形　実形：その他

View Calendar

月	1	2	3	4	5	6	7	8	9	10	11	12
観葉				■	■	■	■	■	■	■		
開花			■	■		花びらの開き方も特徴的						
果実								■	■	■		

花びらの開き方も特徴的
袋のような実が集まる

モッコウバラ

花に芳香がある

花色：○(黄)

【別　　名】——
【科/属名】バラ科バラ属
【樹　　高】つる性常緑低木
【花　　期】4～5月
【名前の由来】中国名は木香花で、芳香がある花を和音読みにしたものです。

葉形：羽形　実形：タマゴ形

◆特徴●中国原産で、日本には江戸時代に渡来したといわれています。つる性の常緑低木ですが、刺のようなものはなく、つるは6～7m伸びます。葉は長さ5～8cmの羽形で、表面に光沢のあるタマゴ形の小葉が、3～7個つきます。

▼淡黄色の花が枝先にまとまって咲く

淡黄色の花が花房をつくる
花期は4～5月です。花は径約2cmで淡黄色ですが、枝先にまとまって花房をつくります。芳香があり、八重咲きの品種には果実はできません。

白色の花もある
モッコウバラの品種ルテアは、黄色花です。また、白色の花の品種もあります。

モッコク

庭木によく用いられる

花色：○(黄)

◆特徴●関東地方南部以西に分布する常緑小高木です。高さ10～15m。葉はタマゴ形で、長さ4～6cm、幅1.5～2.5cm。枝先に集まってつき、厚い革質で表面にはやや光沢があります。

▲若葉は赤みを帯びる

▲葉と赤く熟した果実。この後開いて種子を出す。

花は白色～黄色に変わる
花期は6～7月で、径1.5cmほどの花が葉のわきに下向きにつきます。花色は白ですが、後に黄色をおびます。花びらは5枚です。

丸い果実が赤く熟す
果実は径1～1.5cmのマル形です。10～11月に熟すと赤くなり、不規則に開いて橙赤色の種子を出します。

▲下向きにつく花

【別　　名】アカミノキ
【科/属名】ツバキ科モッコク属
【樹　　高】10～15m
【花　　期】6～7月
【名前の由来】花が岩に着生し淡い芳香のある花をもつ石斛に似ているため、木斛とされました。

葉形：タマゴ形　実形：マル形

▶ウラジロモミ

◀針形の葉

モミ

平地〜山地に広く分布

花色：🟡🟢

葉のわきに黄色みをおびた花がつく

花期は5月で、黄色みをおびた雄花が、枝のわきに長めのタマゴ形でつき、枝からたれ下がります。雌花は緑色です。

果実は長めのマツカサ状

果実は長さ6〜15cm、径約3cmの円柱形で、くすんだ緑色です。木質のウロコが、らせん状に並び、長めのマツカサのような形になります。

寒地性が多い

モミノキの仲間のウラジロモミ（別名ダケカンバ、ニッコウモミ）は、モミの生育地より上の亜高山帯に分布し、花期は5〜6月で花色は赤紫です。このほかオオシラビソ、シラビソ、トドマツなど冷涼地に生える仲間が知られています。

◆**特徴**◆ 北海道と沖縄を除く日本全国の海岸近くから山地のブナ生育地まで、広く分布する常緑高木です。高さは20〜30mになります。葉は長さ2〜3cmの線のように細い針形で、若木や日陰になる枝では2列に並んでつき、よく日があたる上部の枝は、らせん状につきます。

【別　　名】	モミソ
【科/属名】	マツ科モミ属
【樹　　高】	20〜30m
【花　　期】	5月
【名前の由来】	臣の転訛で、臣は芽富みの意味があります。ほかにも諸説があります。

葉形：針形　実形：マツカサ形

モモ

果実を生食する果樹

花色：🟣🔴⚪

◆**特徴**◆ 中国北部原産の落葉小高木で、高さ3〜7mです。一般にモモというと果実を連想しますが、花の美しいものも多く、ハナモモと呼ばれます。寒さには強いのですが、生食用は開花期に低温にあうと実が落ちるので、東北地方中部以南が栽培適地になります。

葉が出る前に開花

花期は3〜4月で、径2・5〜3・5cmの芳香がある花が咲きます。花色は白、淡紅、紅色などがあり、花びらは5枚です。

◀大ぶりなモモの葉

▼満開の白い花

▼果実の表面にはビロード状の毛がある

熟した実は甘くおいしい

7〜8月に熟し、樹上で熟したものが本来の味です。自家結実性品種もありますが、白桃などの優良品種の多くは、授粉樹が要ります。

【別　　名】	ケモモ
【科/属名】	バラ科サクラ属
【樹　　高】	3〜7m
【花　　期】	3〜4月
【名前の由来】	果実が多いので百、果実に毛があるので毛毛などの諸説があります。

葉形：タマゴ形　実形：マル形

メモ　授粉樹…花粉親に用いる樹木。

モミジバフウ

秋の紅葉が美しい

花色：●

葉と同時に花が咲く

花期は4月ごろで、葉が出るのと同時に開花します。花色は緑黄色で、雄花は数個がまとまって細長い花房をつくり、雌花は丸く集まって、たれ下がります。

果実は集合果

果実は、径3〜4cmのマル形で、小さな果実が多数集まった集合果です。10〜11月に熟するとさび色になり、種子を出した後もイガグリ状になって残ります。

カエデとの区別

晩秋には紅葉し、葉形もカエデに似ているのでよく間違えられますが、カエデの葉は対生するのに対し、モミジバフウは互生します。

◆**特徴**◆ 北米〜中米原産で、日本には大正時代に渡来した落葉高木です。高さは25〜45mに達します。葉は5枚に裂ける手のひら形で、長さ14〜22cm、幅9〜15cm。縁には不ぞろいの細かいギザギザがあります。

▼秋には黄葉〜紅葉が美しい

◀若葉。縁に不ぞろいのギザギザがある

◀種子を出した後の果実はイガグリ状になる

▲モミジのような葉が茂る生育期の成木

【別　　名】	アメリカフウ
【科/属名】	マンサク科フウ属
【樹　　高】	25〜45m
【花　　期】	4月ごろ
【名前の由来】	もみじ葉楓で、モミジに似た葉形に由来します。別名はアメリカから渡来したことをあらわします。

葉形：手のひら形
実形：マル形

View Calendar

月	1	2	3	4	5	6	7	8	9	10	11	12
観葉										■	■	
開花				■								
果実									■	■	■	

開花：黄緑色の花房がたれ下がる
果実：イガグリのような実がなる

熱帯の島に分布 モンパノキ

花色：○

◆特徴◆ 種子島以南に分布する、亜熱帯〜熱帯性の常緑小高木です。高さは1〜9mです。葉は先がまるいへら形〜タマゴ形で、長さ10〜20cm、幅4〜5cm。枝先に密生し、両側に銀白色の軟毛が密生します。

【別　　名】	ハマムラサキノキ
【科/属名】	ムラサキ科スナビキソウ属
【樹　　高】	1〜9m
【花　　期】	8〜11月
【名前の由来】	漢字では紋羽の木で、落葉した後の葉痕(ようこん)が目立ち、紋や羽のように見えるからという説があります。

葉形：ヘラ形　実形：マル形

▼沖縄県のナゴパラダイスに植栽されているモンパノキ

花は周年開花

花期は8〜11月ですが、生育適地ではほぼ周年開花します。花は白色で小さいのですが、枝先に多数まとまって花房をつくります。

果実は丸く小さい

果実は径約5mm前後のマル形で、枝先に重なり合うようにまとまってつき、初めは緑ですが、熟すと橙黄色になります。

宿主が落葉しても常緑 ヤドリギ

花色：●

黄色の小さな花が咲く

花期は2〜3月で、葉のわきに黄色の小さな花がつきます。雄花は3〜5個、雌花は1〜3個ずつ集まり、花房をつくります。

果実は淡黄色で丸い

果実は径約5mm〜1cm弱のマル形で、10〜12月に淡黄色(まれに橙黄色)に熟します。種子は粘液質の果肉に包まれ、鳥に食べられても消化されずに排出され、宿主に付着すると発芽します。

◆特徴◆ 日本全国の山野に広く分布し落葉樹上に寄生する常緑小低木です。高さ50〜80cm。枝は二又に枝分かれをくり返し広がります。葉は先がまるいへら形で、長さ2〜8cm、幅5〜10mm。革質で厚みがあります。雌雄異株です。

【別　　名】	ホヤ、トビヅタ
【科/属名】	ヤドリギ科ヤドリギ属
【樹　　高】	50〜80cm
【花　　期】	2〜3月
【名前の由来】	他の樹木に寄生して生育するので、寄生木(やどりぎ)、宿木です。

葉形：ヘラ形　実形：マル形

▲他の落葉広葉樹に寄生して生育する常緑のヤドリギ

▲淡黄色でマル形の果実が枝につく

モ

モンパノキ・ヤドリギ・ヤツデ

ヤツデ

手のひら形の大きな葉

▶マル形の花が多数まとまって枝先に咲く

花色：○

◆特徴◆ 東北地方南部以南の海岸から山地まで、広く分布する常緑低木です。高さ1〜3m。葉は手のひら形で深く7〜9つに裂け、径20〜40cmで大型です。基部はハート形で、縁には粗いギザギザがあります。質は厚く、光沢があります。

白い花が丸くつく

花期は10〜12月で、小さい白色の花が枝先にまとまって、丸い花房をつくります。花びらは5枚で、長さ5mm弱のタマゴ形です。

果実は晩春に黒く熟す

果実は径1cm弱のマル形で、翌年の4〜5月には黒紫色に熟します。種子は、長さ5mm弱のややゆがんだタマゴ形です。

暖地性の仲間がある

ヤツデの仲間のリュウキュウヤツデは、奄美大島以南に分布し、葉がやや薄く、葉の裂片は細長いです。ムニンヤツデは小笠原に分布し、他に白や黄色の斑が入る園芸品種もあります。

▲未熟果。まだ緑色だが成熟すると黒紫色になる

▲葉に斑が入る園芸品種。黄色い斑の園芸品種もある

【別　　　名】	テングノハウチワ
【科/属名】	ウコギ科ヤツデ属
【樹　　　高】	1〜3m
【花　　　期】	11〜12月
【名前の由来】	葉が手のひら形で、八は数が多いことをあらわしています。

葉形：手のひら形

実形：マル形

View Calendar

月	1	2	3	4	5	6	7	8	9	10	11	12
観葉	■	■	■	■	■	■	■	■	■	■	■	■
開花										花は丸い花房をつくる		
果実						マル形の実が黒紫色に熟す						

▲葉に斑が入る園芸品種。

▶枝がたれ下がるシダレヤナギ

ヤナギの仲間

品種が多く暖地～寒地まで分布

花色：🟡 🔴 🟢

◆**特徴** 『ヤナギ』とは、日本に分布するヤナギ属の総称です。よく見聞きするヤナギ属はネコヤナギやシダレヤナギなどですが、名前を知らずに見ているヤナギも案外多いものです。落葉性で、小低木から高木までであり、葉は細みのタマゴ形で、枝は細く、よくしなります。

ヤナギの仲間は約350種

ヤナギの仲間は約350種におよびますが、日本で園芸的に利用される植物は、数十種に限られています。

●**ネコヤナギ（別名タニガワヤナギ）** 日本全国に分布します。高さ1～5mで、葉は長さ7～12cm。開花は3月～4月。花色は黄色で白い毛が密生します。花材などによく利用されます。

●**シダレヤナギ（別名イトヤナギ）** 中国原産。高さ8～17mで、枝がたれ下がります。花期は3～4月、花色は淡黄緑色です。果実は5月に成熟して開きますが、日本にあるのは雄株がほとんどで、果実は見られません。

●**ウンリュウヤナギ** 高さ3～10mで、1本立ちになり、枝は曲がりくねってたれ下がります。葉は細い線形で、大きく波打ちます。花期は3月で葉が出るのと同時に開花します。

他にバッコヤナギ（別名ヤマネコヤナギ）、イヌコリヤナギ、クロヤナギ、フヤナギ（別名ヒメヤナギ）、カワヤナギ（別名ナガバカワヤナギ）、エゾヤナギ、キツネヤナギ（別名イワセヤナギ）などがあります。

▲バッコヤナギ

▲早春を飾るネコヤナギの花

開花につれて変色するイヌコリヤナギの花

【別　　名】	—
【科/属名】	ヤナギ科ヤナギ属
【樹　　高】	20cm～20m
【花　　期】	3～4月
【名前の由来】	古く矢の材料にしたので矢の木でその転訛。他にも諸説があります。

葉形：タマゴ形
実形：その他

View Calendar

月	1	2	3	4	5	6	7	8	9	10	11	12
観葉				●	●	●	●	●	●	●	●	
開花			●	●	品種により時期が異なる							
果実					●	●	種子は綿毛があり飛び散る					

ヤ

ヤナギの仲間・ヤブコウジ・ヤブサンザシ

山地の樹下に生育する
ヤブコウジ

花色：○

【別　　名】	ヤマタチバナ
【科/属名】	ヤブコウジ科ヤブコウジ属
【樹　　高】	10～20cm
【花　　期】	7～8月
【名前の由来】	ヤブの中に生育し、果実や葉が柑子に似ているためです。

葉形：タマゴ形　実形：マル形

◀赤く熟した果実。果実は数個ずつまとまってつく。

◆特徴◆本州以南の山地の林内に分布する常緑小低木です。高さ10～20cm。地下茎を伸ばし、枝葉が地上に広がります。葉は枝先に3～4枚が輪生するようにつき、先がとがった長めのタマゴ形で、長さ6～10cm、幅2～4cm。縁にギザギザがあります。

白色の花が下向きにつく

花期は7～8月です。前年枝の葉のわきに径約5mm～1cm弱の白色の花が、数個ずつまとまって下向きに咲きます。花びらは5枚です。

果実は赤くて丸い

果実は径約5mmのマル形ですが、10～11月に熟すと赤くなり、色彩の少ない冬に緑の葉と赤い果実が観賞できます。また、古くから園芸化され、多くの斑入り品種や変わり葉の品種があります。

▼地下茎を伸ばし地上を覆うように広がる樹形

果実酒が楽しめる
ヤブサンザシ

花色：●●

◆特徴◆中部地方以南の本州、四国の山野に分布する落葉低木です。高さ1m前後。葉は幅の広いタマゴ状ですが、3～5に浅く裂け、手のひら形になり、長さ、幅とも3～6cmになります。縁には粗いギザギザがあり、基部はハート形です。

花は黄緑色で小さい

花期は3～5月で、前年枝の葉のわきに径約1cm弱の黄緑色の花が数個つきます。花びらに見えるのは雄しべと雌しべを守るための萼片で、5枚あります。

マル形の果実が赤く熟す

果実は径約1cm弱のマル形で、10～11月に熟すと赤くなります。液果で、苦みと酸味が強く生食できませんが、果実酒に用いられます。

【別　　名】	キヒヨドリジョウゴ
【科/属名】	ユキノシタ科スグリ属
【樹　　高】	1m
【花　　期】	3～5月
【名前の由来】	ヤブに生育し、果実がサンザシに似ているためです。

葉形：手のひら形　実形：マル形

◀黄緑色の小さい花が数個ずつ集まって開花期には株上を飾る
中央の黄緑色の部分が花

メモ　輪生（りんせい）…茎や枝の1つの節を取り巻くように数枚の葉がつくこと。

ヤブデマリ

両性花と装飾花

花色：○

花房の周囲は白色の装飾花

花期は5～6月で、枝先に径5～6cmの花房をつくります。中心は雄しべと雌しべのある両性花が集まり、そのまわりを径2～4cmの白い装飾花が囲みます。

マル形の小さな果実が黒く熟す

果実は径5～7cmのマル形で、8～10月に赤くなり、花柄も赤くなります。完熟すると果実は黒くなり、中には核があります。

◆**特徴**◆ 関東以西の山野に分布する落葉小高木です。高さ2～6m。葉は先がとがったタマゴ形で、5～10cm、幅3～7cm。縁にはギザギザがあり、ギザギザに沿って脈が並んで目立ちます。表面ははじめ毛がありますが、後にほとんど脱落します。

▲中心にある黄色の小さな花は両性花で、周囲の白い花は装飾花
◀開花直前の花。お行儀よく並んでいる

【別　　　名】	───
【科／属名】	スイカズラ科ガマズミ属
【樹　　　高】	2～6m
【花　　　期】	5～6月
【名前の由来】	ヤブに生育し、花房が丸く手まりのようになるところから。

葉形：タマゴ形
実形：マル形

ヤマアジサイ

山地のアジサイ

花色：○ ○

花色は多彩

花期は6～8月で、中央の雄しべと雌しべのある両性花のまわりに装飾花（花びらに見える部分）がつくアジサイ特有の花形で、装飾花は径1.5～3cm。色は白色、淡青色、淡紅色などです。

果実は長さ2～3mm

長さ2～3mmのタマゴ状で、10～11月に熟し、中には小さな種子ができます。

◆**特徴**◆ 関東地方以西の山地の谷沿いなどに分布する落葉低木です。高さ1～2mの株立ちになります。葉は先が長くとがったタマゴ形で、長さ7～12cm、幅5～10cm。基部はくさび形～円形で、縁にはギザギザがあります。

【別　　　名】	サワアジサイ
【科／属名】	ユキノシタ科アジサイ属
【樹　　　高】	1～2m
【花　　　期】	6～8月
【名前の由来】	山地に多く自生するアジサイで山アジサイです。

葉形：タマゴ形
実形：タマゴ形

▶両性花と装飾花の色が際立つ花

ヤマウルシ

秋の紅葉を観賞

花色：

◆特徴◆ 日本全国の山野に分布する雌雄異株の落葉小高木です。高さ3～8m。葉は長さ20～40cmの羽形で、小葉は先がとがったタマゴ形。長さ4～15cm、幅3～6cmで、表面には毛が散生し、裏面脈上には軟毛が密生します。

黄緑色の小さな花が咲く

花期は5～6月です。枝先に黄緑色の小さな花が多数まとまり、長さ15～25cmの長い花房をつくります。花びらは5枚です。

マル形の果実が黄褐色に熟す

果実は径約5mmの片寄ったマル形で、9～10月に黄褐色に熟します。外果皮は落ちやすい刺毛に覆われています。

▲長い羽形の葉と黄緑色の花房

【別　　名】	──
【科/属名】	ウルシ科ウルシ属
【樹　　高】	3～8m
【花　　期】	5～6月
【名前の由来】	山に生育するウルシの仲間だから。

葉形：羽形　実形：マル形

ヤマグルマ

枝先に葉が輪生する

花色：

◆特徴◆ 東北地方以南の急斜面や岩場などに多く自生する常緑高木です。高さ15～20m。葉は枝先に輪生状につき、先がとがったタマゴ形で、長さ5～14cm、幅2～8cmです。縁には鈍い波状のギザギザがあります。

黄緑色の花が枝先につく

花期は5～6月です。花びらも萼もない黄緑色の花が枝先にまとまり、長さ7～12cmの花房をつくります。

果実は集合果

径約1cmの片寄ったマル状で、袋状の実が集まった集合果です。10月ごろ褐色に熟すと開いて、長さ約5mmで細長い種子を多数出します。

▲黄緑色の小さな花が枝先にまとまって咲く

▲開き始めた冬芽

【別　　名】	トリモチノキ
【科/属名】	ヤマグルマ科ヤマグルマ属
【樹　　高】	15～20m
【花　　期】	5～6月
【名前の由来】	葉が枝先に車状に輪生してつき、山に生育するところから。

葉形：タマゴ形　実形：その他

ヤ

ヤブデマリ・ヤマアジサイ・ヤマウルシ・ヤマグルマ

ヤマブキ

若枝はしなやか

花色：🟡🟡

◆**特徴**◆ 日本全国の山野に広く分布する落葉低木です。高さ1～2mの株立ちになります。葉は先がとがったタマゴ形で、長さ4～8cm、幅2～4cm。縁にはギザギザがあります。柄の部分についた托葉は長さ5～10mmの線形で縁に毛があります。

▲風が吹くと一斉にゆれなびく黄色の花

あざやかな黄色の花が単生する

花期は4～5月です。新しく出た短い側枝の先端に、あざやかな黄色で径3～5cmの花が1個ずつつきます。花びらは5枚です。

果実は暗褐色に熟す

長さ約5mm弱で、広めのタマゴ形の果実が1～5個まとまってつきます。はじめは緑ですが、9月ごろ暗褐色に熟します。

八重咲きの品種もある

し、中に種子ができます。ヤマブキの園芸品種には花が八重咲きになるヤエヤマブキ、花が黄色みがかった白色のシロバナヤマブキ、黄金の葉のチバゴールドなどがあります。よく混同されるシロヤマブキは、別属です。

▼斑入りのヤマブキ

ヤマブキ

◀葉が黄金色になる黄金ヤマブキ

▲八重咲きになるヤエヤマブキ

【別　　名】——
【科/属名】バラ科ヤマブキ属
【樹　　高】1〜2m
【花　　期】4〜5月
【名前の由来】枝が細く風に吹かれてゆれる様子が「山振り」となりその転訛、山春黄の転訛など諸説があります。

葉形　タマゴ形
実形　タマゴ形

View Calendar

月	1	2	3	4	5	6	7	8	9	10	11	12
観葉				●	●	●	●	●	●	●		
開花				●	●							
果実									●	●		

開花：黄色の花が特徴
果実：実は暗褐色に熟す

メモ　托葉…葉の柄の部分にできるごく小さな葉のようなもの。

ヤマコウバシ

枝はヨウジになる

花色：●

花は淡黄色で小さい

花期は4月ごろで、短い花柄を伸ばし、淡黄色の小さい花がつきます。花びらは6枚で、長さ約1.5cmのタマゴ形です。

マル形の果実が黒く熟す

径約1cm弱のマル形の果実がつき、10～11月に熟して黒くなります。中の種子もほぼマル形で、2本の線が盛り上がります。

◆特徴◆ 本州以西に分布する落葉低木です。高さ3～7mになり、株立ちします。葉は先がとがったタマゴ形で、長さ5～10cm、幅2.5～4cm。縁は波打ち、葉は枯れても枝に残り、翌年の春になってから落葉します。

【別　　名】	ヤマコショウ、モチギ
【科/属名】	クスノキ科クロモジ属
【樹　　高】	3～7m
【花　　期】	4月ごろ
【名前の由来】	山地に生育し、枝を折ると芳香があるところからつけられました。

葉形：タマゴ形　実形：マル形

▼折るとよい香りがする枝と黒い果実

ヤマブドウ

山に自生するコブドウ

花色：●

黄緑色の小さな花がつく

花期は6～7月です。1つの葉に対生して反対側に1つの花柄を出し、黄緑色の小さな花が多数つき、まとまって長さ約20cmの細長い花房をつくります。

果実は食べられる

果実は径1cm弱のマル形です。ブドウほど密ではないが多数集まって房状になり、10月ごろ黒紫色に熟し、生食できます。

◆特徴◆ 北海道、本州、四国の山地に分布する、つる性落葉樹です。つるには巻きひげがあり、ものにからみついてよじ登ります。葉は丸みがある五角形に近いハート形で、ふつうは浅く3つに裂けます。長さ10～30cm、幅10～25cmで、縁には浅く鋭いギザギザがあります。

【別　　名】	―
【科/属名】	ブドウ科ブドウ属
【樹　　高】	つる性落葉樹
【花　　期】	6～7月
【名前の由来】	山に自生するブドウで、栽培品種と区別しました。

葉形：ハート形　実形：マル形

▼浅く3つに裂ける葉

▼未熟果。この後に熟すと黒紫色になり生食できる

メモ　対生…茎や枝の1つの節の左右に向かい合って2つの葉がつく状態のこと。

ヤマボウシ

山地に自生する美花

花色：○

4枚の総苞片が美しい

花期は5～7月。花びらに見えるのは花を保護する器官である総苞片で、長さ3～8cmのタマゴ形です。先はとがり、総苞片の中心には、目立たない淡黄色の小さな花が20～30個密集してつきます。

果実は小さな実が集まってできる集合果

径1～1.5cmのマル形の集合果で、中には種子の入った核が1～5個入っています。9～10月には熟して赤くなり、甘くて食べられます。

紅色の花もある

ヤマボウシの仲間には、白色のほかに淡紅色など変化があり、紅色をおびるものをベニヤマボウシと呼び、紅色のサトミ、葉に斑が入るゴールドスターなどがあります。そのほか、シナヤマボウシなどがあります。

◆**特徴**◆ 北海道を除く日本全国の山地に分布する落葉高木です。高さ5～15m。葉は枝先に集まってつき、先がとがったタマゴ形で、長さ4～12cm、幅3～7cmです。基部は円形で縁は波打ち、裏面には褐色の毛が一部にあります。

▼花びらに見えるのは白い総苞片

▼総苞に紅色が入るベニヤマボウシ

▼果実はサッカーボールの模様に似ている

▲ヤマボウシ'サトミ'

【別　　名】	ヤマグワ
【科/属名】	ミズキ科ミズキ属
【樹　　高】	5～15m
【花　　期】	5～7月
【名前の由来】	山法師で、花房を頭に見立て、総苞を白い頭巾(帽子)に見立てたという説があります。

葉形：タマゴ形
実形：マル形

View Calendar

月	1	2	3	4	5	6	7	8	9	10	11	12
観葉				■	■	■	■	■	■	■		
開花					■ 小花が20～30個密集							
果実					マル形の実は集合果							

ヤマモモ

街路樹や公園樹に多用される

花色：🟡🟢

◆特徴◆ 関東地方南部以西の山地や暖地の海岸近くなどに分布する常緑高木。雌雄異株です。高さ5〜20m。葉は先がやや広くなる舟形で、長さ5〜10cm、幅1〜3cm。基部はくさび形で、縁には小さいギザギザがまばらにあります。

▶雄花はやがて黄褐色になる

緑色の花と黄褐色の花

花期は3〜4月。雄花は黄褐色で小さく葉のわきにまとまり、長さ約3cmの細長い花房をつくります。雌花は緑色で、長さ約1cmです。
果実は径約1〜3cmのマル形で、6〜7月に熟し、紅色〜暗赤色になります。表面はイチゴ状で、粒状の突起が密にあります。

【別　　　名】	ヤンメ、ヤンモ、ヤアモ
【科／属名】	ヤマモモ科ヤマモモ属
【樹　　　高】	5〜20m
【花　　　期】	3〜4月
【名前の由来】	山に自生し、果実は小型ですが、一見桃に似ているので山桃。また、果実数が多いので山百百（やまもも）という説などもあります。

葉形：舟形　実形：マル形

果実はジャムや果実酒に

独特の風味があり、甘酸っぱく、生食できます。完熟果は日持ちがしないので、ジャムや果実酒などに加工して保存します。また、3カ月以上熟成させたヤマモモ酒と、中身を利用したゼリーも美味で、冷やしておけば暑気払いにもなります。

▶果実は緑〜紅〜暗赤色に変化する

ユーカリノキ

コアラの餌になる

花色：⚪

◆特徴◆ オーストラリア原産の常緑高木で、数百種の仲間があります。コアラの餌として有名ですが、食べるのはこのうち12種前後に限られます。公園などに植栽されます。

花は白色、果実は半マル形

開花期は4〜5月で、葉のわきに白色の花が3個とまってつきます。果実は半マル形で、上部のないコップ状です。

近縁種ユウカリプツス・ビコスタタ

ユーカリノキの近縁種であるユウカリプツス・ビコスタタはオーストラリア南部原産の常緑高木で、高さ12〜30m。成葉は先がとがった細い舟形で、長さ10〜25cm、幅2.5〜4cmです。そのほか多くの種類があります。

▶ユーカリの細長い葉と未熟果
◀成木。暖地性の常緑高木

【別　　　名】	──
【科／属名】	フトモモ科ユーカリノキ属
【樹　　　高】	12〜30m
【花　　　期】	4〜5月
【名前の由来】	属名も同じ。ギリシア語のよく覆うという意味で、緑がよく樹木を覆うが由来です。

葉形：舟形　実形：マル形

ヤ

ヤマモモ・ユーカリノキ・ユキヤナギ・ユサン

ユキヤナギ

しなやかな若枝と白い花

▶白色の小さな花が上部を覆うようにつく

花色：○

◆特徴◆ 東北地方南部以南の川辺の岩場に自生する落葉低木です。高さ1〜2mの株立ちになります。若枝はしなやかですが、古くなると固くなります。葉は先がとがった舟形で、長さ2〜4cm、幅5〜12mm。縁には小さく鋭いギザギザがあります。

雪をかぶったように花がつく

花期は4月ごろです。径約1cm弱で白色ですが、2〜7個ずつまとまって花房をつくり、枝全体を覆うように多数つきます。

果実は小さな集合果

長さ約5mm弱の袋果が5個ずつ集まった集合果で、上部は外側に曲がります。初めは緑黄色で、5〜6月に成熟します。

【別　　名】コゴメバナ
【科/属名】バラ科シモツケ属
【樹　　高】1〜2m
【花　　期】4月ごろ
【名前の由来】葉がヤナギの葉に似ていて、白い花が多数つき、雪が降ったように見えるところから。

葉形：舟形
実形：その他

▲しなやかに伸びる若枝

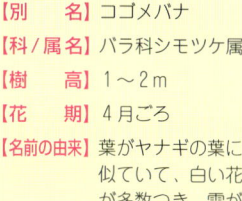

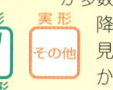

ユサン

暖地性の針葉樹

花色：●

◆特徴◆ 中国南部、台湾などが原産の常緑高木です。高さ25〜40m。横枝を張り出し、さらに不規則に分枝します。葉は針状の線形で、長さ2〜4cm、幅約5mm弱。表面は深緑色で、裏面は淡緑色。葉の裏の両側に、わかりにくい気孔帯があります。

花は前年枝につく

開花時期は3月から4月です。花は、鱗片に覆われた短枝につきます。雄花は、数個が円柱形にまとまってつき、雌花は枝先に単生します。

果実はタマゴ形でマツに似る

果実はマツに似ており、上向きにつきます。当初は緑黄色で、成熟すると茶褐色となり、マツカサが開きます。

【別　　名】アブラスギ
【科/属名】マツ科ユサン属
【樹　　高】25〜40m
【花　　期】3〜4月
【名前の由来】材に油が多く、この名がつけられたという説があります。

葉形：針形
実形：マツカサ形

▼ユサンの枝葉。針状の線形で常緑

ユズ

果実には芳香がある

花色：○

可憐な白い花も観賞価値がある

花期は5～6月で、径約2cmの白色の花が葉のわきや枝先につきます。花びらは5枚で、花蕊は黄色になります。

香りがよいマル形の果実

果実は径5～7cmのマル形です。未熟果は緑色ですが、10～12月に熟すと黄色になり、芳香があります。ユズの果実は未熟果のうちから収穫し、利用されます。

◆特徴◆ 中国原産のミカンの仲間です。関東地方以南に広く栽培される暖地性の常緑小高木で、高さ3～4mです。葉は先がとがったタマゴ形で、長さ6～9cm、幅3～5cm。表面は緑色で、光沢があります。

◀花の花蕊は黄色

▲未熟果～成熟果まで広く利用できる

【別　　名】	ホンユ、ユノス
【科/属名】	ミカン科ミカン属
【樹　　高】	3～4m
【花　　期】	5～6月
【名前の由来】	すっぱい果実で柚酸(ゆず)です。日本名の柚子はその当て字です。

葉形：タマゴ形
実形：マル形

ユスラウメ

完熟した果実は生食できる

花色：○●

1本の枝にたくさんの花がつく

花期は3～4月です。花は径1.5～2cmの白色または淡紅色で、枝の1節に1～3個つき、1本の枝全体に多数つきます。

果実の色は赤と白がある

果期は6月で、果実は径約1cmのマル形です。色は一般に赤ですが、白色のシロミノユスラウメもあります。完熟したものは生食できます。

◆特徴◆ 中国北部原産で寒さに強く、日本には17世紀以前に渡来したといわれます。落葉低木で、高さ3～4mです。葉は先がとがったタマゴ形で、長さ3～5cm、幅2～3cm。葉の表面には多くの毛があり、縁には不ぞろいのギザギザがあります。

▲赤く熟した果実。白く熟す品種もある。

▶開花期

【別　　名】	──
【科/属名】	バラ科サクラ属
【樹　　高】	3～4m
【花　　期】	3～4月
【名前の由来】	渡来したときは桜桃(おうとう)と混同されていましたが、明治の初期にオウトウと区別され、それ以来ユスラウメになりました。

葉形：タマゴ形
実形：マル形

ユズリハ

枝先に葉が集まる常緑樹

花色：🟢🟤

▲枝先に葉がまとまってつき、冬でも緑葉が見える

◆**特徴**◆ 東北地方南部以南に分布する雌雄異株の常緑高木で、高さ5〜10mです。葉は先が短くとがるタマゴ形で、長さ8〜20cm、幅3〜7cm。基部はくさび形で表面には光沢があり、裏面は白色をおび、葉柄はしばしば赤みをおびます。

花は紫褐色で小さい

花期は5〜6月です。花は小さく紫褐色の葯が目立ち、前年枝の葉のわきに多数まとまり、長さ4〜12cmの花房をつくります。

果実はタマゴ形で黒くなる

果実は長さ約1cm弱のタマゴ形です。11〜12月に熟し、青みがかった黒色になり、表面は粉をふきます。

暖地性と寒地性がある

ユズリハの仲間であるエゾユズリハは、中部地方以北に分布し、一部で分布が重なりますが、暖地性のユズリハと寒地性のエゾユズリハとは、すみ分けています。幹は、基部から倒れて斜めに立ち上がり、高さ1〜3mです。花期、花色、果実などはユズリハとほとんど同じです。

▶未熟果はこの後青みをおびた黒色に熟す

◀葉のわきについたエゾユズリハの花

▶開花中のエゾユズリハの雄花

【別　　名】	―
【科/属名】	ユズリハ科（トウダイグサ科）ユズリハ属
【樹　　高】	5〜10m
【花　　期】	5〜6月
【名前の由来】	春先に新葉がでると古葉は席を譲るように落葉するので、譲り葉です。

葉形：タマゴ形
実形：タマゴ形

View Calendar

月	1	2	3	4	5	6	7	8	9	10	11	12
観葉	■	■	■	■	■	■	■	■	■	■	■	■
開花					花は葉のわきにつく							
果実										黒い実がたくさんなる		

メモ 葯…雄しべの先端部分。花粉の入っている袋。

ユリノキ

枝先に黄緑色の花がつく

花色：🟡🟢🟠

◆特徴◆
北アメリカ原産で、日本には明治の初期に渡来した落葉高木で、高さは20～60mです。葉はふつう4～6に浅く裂け、長さ、幅とも約10～15cmで、3～10cmの長い葉柄の先につきます。

▼チューリップに似た黄緑色の花

花はチューリップに似た形

花期は5～6月で、枝先に径5～6cmのチューリップ状の花がつきます。花色は外側が緑白色、内側が黄緑色で花蕊はオレンジ色になり、良質のハチミツがとれます。

果実はマツカサ状になる

翼果が多数集まる集合果で、マツカサ状になって上向きにつきます。10月ごろ熟し、晩秋～初冬にかけて種子を出します。

葉の変化が多い

ユリノキの園芸品種には、葉に黄色い斑が入るオーレオマルギナツム、葉幅が広く先端が大きく切れ込むクリスプム、葉の中央に黄色い斑が入るメディオピクツム、葉の側裂片が丸くなるオブツシロブムなどがあります。また、近縁種にチュウゴクユリノキがあります。

▶翼果は長さ約3cm

◀マツカサ状の果実は枝に上向きにつく

▶最大で60mの高さになる

▲花は枝先にたくさんつく

【別　名】チューリップツリー、ハンテンボク
【科/属名】モクレン科ユリノキ属
【樹　高】20～60m
【花　期】5～6月
【名前の由来】属名も同じで、花の形からギリシア語の「ユリ」と「木」に由来します。別名のハンテンボクは葉の形に由来します。

葉形　手のひら形
実形　マツカサ形

View Calendar

月	1	2	3	4	5	6	7	8	9	10	11	12
観葉												
開花												チューリップに似た花
果実												果実は細長いマツカサ状になる

メモ　翼果…果皮の一部が翼状に張り出している果実。

ユ
ユリノキ・ラクウショウ

ラクウショウ

湿地帯を好んで生育

花色：🟢

▲沼地や水辺などの湿地帯で生育

◆特徴◆ 北アメリカ原産で、明治時代に日本へ渡来した、沼地や水辺などの湿地帯に多く分布する落葉高木です。高さ20〜50m。葉は2種あります。長枝の葉は針形でらせん状につき、短枝は線形で2列につき、羽形に見えます。

小さな花が枝先にまとまる

花期は3〜4月です。雄花序は緑黄色の小さな花が多数まとまって、長さ10〜20cmの尾状の花房をつくり、枝先から垂れ下がります。

寒さに強い仲間もある

シダレラクウショウは、葉がすべて針形でらせん状につきます。ラクウショウより寒さに強く日本でもよく育ち、各地で利用されています。枝がややたれ下がります。その他大木になるので有名なメキシコラクウショウもあります。

マル形の果実が褐色に熟す

径2.5〜3cmのマル状のマツカサ形の果実が、10〜11月に熟し、緑白色〜褐色に熟します。果鱗が10〜12個あり、本来それぞれに種子が2個入りますが、日本では種子ができにくいようです。

▲枝先の未熟果。この後褐色に熟す
▼膝根(気根)が地中から伸び出す

▶緑白色〜褐色に熟すマル形の果実

【別　　名】ヌマスギ
【科/属名】スギ科ヌマスギ属
【樹　　高】20〜50m
【花　　期】3〜4月
【名前の由来】秋に羽形の葉に見える短枝が枝ごと落下することに由来し、落羽松です。

葉形：針形
実形：マツカサ形

View Calendar

月	1	2	3	4	5	6	7	8	9	10	11	12
観葉				■	■	■	■	■	■	■	■	
開花			■	■								
果実							■	■	■	■	■	

開花：10〜20cmの細長い花房
果実：実はウロコがついたように見える

メモ 膝根(気根)…地上に伸びている根のこと。多湿地で生じる。

庭木に多い針葉樹

ラカンマキ

花色：🟡🟢

◆特徴◆ 中国原産とされ、古くから栽培される常緑高木です。高さ4〜8m。日陰に強く、よく茂り、刈り込みもできるので庭木として利用されます。葉は舟形で、長さ5〜8cm、幅約5mm前後。やや斜め上を向き、らせん状につきます。

雄花は円柱状で黄白色

花期は5〜6月です。雄花は長さ3cmほどの黄白色の円柱状で、3〜4個ずつまとまり、葉のわきにつきます。雌株は10〜12月になると花托が肥大し、マル形の赤〜黒紫色になり、その上に緑色でマル形の種子がつき、串刺しのダンゴ状になります。

乾燥と寒気をきらう

一般に針葉樹は寒さに強いのですが、ラカンマキは暖地性で、寒さをきらいます。特に冬の乾いた風をもっともきらうので、場所をよく選び、円筒形などに仕立て、単植や列植にします。葉の色に変化がある園芸品種もあるので、苗は入手時によく選びます。

▲庭の植木として人気がある

▼品種'オウゴンラカンマキ'

【別　　名】	——
【科/属名】	マキ科マキ属
【樹　　高】	4〜8m
【花　　期】	5〜6月
【名前の由来】	種子の形を坊主頭、赤い花托を衣にたとえ、衣をまとった羅漢でマキの仲間という意味です。

葉形：舟形　実形：マル形

枝先に葉が多くつく

リョウブ

花色：⚪

◆特徴◆ 北海道南部以南の全国に分布する落葉小高木です。高さ3〜10m。葉は枝先に集まり、先がとがったタマゴ形で、長さ6〜15cm、幅2〜7cm。基部はくさび形で、縁には鋭くとがったギザギザがあります。裏面は毛があります。

花軸には白い毛が密生する

花期は6〜8月です。枝先に白色の小さな花が多数とまり、長さ10〜30cmの細長い花房をつくり、花軸には白色の毛が密生します。

▼長い花房となってたれ下がる花

平たいマル形の果実

果実は径約5mm弱の平たいマル形で、毛が密生します。熟すと褐色になり、開いて長さ約1mmの種子を多数出します。

▼秋にはマル形の果実が熟して開く

【別　　名】	ハタツモリ
【科/属名】	リョウブ科リョウブ属
【樹　　高】	3〜10m
【花　　期】	6〜8月
【名前の由来】	漢名令法の転訛です。幼芽が食用になり、凶作のとき食用とする救荒植物として利用され、栽培を命じる令法があったことに由来します。

葉形：タマゴ形　実形：マル形

メモ　花托…花柄の先で花がついている部分。

ラ ラカンマキ・リョウブ・リンボク・レンギョウ

リンボク

秋に白色の花が咲く

花色：○

【別　　名】	ヒイラギカシ、カタザクラ
【科/属名】	バラ科サクラ属
【樹　　高】	5～7m
【花　　期】	9～10月
【名前の由来】	幼木の葉がヒイラギの葉に似ているのでヒイラギカシの別名があり、和名の由来は不明です。

葉形：タマゴ形
実形：タマゴ形

▼秋に白色の花が穂状に咲く

◆特徴◆ 関東地方以西の山地の湿地帯に多く分布する常緑高木です。高さ5～7m。葉は先の尾状にとがる長めのタマゴ形で、長さ5～8cm、幅2～3cm。基部は広いくさび状で、表面は光沢があります。

萼筒は杯の形
花期は9～10月です。花は径約5mmで白色ですが、葉のわきに多数まとまって、長さ5～8cmの細長い花房をつくります。

果実は翌年に熟す
長さ1cmほどのタマゴ形の果実が、翌年の5～6月に枝先にまとまってつき、褐色～紫褐色～黒紫色と変化して熟します。

レンギョウ

黄色の花が枝全体につく

花色：●

◆特徴◆ 中国原産の落葉低木です。日本に渡来した時期はかなり古く、はっきりしません。高さ2～3mになり、株立ちします。葉は先がとがったタマゴ形で、長さ4～8cm、幅3～5cm。縁にはギザギザがあります。

花はあざやかな黄色で実は褐色
花期は3～4月です。花は葉が出る前に、前年枝の葉のわきにつきます。径約2.5cmのあざやかな黄色の花で、内側はやや橙色を帯びます。果実は長さ1.5cmほどで先がとがったへん平な形です。熟すと褐色になり、2つに裂けて長さ約1cm弱の種子を出します。

◀葉はたれ下がるようにつく

レンギョウの仲間
レンギョウの仲間のシナレンギョウは葉の上半分にギザギザがあります。花期は4月で、葉と同時につきます。花びらは4枚で、レンギョウより細くなります。チョウセンレンギョウは、枝が弓なりに長く伸び、葉の上半部に鋭いギザギザがあります。他にヤマトレンギョウや交配種などがあります。

▼開花期。枝全体に黄色の花がつく

【別　　名】	レンギョウウツギ
【科/属名】	モクセイ科レンギョウ属
【樹　　高】	2～3m
【花　　期】	3～4月
【名前の由来】	漢方ではレンギョウとシナレンギョウの乾果を連翹（れんぎょう）と呼び、これを和音読みしたものです。

葉形：タマゴ形
実形：その他

メモ　花軸…花がつく茎や枝の部分を花柄といい、花柄がついている茎や枝の部分が花軸です。

レモン

国内の生産は少ない

花色…◯

◆特徴◆ インド、マレーシア原産ですが、多くの人の手で世界に広がり、生育適地で栽培されているうちに多くの改良品種がつくられました。常緑小高木で、高さ3〜6m。樹勢が強く、刺がある枝は立ち上がり気味になり、放任するとウンシュウミカンより大きくなります。

▲花びらがそり返る

緑色の葉と白色の花

葉は先がとがったタマゴ形で、表面には光沢があります。花は径3〜4cmの5弁花で白色ですが、外側は紫色をおび、花芯は黄色です。

果実は芳香をもつ

果実は長さ8〜10cmのタマゴ形で、10〜12月に黄色に熟します。果汁には酸味が多くあり、さわやかな香気もあります。

瀬戸内海地方以南で生育

寒さに弱く、マイナス3℃以下になると障害を起こします。日本の戸外では、条件が適合する地域が限られ、瀬戸内海地方以南でつくられています。

▲タマゴ形で黄色に熟した果実

◀ニオレモンの青い果実

326

レ
レモン

▶ 形がおもしろい四季成りレモン

◀ 形がやや平たくなるヒラミレモン

◀ 黄色い花芯が目立つオオミレモンの花

▶ 大ぶりなオオミレモンの果実

【別　　名】	──
【科/属名】	ミカン科ミカン属
【樹　　高】	3〜6m
【花　　期】	5〜6月
【名前の由来】	英名の和音読みです。

葉形　タマゴ形
実形　タマゴ形

View Calendar

月	1	2	3	4	5	6	7	8	9	10	11	12
観葉	●	●	●	●	●	●	●	●	●	●	●	●
開花					白い花びらはそり返る							
果実			果実は芳香と酸味が特徴									

芳香がある黄色の花

ロウバイ

花色：●

◆特徴◆ 中国原産で、日本には江戸時代に渡来しました。落葉低木で、高さ2〜5mです。葉は先がとがったタマゴ形で、長さ7〜15cm、幅4〜6cm。葉の質はやや薄く、表面はざらつき、裏面には葉脈が強く出て目立ちます。

▼黄色の花で芳香がある

寒期によく香る花が咲く

花期は1〜2月。径約2cmの芳香がある黄色の花が咲きます。花びらはらせん状につき、外側は光沢がある黄色で、内側は暗褐色になります。

果実は偽果

花後、果実が入る肉質の果床が大きくなり、長さ約3〜5cmでタマゴ形の偽果になります。

▼ソシンロウバイ

芳香は強弱がある

ロウバイの仲間として、トウロウバイ（ダンコウバイ）は、芳香が弱いのですが、花は径約3cmと大きくなります。ソシンロウバイは、芳香が強く、花の内側も黄色になります。

◀偽果。熟すと褐色になる。

【別　　名】カラウメ
【科/属名】ロウバイ科ロウバイ属
【樹　　高】2〜5m
【花　　期】1〜2月
【名前の由来】中国名蝋梅の和音読みです。ほかに花色が蜜蝋に似ている、開花が蝋月（旧暦12月）などの説もあります。

葉形 タマゴ形　実形 タマゴ形

View Calendar

月	1	2	3	4	5	6	7	8	9	10	11	12
観葉				■	■	■	■	■	■	■		
開花	■	■										■
果実				■	■	■	■	■	■			

開花：花びらはらせん状につく
果実：タマゴ形の偽果がつく

メモ　偽果…ふつうの果実は子房が発達するが、萼やその他の部分が果実になるものを指す。

樹木の知識

■樹高

木の高さは地面から最上部までの高さを指して樹高といいます。

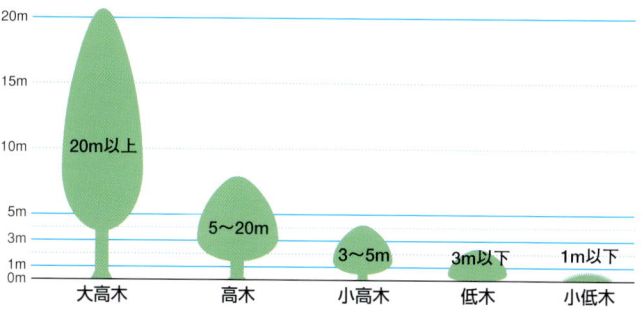

- 大高木：20m以上
- 高木：5～20m
- 小高木：3～5m
- 低木：3m以下
- 小低木：1m以下

■樹木の種類

いろいろな分け方がありますが、葉の形で広葉樹と針葉樹に分けられます。

針葉樹
- 常緑樹：マツ、スギ、ヒノキの仲間など（クロマツ）
- 落葉樹：カラマツ、メタセコイアなど（メタセコイア）

広葉樹
- 常緑樹：ツバキ、ヤツデなど（ツバキ）
- 落葉樹：カエデの仲間など（カエデ）

■葉のつき方

単葉と複葉があります。

●単葉のいろいろ

●複葉のいろいろ
- 針状葉（しんじょうよう）
- 羽状複葉（うじょうふくよう）
- 3出複葉（さんしゅつふくよう）
- 鳥足状複葉（とりあしじょうふくよう）
- 掌状複葉（しょうじょうふくよう）

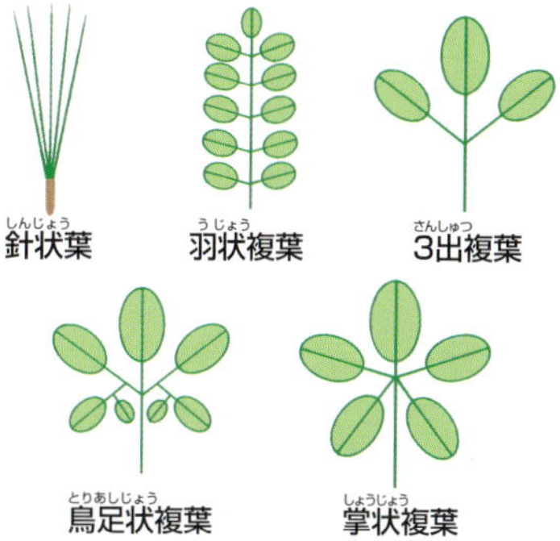

■葉の形

●針葉樹
- 針形葉（しんけいよう）：針のような形（クロマツ）
- 鱗片葉（りんぺんよう）：小さな葉がウロコのようについている葉（ヒノキ）

●広葉樹
- 卵形：タマゴ形（アカシデ）
- 心（臓）形：ハート形（マルバノキ）
- ヘラ形：ヘラのような形

など

ミツマタ	**293**
ミムラサキ	296
ミヤマレンゲ	78

■■■■■■ ム ■■■■■■

ムクゲ	**294**
ムクロ	295
ムクロジ	**295**
ムシカリ	**295**
ムツアジサイ	73
ムベ	**298**
ムラサキシキブ	**296**
ムラサキハシドイ	**298**
ムラダチ	49
ムレスズメ	**299**
ムロ	228

■■■■■■ メ ■■■■■■

メギ	**300**
メグスリノキ	**299**
メタセコイア	**302**
メハリノキ	102
メヒルギ	**303**
メマツ	43
メンマツ	43

■■■■■■ モ ■■■■■■

モクカ	248
モクセイ	115,116
モクレン	**304**
モクフヨウ	275
モチ	303
モチガシワ	90
モチギ	316
モチノキ	**303**
モッコウバラ	**305**
モッコク	**305**
モミ	**306**
モミジ	84
モミジバフウ	**307**
モミソ	306
モモ	246
モモ	**306**
モンツキシバ	193
モンパノキ	**308**

■■■■■■ ヤ ■■■■■■

ヤアモ	318
ヤツデ	**309**
ヤドリギ	**308**
ヤナギの仲間	**310**
ヤハズニシキギ	223
ヤブコウジ	**311**
ヤブサンザシ	**311**
ヤブデマリ	**312**
ヤマアジサイ	**312**
ヤマウルシ	**313**
ヤマグルマ	**313**

ヤマグワ	317
ヤマコウバシ	**316**
ヤマコショウ	316
ヤマタチバナ	311
ヤマツゲ	60
ヤマドウシン	91
ヤマニシキギ	288
ヤマブキ	**314**
ヤマブドウ	**316**
ヤマボウキ	284
ヤマボウシ	**317**
ヤマモモ	**318**
ヤンメ	318
ヤンモ	318

■■■■■■ ユ ■■■■■■

ユーカリノキ	**318**
ユキカズラ	64
ユキヤナギ	**319**
ユサン	**319**
ユシノキ	54
ユズ	**320**
ユスノキ	54
ユスラウメ	**320**
ユズリハ	**321**
ユノス	320
ユリノキ	**322**

■■■■■■ ヨ ■■■■■■

ヨウシュネズ	179
ヨメナノキ	174
ヨメノナミダ	243

■■■■■■ ラ ■■■■■■

ライデンボク	219
ライラック	298
ラカンマキ	**324**
ラクウショウ	**323**

■■■■■■ リ ■■■■■■

リュウキュウコウガイ	303
リュウキュウシュロチク	104
リュウキュウハゼ	241
リュウノタマ	275
リョウブ	**324**
リラ	298
リンゴ	182
リンチョウ	172
リンボク	**325**

■■■■■■ ル ■■■■■■

ルリミノウシコロシ	157

■■■■■■ レ ■■■■■■

レモン	**326**
レンギョウ	**325**
レンギョウウツギ	325

■■■■■■ ロ ■■■■■■

ロウノキ	241
ロウバイ	**328**

ローレル	130
ロクロギ	73

■■■■■■ ワ ■■■■■■

ワジュロ	168

ハグマノキ …………… **238**	ハンノキの仲間 ………… **257**	ブンタン …………… **278**
ハクレンボク…………………185	■■■■■■■ ヒ ■■■■■■■	■■■■■■■ ヘ ■■■■■■■
ハクロバイ……………………117	ヒイラギ …………… **258**	ヘダマ……………………………59
ハコネバラ……………………161	ヒイラギカシ…………………325	ベニガクヒルギ………………81
ハゴロモジャスミン …… **238**	ヒイラギナンテン …… **259**	ベニゴウカン ……… **278**
ハジカミ………………………160	ヒイラギモクセイ …… **258**	ベニコブシ……………………163
ハシカン………………………239	ヒイラギモチ……………180,260	ベニマンサク…………………289
ハシカンボク ………… **239**	ヒイラギモドキ ……… **260**	ヘボガヤ…………………………59
ハシドイ ……………… **239**	ヒサカキ ……………… **261**	■■■■■■■ ホ ■■■■■■■
ハシバミ ……………… **240**	ヒトツバタゴ ………… **260**	ホオガシワ……………………279
ハスノハギリ ………… **242**	ヒトハリヘビノボラズ………267	ホオノキ …………… **279**
ハゼ……………………………241	ビナンカズラ…………………153	ホガシワ………………………279
ハゼノキ ……………… **241**	ヒネム…………………………278	ホクシャ………………………271
ハゼバナ………………………162	ヒノキ ………………… **262**	ボケ ………………… **280**
ハタツモリ……………………324	ヒバ………………………………46	ボダイジュ ………… **279**
ハチス…………………………294	ヒマラヤシーダー……………264	ボタン ……………… **282**
ハッサク ……………… **242**	ヒマラヤスギ ………… **264**	ホツツジ …………… **284**
ハッサクカン…………………242	ヒメコブシ……………………163	ポプラ ……………… **284**
ハッサクザボン………………242	ヒメコマツ……………………143	ポポー ……………… **285**
ハトノキ………………………256	ヒメサワシバ…………………157	ホヤ……………………………308
ハナイカダ …………… **243**	ヒメシャクナゲ ……… **264**	ホンサカキ……………………150
ハナカイドウ ………… **244**	ヒメミズキ……………………266	ボンタン………………………278
ハナカエデ……………………246	ヒャクジツコウ………………154	ホンツゲ………………………197
ハナガサシャクナゲ…………101	ヒュウガミズキ ……… **266**	ホンユ…………………………320
ハナスオウ……………………243	ヒョウタンボク ……… **265**	■■■■■■■ マ ■■■■■■■
ハナズオウ …………… **243**	ヒョンノキ………………………54	マキ………………………………62
ハナノキ………………………161	ピラカンサ …………… **266**	マサカキ………………………150
ハナノキ ……………… **246**	ヒロハノキハダ………………109	マサキ ……………… **286**
ハナミズキ …………… **245**	ヒロハヘビノボラズ…………267	マサキノカズラ………………206
ハナモモ ……………… **246**	ビワ……………………………267	マタジイ………………………287
ハナユ ………………… **247**	ビワ …………………… **267**	マタタビ …………… **287**
ハナユズ………………………247	■■■■■■■ フ ■■■■■■■	マツノキハダ…………………284
パパイア ……………… **248**	フウ……………………………187	マテバシイ ………… **287**
ハハソ…………………………138	ブーゲンビレアの仲間… **268**	ママッコ………………………243
ハマアジサイ……………………45	フウトウカズラ ……… **270**	マメヒサカキ…………………251
ハマギク ……………… **247**	フェイジョア ………… **270**	マメフジ………………………108
ハマギリ………………………242	フェニックス……………………96	マメブシ………………………108
ハマゴウ ……………… **250**	フクシア ……………… **271**	マユミ ……………… **288**
ハマナシ………………………249	フクラシバ……………………184	マルキンカン…………………113
ハマナス ……………… **249**	フサフジウツギ………………273	マルバシャリンバイ…………168
ハマニンドウ ………… **250**	フジ……………………………232	マルバノキ ………… **289**
ハマハイ………………………250	フシノキ………………………227	マルミゴヨウ…………………143
ハマヒサカキ ………… **251**	フジマツ………………………100	マルメ…………………………288
ハマムラサキノキ……………308	フジモドキ …………… **272**	マルメロ …………… **288**
ハマモッコク…………………168	ブッドレア …………… **273**	マンゴー …………… **290**
バラの仲間 …………… **252**	ブドウ ………………… **274**	マンサクの仲間 …… **290**
ハリエンジュ ………… **251**	ブナ …………………… **272**	マンリョウ ………… **291**
ハリギリ ……………… **255**	フユサンゴ …………… **275**	■■■■■■■ ミ ■■■■■■■
ハリノキ………………………257	フユツタ………………………108	ミズキ ……………… **292**
ハリブキ ……………… **254**	フヨウ ………………… **275**	ミズスギ………………………173
ハルコガネバナ………………160	ブラシノキの仲間 …… **276**	ミズナラ …………… **292**
ハルサザンカ ………… **255**	プラタナス……………………176	ミズマツ………………………173
ハンカチノキ ………… **256**	ブルーベリー ………… **277**	ミツバアケビ ……… **293**
ハンテンボク…………………322	プンゲンストウヒ……………143	ミツバカイドウ………………178

ダケカンバ ……………**188**	■■■■■ テ ■■■■■	ナンジャモンジャ………260
タコノキ ………………**189**	テイカカズラ …………**206**	ナンテン ………………**221**
タチシャリンバイ………168	テーダマツ ……………**207**	ナンテンギリ ……………54
タチバナ…………………98	テマリカンボク ………**207**	ナンバンガキ ……………57
タチバナ ………………**190**	テマリバナ ………………78	■■■■■ ニ ■■■■■
タデ……………………170	テリハノイバラ ………**208**	ニオイコブシ …………192
タニウツギ ……………**191**	テングノハウチワ………309	ニオイヒバ ……………**222**
タブ ……………………190	テンダイウヤク ………**208**	ニガキ …………………**223**
タブノキ ………………**190**	■■■■■ ト ■■■■■	ニシキギ ………………**223**
タマアジサイ …………**192**	トウオガタマ ……………99	ニシゴリ ………………157
タマガラ………………170	トウガキ …………………57	ニセアカシア …………251
タマサンゴ ……………275	トウサルナシ …………104	ニッキ …………………224
タマツバキ ……………230	ドウダン ………………209	ニッケイ ………………**224**
タマボウキ ……………134	ドウダンツツジ ………**209**	ニッコウシャクナゲ……264
タマヤナギ ……………275	トウナンテン …………259	ニッポンタチバナ………190
タムシバ ………………**192**	トキワアケビ …………298	ニホンカラマツ ………100
タモ ………………170,213	トキワコブシ ……………79	ニワウメ ………………**224**
タモノキ ………………213	トキワサンザシ ………266	ニワウルシ ……………**225**
タラノキ ………………**193**	ドクウツギ ……………**210**	ニワザクラ ……………**225**
タラヨウ ………………**193**	トココ …………………247	ニワトコ ………………**226**
タランボ ………………193	トサミズキ ……………**210**	ニワフジ ………………**227**
ダンコウバイ …………**194**	トショウ ………………228	ニンドウ ………………173
■■■■■ チ ■■■■■	トチノキ ………………**211**	■■■■■ ヌ ■■■■■
チャノキ …………………73	トチュウ ………………**212**	ヌマスギ ………………323
チチウリ ………………248	トドマツ ………………**212**	ヌマスノキ ……………277
チャ ……………………195	トネリコ ………………**213**	ヌルデ …………………**227**
チャイニーズグーズベリー……104	トビシタ ………………308	■■■■■ ネ ■■■■■
チャノキ ………………**195**	トビラ …………………214	ネーブル ………………228
チューリップツリー……322	トビラノキ ……………214	ネーブルオレンジ ……**228**
チョウジザクラ ………272	トベラ …………………**214**	ネジキ …………………**229**
チョウジャノキ ………299	トリモチノキ …………313	ネズ ……………………**228**
チョウセングリ ………121	■■■■■ ナ ■■■■■	ネズコ …………………126
チョウセンゴミシ ……**195**	ナガジイ ………………176	ネズミサシ ……………228
チョークベリー …………52	ナギ ……………………**215**	ネズミモチ ……………**230**
チラカンバ ……………215	ナギイカダ ……………**215**	ネブノキ ………………230
■■■■■ ツ ■■■■■	ナシ ……………………**216**	ネムノキ ………………**230**
ツウソウ …………………97	ナツウメ ………………287	■■■■■ ノ ■■■■■
ツウダツボク ……………97	ナツカン ………………217	ノイバラ ………………**231**
ツキ ……………………132	ナツコガ …………………92	ノウゼンカズラ ………**231**
ツキヌキニンドウ ……**196**	ナツダイダイ …………217	ノダフジ ………………**232**
ツクバネウツギ ………**196**	ナツヅタ ………………197	ノバラ …………………231
ツゲ ……………………**197**	ナツツバキ ……………**216**	ノボケ …………………280
ツタ ……………………**197**	ナツハゼ ………………**217**	ノリウツギ ……………**233**
ツタウルシ ……………**204**	ナツボウズ ………………80	ノリノキ ………………233
ツツジの仲間 …………**198**	ナツミカン ……………**217**	■■■■■ ハ ■■■■■
ツバキの仲間 …………**202**	ナツメ …………………**218**	ハイイバラ ……………208
ツリウキソウ …………271	ナナカマド ……………**219**	バイカウツギ …………**233**
ツリバナ ………………**204**	ナナミノキ ……………**218**	ハイネズ ………………**234**
ツルアジサイ …………**205**	ナナメノキ ……………218	ハイビャクシン ………**234**
ツルウメモドキ ………**205**	ナニワズ ………………**220**	ハイマツ ………………**235**
ツルコケモモ …………**206**	ナリキンソウ ……………88	ハギの仲間 ……………**236**
ツルデマリ ……………205	ナワシロイチゴ ………**220**	ハクウンボク …………**236**
ツルモドキ ……………205	ナンキンカイドウ ……244	ハクサンボク …………**237**
	ナンキンハゼ …………**222**	ハクチョウゲ …………**237**

ゴサイバ……………………42	サルスベリ……………………154	シンジュ……………………225
コシキブ………………………141	サルトリイバラ………………155	シンシュウカラマツ…………100
コソネ…………………………40	サルナシ………………………156	ジンチョウゲ…………………172
コゾウナカセ…………………215	サワアジサイ…………………312	▪▪▪▪▪▪▪ ス ▪▪▪▪▪▪▪
コツクバネ……………………196	サワシデ………………………157	スイカズラ……………………173
コデマリ…………………**137**	サワシバ………………………157	スイショウ……………………173
ゴトウヅル……………………205	サワフタギ……………………157	ズイナ…………………………174
コトネアスターの仲間…**138**	サワラ…………………………158	スイバナ………………………173
コトリトマラズ………………300	サンゴジュ……………………159	スオウギ………………………243
コナシ…………………………178	サンザシ………………………159	スオウバナ……………………243
コナラ……………………**138**	サンシュユ……………………160	**スギの仲間**………………**175**
コノソ…………………………79	サンショウ……………………160	スグリ…………………………174
コノテガシワ……………**139**	サンショウバラ………………161	ズサ……………………………49
コブシ……………………**140**	▪▪▪▪▪▪▪ シ ▪▪▪▪▪▪▪	スズカケ………………………137
コブシハジカミ………………140	シイ……………………………176	スズカケノキ…………………176
コボケ…………………………280	**シキミ**……………………**161**	スダジイ………………………176
ゴマキ…………………………140	シコタンマツ…………………40	スダチ…………………………177
ゴマギ…………………………140	**シコンノボタン**…………**162**	ストロベリーツリー……………57
コマツナギ………………**141**	**シジミバナ**………………**162**	ズミ……………………………178
ゴミシ…………………………195	ジシャ…………………………49	スモークツリー………………238
コムラサキ………………**141**	**シデコブシ**………………**163**	**スモモ**……………………**177**
コムラサキシキブ……………141	シデザクラ……………………145	▪▪▪▪▪▪▪ セ ▪▪▪▪▪▪▪
コメゴメ………………………296	シデノキ………………………40	セイヨウイワナンテン………50
コメツツジ………………**142**	シドミ…………………………280	**セイヨウニンジンボク**…**179**
ゴモジュ…………………**142**	**シナノキ**…………………**164**	**セイヨウネズ**……………**179**
ゴヨウマツ………………**143**	シバアジサイ…………………133	**セイヨウバクチノキ**……**180**
コリンゴ………………………178	**シマナンヨウスギ**………**164**	セイヨウハコヤナギ…………284
ゴロウヒバ……………………126	シモクレン……………………304	**セイヨウヒイラギ**………**180**
ゴロハラ………………………49	**シモツケ**…………………**165**	セイヨウビャクシン…………179
コロラドトウヒ…………**143**	ジャガタラカン………………278	**セイヨウミザクラ**………**181**
ゴンズイ…………………**144**	シャクナゲ……………………46	**セイヨウリンゴ**…………**182**
コンロンカ………………**144**	**シャクナゲの仲間**………**166**	セッコツボク…………………226
▪▪▪▪▪▪▪ サ ▪▪▪▪▪▪▪	**ジャケツイバラ**…………**167**	センノキ………………………255
サイカチ…………………**145**	ジャスミナム・ポリアンサム…238	**センダン**…………………**183**
ザイフリボク……………**145**	**ジャノメエリカ**…………**165**	**センリョウ**………………**183**
サイモリバ……………………42	ジャボン………………………278	▪▪▪▪▪▪▪ ソ ▪▪▪▪▪▪▪
サカキ……………………**150**	シャラノキ……………………216	ソウシカンバ…………………188
サクラツツジ……………**150**	**シャリンバイ**……………**168**	**ソテツ**……………………**184**
サクラの仲間……………**146**	**シュロ**……………………**168**	ソナレ…………………………234
サクラン…………………**151**	ショウガノキ…………………39	ソネ……………………………61
サクランボ……………………181	**シラカシ**…………………**170**	ソバグリ………………………272
ザクロ……………………**151**	**シラカバ**…………………**169**	ソバノキ………………………93
サザンカ…………………**152**	シラカンバ……………………169	**ソヨゴ**……………………**184**
サツキイチゴ…………………220	シラクチカズラ………………156	ソロ……………………………40
サツマウツギ…………………233	シラクチヅル…………………156	▪▪▪▪▪▪▪ タ ▪▪▪▪▪▪▪
サツマジイ……………………287	シロシデ………………………61	**ダイオウショウ**…………**185**
サツマフジ……………………272	シロタブ………………………170	ダイオウマツ…………………185
サトウシバ……………………192	**シロダモ**…………………**170**	**タイサンボク**……………**185**
サトトネリコ…………………213	シロヂシャ……………………194	**ダイダイ**…………………**186**
サネカズラ………………**153**	シロトウヒ……………………92	タイトウガマズミ……………142
サビタ…………………………233	シロバナレンギョウ…………68	**タイワンフウ**……………**187**
ザボン…………………………278	シロブナ………………………272	タカネイバラ…………………187
ザリコミ…………………**153**	**シロモジ**…………………**171**	**タカネバラ**………………**187**
サルコッカ・ルスキフォリア…**155**	**シロヤマブキ**……………**171**	**タギョウショウ**…………**188**

オニヅタ ……… 108	カラボケ ……… 280	クス ……… 118
オニマタタビ ……… 104	**カラマツ** ……… **100**	**クスノキ** ……… **118**
オヒョウ ……… **81**	カラモモ ……… 53	**クチナシ** ……… **119**
オヒョウニレ ……… 81	カラヤマグワ ……… 128	**クヌギ** ……… **119**
オヒルギ ……… **81**	カリステモン ……… 276	**クマシデ** ……… **120**
オマツ ……… 127	**カリン** ……… **102**	**クマヤナギ** ……… **120**
オランダモミ ……… 135	**カルミアの仲間** ……… **101**	**グミの仲間** ……… **122**
オリーブ ……… **82**	カワラゲヤキ ……… 42	**クリ** ……… **121**
オレイフ ……… 82	**カワラハンノキ** ……… **102**	クルマミズキ ……… 292
オレンジ ……… **82**	カワラフジ ……… 167	クルミ ……… 80
オンコ ……… 56	カワラフジノキ ……… 145	**グレヴィレアの仲間** ……… **124**
■■■■■ **カ** ■■■■■	ガンタチイバラ ……… 155	**グレープフルーツ** ……… **124**
ガーデニア ……… 119	カントンスギ ……… 135	クロガシ ……… 170
カイコウズ ……… 50	**カンノンチク** ……… **104**	**クロガネモチ** ……… **125**
カイヅカイブキ ……… **83**	**カンボク** ……… **103**	クロクサギ ……… 144
カエ ……… 97	■■■■■ **キ** ■■■■■	クロシベエリカ ……… 165
カエデの仲間 ……… **84**	**キイチゴ類** ……… **106**	**クロバナロウバイ** ……… **125**
カエルデ ……… 84	**キウイフルーツ** ……… **104**	クロビ ……… 126
カキ ……… 83	キコク ……… 98	**クロベ** ……… **126**
カキノキ ……… **83**	**キササゲ** ……… **105**	**クロマツ** ……… **127**
ガク ……… 45	キシモツケ ……… 165	**クロモジ** ……… **126**
カクミスノキ ……… 66	**キソケイ** ……… **105**	**クワの仲間** ……… **128**
カクレミノ ……… **88**	**キヅタ** ……… **108**	クワ ……… 128
カゲツ ……… **88**	キツネノチャブクロ ……… 144	■■■■■ **ケ** ■■■■■
カザグルマ ……… **89**	**キハダ** ……… **109**	**ゲッカビジン** ……… **129**
カシオシミ ……… 229	キハチス ……… 294	**ゲッキツ** ……… **131**
ガジュマル ……… **89**	キバナフジ ……… 112	**ゲッケイジュ** ……… **130**
カシワ ……… **90**	キヒヨドリジョウゴ ……… 311	ケムリノキ ……… 238
カシワギ ……… 90	キフジ ……… 108	ケモモ ……… 306
カシワバアジサイ ……… **90**	**キブシ** ……… **108**	**ケヤキ** ……… **132**
カスミノキ ……… 238	**キミノバンジロウ** ……… **110**	ケラノキ ……… 54
カゾ ……… 134	**キョウチクトウ** ……… **110**	ゲンペイカズラ ……… 131
カタザクラ ……… 325	**ギョリュウ** ……… **112**	**ゲンペイクサギ** ……… **131**
カタシデ ……… 120	**キリ** ……… **111**	**ケンポナシ** ……… **133**
カツラ ……… **91**	**キンカン** ……… **113**	■■■■■ **コ** ■■■■■
カナウツギ ……… **91**	キンギンカ ……… 173	**コアジサイ** ……… **133**
カナクギノキ ……… **92**	キンギンボク ……… 265	コアマチャ ……… 49
カナシデ ……… 120	**キング・プロテア** ……… **114**	コウカ ……… 230
カナダトウヒ ……… **92**	**キングサリ** ……… **112**	コウカギ ……… 230
カナメモチ ……… **93**	キンケイジ ……… 299	コウジ ……… 98
カナリーヤシ ……… **96**	ギンコウボク ……… 115	**コウゾ** ……… **134**
カネノナルキ ……… 88	**キンシバイ** ……… **114**	コウノキ ……… 91
カブス ……… 186	キンツクバネ ……… 239	コウメ ……… 224
カマクライブキ ……… **62**	ギンナン ……… 58	**コウヤボウキ** ……… **134**
カマクラカイドウ ……… 288	**ギンバイカ** ……… **115**	**コウヨウザン** ……… **135**
ガマズミ ……… **94**	**キンモクセイ** ……… **115**	コウルメ ……… 142
カマツカ ……… **96**	**ギンモクセイ** ……… **116**	**コーヒーノキ** ……… **139**
カミヤツデ ……… **97**	**キンロバイ** ……… **116**	ゴールデンカップ ……… 66
カムシバ ……… 192	**ギンロバイ** ……… **117**	**コクサギ** ……… **135**
カヤ ……… **97**	■■■■■ **ク** ■■■■■	コクワ ……… 156
カラウメ ……… 328	**クコ** ……… **117**	コクワヅル ……… 156
カラタチ ……… **98**	**クサギ** ……… **118**	**コケモモ** ……… **136**
カラタチバナ ……… **98**	クサボケ ……… 280	**コゴメウツギ** ……… **136**
カラタネオガタマ ……… **99**	クサマキ ……… 62	コゴメバナ ……… 162,319

50音順さくいん

本書にとりあげた433種の樹木の名称を太字で、別名（和名・英名など）を細字で示しました。

■■■■■■■ ア ■■■■■■■

アオキ ……………………… **38**
アオギリ …………………… **39**
アオノキ ……………………… 39
アオモジ …………………… **39**
アカエゾマツ ……………… **40**
アカシアの仲間 …………… **41**
アカジャ ……………………… 171
アカシデ …………………… **40**
アカジナ ……………………… 164
アカトドマツ ………………… 212
アカバナヒルギ ……………… 81
アカマツ …………………… **43**
アカミノキ …………………… 305
アカメガシワ ……………… **42**
アカメモチ …………………… 93
アカモジ ……………………… 66
アキサンゴ …………………… 160
アキニレ …………………… **42**
アケビ ……………………… **44**
アケビガキ …………………… 285
アケビカズラ ……………… **44**
アケボノスギ ………………… 302
アコウ ……………………… **45**
アサマツゲ …………………… 197
アジサイ …………………… **45**
アシビ ………………………… 47
アズサ ………………………… 105
アスナロ …………………… **46**
アスヒ ………………………… 46
アズマシャクナゲ ………… **46**
アセビ ……………………… **47**
アセボ ………………………… 47
アセロラ …………………… **48**
アツシ ………………………… 81
アツバキミガヨラン ……… **48**
アテ …………………………… 46
アナナスガヤバ ……………… 270
アブラギ ……………………… 319
アブラチャン ……………… **49**
アマチャ …………………… **49**
アメリカイワナンテン …… **50**
アメリカシャクナゲ ………… 101
アメリカデイコ …………… **50**
アメリカハリモミ …………… 143
アメリカヤマボウシ ………… 245
アメリカヒイラギ ………… **51**
アメリカフウ ………………… 307
アメリカロウバイ …………… 125
アラカシ …………………… **51**
アラビアコーヒー …………… 139
アララギ ……………………… 56
アリゾナイトスギ ………… **52**
アリノミ ……………………… 216
アロニアの仲間 …………… **52**
アワブキ …………………… **53**
アンズ ……………………… **53**
アンランジュ ………………… 102

■■■■■■■ イ ■■■■■■■

イイギリ …………………… **54**
イカダカズラ ………………… 268
イシゲヤキ …………………… 42
イシシデ ……………………… 120
イシナラ ……………………… 138
イスノキ …………………… **54**
イセビ ………………………… 237
イソツツジ ………………… **55**
イソノキ …………………… **55**
イタビ ………………………… 61
イチイ ……………………… **56**
イチゴノキ ………………… **57**
イチジク …………………… **57**
イチョウ …………………… **58**
イチロベゴロシ ……………… 210
イヌエンジュ ……………… **58**
イヌニンドウ ………………… 250
イヌガヤ …………………… **59**
イヌグス ……………………… 190
イヌザンショウ …………… **59**
イヌシデ …………………… **61**
イヌツゲ …………………… **60**
イヌニンドウ ………………… 250
イヌビワ …………………… **61**
イヌマキ …………………… **62**
イヌムラダチ ………………… 49
イブキ ……………………… **62**
イブキジャコウソウ ……… **63**
イブキビャクシン …………… 62
イボタノキ ………………… **63**
イマメガシ …………………… 68
イワイノキ …………………… 115
イワガラミ ………………… **64**
イワダレネズ ………………… 234
イワツバキ …………………… 64
イワナンテン ……………… **64**
イワフジ ……………………… 227
イングリッシュ・ホーリー …… 180

■■■■■■■ ウ ■■■■■■■

ウグイスカグラ …………… **65**
ウグイスノキ ………………… 65
ウコンバナ …………………… 194
ウコンラッパバナ ………… **66**
ウシコロシ …………………… 96
ウスノキ …………………… **66**
ウチムラサキ ………………… 278
ウチワノキ ………………… **68**
ウツギ ……………………… **67**
ウノハナ ……………………… 67
ウバメガシ ………………… **68**
ウベ …………………………… 298
ウマツナギ …………………… 141
ウマメガシ …………………… 68
ウメ ………………………… **70**
ウメモドキ ………………… **69**
ウヤク ………………………… 208
ウラジロダモ ………………… 170
ウリノキ …………………… **69**
ウルシ ……………………… **72**
ウンシュウ …………………… 72
ウンシュウミカン ………… **72**

■■■■■■■ エ ■■■■■■■

エ ……………………………… 76
エゴノキ …………………… **73**
エゾアジサイ ……………… **73**
エゾイソツツジ ……………… 55
エゾオニシバリ ……………… 220
エゾナニワズ ………………… 220
エニシダ …………………… **74**
エニスダ ……………………… 74
エノキ ……………………… **76**
エンジュ …………………… **76**

■■■■■■■ オ ■■■■■■■

オウチ ………………………… 183
オウトウ ……………………… 181
オウバイ …………………… **77**
オオイタビ ………………… **77**
オオエンジュ ………………… 58
オオカメノキ ………………… 295
オオギリ ……………………… 256
オオデマリ ………………… **78**
オオナラ ……………………… 292
オオバウメモドキ …………… 69
オオハシバミ ………………… 240
オオバヂャ …………………… 236
オオヤマレンゲ …………… **78**
オガサワラタコノキ ………… 189
オガタマノキ ……………… **79**
オカヅラ ……………………… 91
オキナワサザンカ …………… 152
オグルミ ……………………… 80
オトコマツ …………………… 127
オトコヨウゾメ …………… **79**
オニグルミ ………………… **80**
オニシバリ …………………… 80

監修者紹介

大嶋　敏昭（おおしま　としあき）

1960年、千葉県生まれ。千葉大学大学院園芸学研究科修了。趣味で山野草や樹木の自生地観察、写真撮影、実生繁殖を行う。東京山草会に所属し、山野草の栽培歴は29年。同会の種子交換委員会で、世界に通用する種子交換リストの作成を担当。インターネット上では、「フラボン」のハンドル名でウェブサイト「フラボンの山野草と高山植物の世界」を開設し、電脳植物目録を公開しているほか、国内外に日本の山野草の画像を紹介している。東京山草会（AGST）、フラワーフォトクラブ（FPC）、北アメリカロックガーデン協会（NARGS）、英国アルパインガーデン協会（AGS）などの会員。監修書に『ポケット図鑑　花色でひける山野草・高山植物』がある。

URL　http://www.alpine-plants-jp.com/

参考文献

- 牧野新日本植物圖鑑（北隆館・1961）
- 原色園芸植物図鑑（保育社・1979）
- 原色牧野植物大圖鑑（北隆館・1982）
- 原色牧野植物大図鑑　続編（北隆館・1983）
- 目で見る植物用語集（研成社・1985）
- 園芸大百科事典（講談社・1986）
- 庭１（主婦と生活社・1988）
- 日本の野生植物　木本Ⅰ・Ⅱ（平凡社・1989）
- 家庭の園芸百科（主婦と生活社・1990）
- 樹木大図鑑（北隆館・1991）
- 園芸植物大事典（小学館・1994）
- 木の写真図鑑（日本ヴォーグ社・1994）
- 緑化樹木ガイドブック（財団法人建設物価調査会・1999）
- ビジュアル園芸・植物用語事典（家の光協会・1999）
- 新樹種ガイドブック（財団法人建設物価調査会・2000）
- 庭木・花木97種（成美堂出版・2000）
- 樹に咲く花（山と渓谷社・2001）
- 日本花名鑑1（アボック社・2001）
- 色でひける　花の名前がわかる事典（成美堂出版・2001）
- 木の名前　由来でわかる花木・庭木・街路樹445種（婦人生活社・2001）
- 実の成る木の育て方　果樹の栽培77種（新星出版社・2001）
- 花色でひける　山野草・高山植物（成美堂出版・2002）

STAFF

執筆協力	早川満生	本文デザイン	中村美紀・風間正江
イラスト	石黒あつし		（株式会社全通企画）
写真提供	全通フォト、大嶋敏昭	編集協力	株式会社全通企画

葉形・花色でひける
木の名前がわかる事典

監修　　大嶋　敏昭
発行者　深見　悦司
印刷所　株式会社　東京印書館

発行所
成美堂出版

© SEIBIDO SHUPPAN 2002

PRINTED IN JAPAN

ISBN4-415-02048-8

●落丁・乱丁などの不良本はお取り替えします
●定価はカバーに表示してあります